Inhaltsverzeichnis

Rechnen mit Zahlen und Größen

1 Rechnen mit natürlichen Zahlen

1.1 Grundbegriffe – Rechengesetze

Die Zahlen 0; 1; 2; 3; 4; ... bilden die Menge $\mathbb{N}$ der natürlichen Zahlen.
Jede *natürliche Zahl n* hat einen *Nachfolger n + 1.*
Mit Ausnahme der Zahl 0 hat auch jede natürliche Zahl n einen *Vorgänger n – 1.*
Manchmal wird die Zahl 0 nicht als natürliche Zahl angesehen.

Kommutativgesetze

(1)	$a + b = b + a$	(Addition)	$317 + 484 = 484 + 317 = 801$
(2)	$a \cdot b = b \cdot a$	(Multiplikation)	$78 \cdot 94 = 94 \cdot 78 = 7\,332$

Assoziativgesetze

(1)	$a + (b + c) = (a + b) + c$	(Addition)	$36 + (24 + 11) = (36 + 24) + 11 = 71$
(2)	$a \cdot (b \cdot c) = (a \cdot b) \cdot c$	(Multiplikation)	$32 \cdot (15 \cdot 8) = (32 \cdot 15) \cdot 8 = 3\,840$

Distributivgesetze

(1)	$a \cdot (b \pm c) = a \cdot b \pm a \cdot c$	$6 \cdot (10 + 5) = 6 \cdot 10 + 6 \cdot 5 = 60 + 30 = 90$
(2)	$(a \pm b) : c = a : c \pm b : c$	$196 : 4 = (200 - 4) : 4 = 200 : 4 - 4 : 4 = 49$

Vorrangregeln

(1)	In Klammern wird zuerst gerechnet	$(8 + 2)^2 : 20 - 5$
(2)	Potenzieren geht vor „Punktrechnung"	$= 10^2 : 20 - 5$
(3)	„Punktrechnung" (Multiplizieren;	$= 100 : 20 - 5$
	Dividieren) geht vor „Strichrechnung"	$= 5 - 5 = 0$
	(Addieren; Subtrahieren)	

1. Löse folgende Aufgaben im Kopf.

a) $73 + 27$ b) $100 - 39$ c) $45 + 84 + 35$ d) $135 - 35 - 18$
e) $114 + 53$ f) $245 - 46$ g) $112 + 78 + 9$ h) $84 - 52 - 14$
i) $64 + 68$ j) $71 - 59$ k) $72 + 34 + 66$ l) $36 - 45 - 64$

2. Löse folgende Aufgaben schriftlich.

a) $458 + 792$ b) $14\,871 - 936$ c) $2\,348 + 7\,609 + 10\,733$
d) $6\,612 + 13\,619$ e) $5\,900 - 1\,713$ f) $37\,844 - 11\,813 - 2\,047$
g) $58\,971 + 64\,008$ h) $74\,766 - 23\,851$ i) $9\,822 - 4\,613 + 5\,037$

3. Löse die folgenden Aufgaben schriftlich unter Verwendung entsprechender Rechengesetze.

a) $735 + (125 + 938)$ b) $4\,071 + (516 + 3\,929)$ c) $607 + (393 + 2\,816)$
d) $(631 - 426) + 1\,369$ e) $(827 + 34) - 646$ f) $(5\,555 - 123) - 322$
g) $(12 \cdot 6) \cdot 4$ h) $(9 \cdot 18) \cdot 2$ i) $(12 \cdot 15) \cdot 8$

4. Löse folgende Aufgaben im Kopf.

a) $24 \cdot 4$ b) $144 : 12$ c) $5 \cdot 32 \cdot 2$ d) $126 : 2$
e) $17 \cdot 9$ f) $91 : 13$ g) $18 \cdot 4 \cdot 5$ h) $275 : 25$
i) $8 \cdot 35$ j) $96 : 24$ k) $4 \cdot 37 \cdot 250$ l) $176 : 16$

5. Löse folgende Aufgaben schriftlich.

a) $731 \cdot 74$ b) $9102 : 74$ c) $81 \cdot 25 \cdot 47$ d) $605 : 198$

e) $19092 : 86$ f) $(124 \cdot 6308) : 83$ g) $38046 : 51$ h) $(2465 : 29) \cdot 77$

6. Rechne schriftlich und überprüfe mit dem Taschenrechner.

a) $(324 + 248) \cdot 137$ b) $324 + 248 \cdot 137$ c) $324 + 248 + 137$

d) $324 \cdot (248 + 137)$ e) $324 \cdot 248 + 137$ f) $324 \cdot 248 - 137$

7. Löse folgende Aufgaben. Beachte die Vorrangregeln.

a) $3 \cdot (5 + 8) - 4$ b) $3 \cdot 5 + 8 - 4$ c) $3 \cdot (5 + 8 - 4)$

d) $(2 + 6)^2 \cdot 8$ e) $(2^2 + 6^2) \cdot 8$ f) $2^2 + (6 \cdot 8)^2$

8. Schreibe mit Klammern. Rechne dann aus.

a) $19 \cdot 8 - 8 \cdot 8$ b) $11 \cdot 13 - 13$ c) $95 : 6 - 5 : 6$

d) $125 - 25 \cdot 3$ e) $86 - 172 : 2$ f) $444 : 2 - 111$

9. Löse folgende Aufgaben im Kopf. Beachte die Vorrangregeln.

a) $8 + 8 : 8 - 8$ b) $12 \cdot 3 - 15 : 5$ c) $1 + 2 + 3 + 4 \cdot 0$ d) $75 : 25 - 3$

e) $19 \cdot 5 - 50 : 10$ f) $2 + 3 \cdot 18$ g) $169 : 13 - 7$ h) $2 \cdot (8 + 5) - 16$

i) $2 \cdot 3 + 3 \cdot 4 + 4 \cdot 5$ j) $5^2 + 6^2$ k) $8^2 - 7^2$ l) $15^2 + 75$

m) $(3^2 + 2^3) \cdot 2$ n) $\sqrt{3^2 + 4^2}$ o) $\sqrt{3^2} + \sqrt{4^2}$ p) $\sqrt{(3 + 4)^2}$

10. Subtrahiert man von einer natürlichen Zahl n die Zahl 97 und multipliziert die dabei entstandene Differenz mit 48, so erhält man die Zahl 4272. Ermittle die Zahl n.

11. Das Fünfzehnfache einer natürlichen Zahl ist genau so groß wie das Zehnfache dieser Zahl vermehrt um 25. Wie heißt diese Zahl?

12. Ermittle die Summe aller geraden natürlichen Zahlen, die kleiner als 100 und gleichzeitig durch 7 teilbar sind. Prüfe, ob die Summe dieser Zahlen durch 49 teilbar ist.

13. Die Summe von drei natürlichen Zahlen sei 21. Addiert man die kleinste und die größte dieser Zahlen, erhält man das Doppelte der dritten Zahl. Wie heißen die drei Zahlen?

14. Berechne die Flächeninhalte der blauen Flächen. Die Maße sind in Millimeter angegeben.

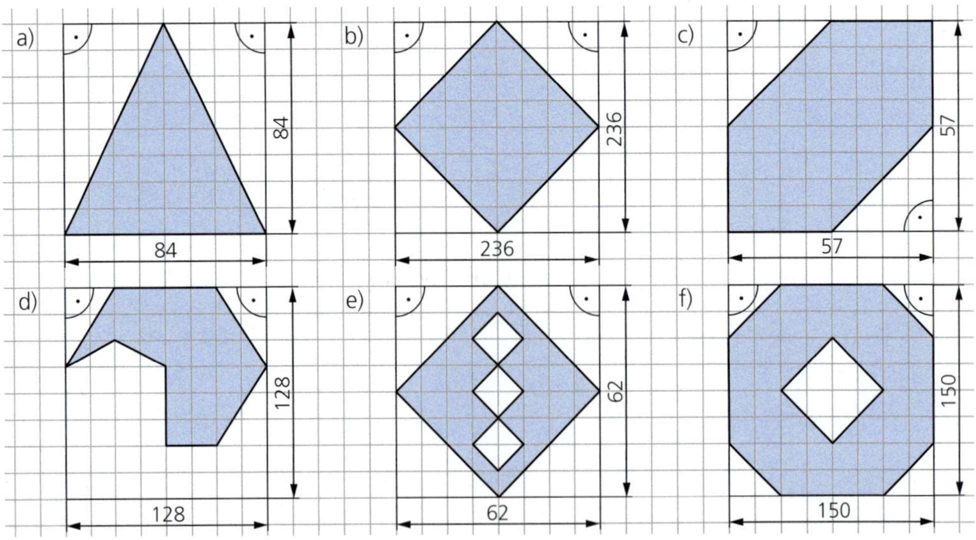

1.2 Sach- und Anwendungsaufgaben

(1) Text gründlich lesen	Kim hat insgesamt 246 € eingesammelt. Es sind sechs 20-€-Scheine, acht 10-€-Scheine, drei 5-€-Scheine und sieben 1-€-Stücke. Der Rest sind 2-€-Stücke. Wie viele 2-€-Stücke sind es?
(2) Gesuchte und gegebene Größen festlegen	*ges.:* n (Anzahl der 2-€-Stücke) *geg.:* Gesamtbetrag = 246 €; Teilbeträge für 20-€-Scheine, für 10-€-Scheine, für 5-€-Scheine und für 1-€-Stücke
(3) Gleichung lösen	$6 \cdot 20\,€ + 8 \cdot 10\,€ + 3 \cdot 5\,€ + 7 \cdot 1\,€ + n \cdot 2\,€ = 246\,€$ $n = 12$
(4) Lösung prüfen	$6 \cdot 20\,€ + 8 \cdot 10\,€ + 3 \cdot 5\,€ + 7 \cdot 1\,€ + 12 \cdot 2\,€ = 246\,€$
(5) Im Satz antworten	Kim hat zwölf 2-€-Stücke.

1. Eine Fläche von 2,89 ha wird in 90 Kleingärten eingeteilt. Jeder Kleingarten hat entweder eine Größe von 290 m^2 oder eine Größe von 360 m^2.
Wie viele Gärten jeder Art gibt es insgesamt auf der genannten Fläche?

2. Bei einem Landeswettbewerb von „Jugend forscht" erhielt genau die Hälfte aller Teilnehmer einen Preis. Es gab nur erste, zweite und dritte Preise. Genau ein Achtel aller Teilnehmer erhielten einen ersten Preis, genau ein Sechstel aller Teilnehmer einen zweiten Preis.
Ermittle die Anzahl aller Teilnehmer an diesem Wettbewerb sowie die Anzahl der ersten, zweiten und dritten Preise, wenn noch bekannt ist, dass mindestens 20, aber weniger als 30 junge Forscher am Wettbewerb teilgenommen haben.

3. Vier Landwirtschaftsbetriebe A, B, C und D besitzen zusammen 104 Traktoren. Würde der Betrieb C fünf Traktoren an den Betrieb A und vier Traktoren an den Betrieb D abgeben, hätten alle vier Betriebe die gleiche Anzahl Traktoren. Wie viele Traktoren besitzt jeder Betrieb?

4. Eine Schulklasse führte eine Exkursion durch. Der Unkostenbeitrag betrug pro Schüler 15,00 €. Am Ende der Exkursion blieb insgesamt ein Restbetrag von 11,00 € übrig. Hätte jeder Schüler aber nur 14,00 € eingezahlt, würden am Ende 11,00 € fehlen.
a) Wie viele Schüler nahmen an der Exkursion teil?
b) Wie viel Euro bekam jeder Schüler am Ende der Exkursion zurück?

5. Finde die vier natürlichen Zahlen, die aus jeder der folgenden Gleichungen bzw. Ungleichungen eine wahre Aussage machen, wenn man sie für a, b, c und d einsetzt.
(1) $48 : a = b$ (2) $24 : c = a$ (3) $56 - c \cdot d = 50$ (4) $a > c$ (5) $(a + b + c) : d = 6$

6. Welche natürlichen Zahlen n erfüllen die folgenden Ungleichungen?
a) $15 \le 5n - 3 \le 45$ b) $30 < 3 \cdot (3n + 2) < 60$ c) $22 > \frac{n}{3} \ge 10$ d) $3 < \frac{n+2}{2} < 15$

7. In der fünfstelligen natürlichen Zahl 52∗2∗ sollen an den mit Sternchen gekennzeichneten Stellen Ziffern so eingesetzt werden, dass die dadurch entstehende Zahl durch 36 teilbar ist.
Gib alle Möglichkeiten dafür an.

8. Tom und sein Vater sind zusammen 50 Jahre alt. Der Vater ist genau viermal so alt wie sein Sohn Tom. In wie vielen Jahren wird der Vater nur noch dreimal so alt wie Tom sein?

2 Rechnen mit gebrochenen Zahlen

2.1 Rechnen mit gemeinen Brüchen

Die Zahlen $\frac{1}{2}; \frac{3}{4}; \frac{5}{3}; \ldots$ sind gemeine Brüche, die zur Menge $\mathbb{Q}_+$ gehören.

Kehrwert eines Bruches (reziproker Bruch)
Zähler und Nenner vertauscht ($a \neq 0$; $b \neq 0$)

$\frac{b}{a}$ ist der Kehrwert von $\frac{a}{b}$

Erweitern und Kürzen ($a, b, n \in \mathbb{N}$; $b, n \neq 0$)

$\frac{a}{b} \overset{\cdot n}{=} \frac{a \cdot n}{b \cdot n}$ $\qquad$ $\frac{a}{b} \overset{:n}{=} \frac{a : n}{b : n}$

$\frac{7}{9} \overset{\cdot 8}{=} \frac{56}{72}$ $\qquad$ $\frac{24}{27} \overset{:3}{=} \frac{8}{9}$

Vergleichen

$\frac{a}{b} < \frac{c}{d}$, wenn $a \cdot d < b \cdot c$

$\frac{2}{3} < \frac{3}{4}$, da $\frac{2 \cdot 4}{3 \cdot 4} < \frac{3 \cdot 3}{4 \cdot 3}$, also $\frac{8}{12} < \frac{9}{12}$

$\frac{2}{3} < \frac{3}{4}$, $2 \cdot 4 < 3 \cdot 3$, also $8 < 9$

Addieren/Subtrahieren (gleichnamige Brüche)

$\frac{a}{n} \pm \frac{b}{n} = \frac{a \pm b}{n}$; $\quad$ ($a, b, n \in \mathbb{N}$; $n \neq 0$)

$\frac{7}{8} + \frac{11}{8} = \frac{19}{8}$ $\qquad$ $\frac{14}{11} - \frac{5}{11} = \frac{9}{11}$

Addieren/Subtrahieren (ungleichnamige Brüche)
gleichnamig machen, Zähler addieren bzw. subtrahieren

$\frac{3}{4} + \frac{2}{5} = \frac{15}{20} + \frac{8}{20} = \frac{23}{20}$ $\qquad$ $\frac{6}{7} - \frac{1}{3} = \frac{18}{21} - \frac{7}{21} = \frac{11}{21}$

Multiplizieren ($a, b, c, d \in \mathbb{N}$; $b, d \neq 0$)

$\frac{a}{b} \cdot \frac{c}{d} = \frac{a \cdot c}{b \cdot d}$

$\frac{4}{5} \cdot \frac{6}{7} = \frac{4 \cdot 6}{5 \cdot 7} = \frac{24}{35}$ $\qquad$ $\frac{12}{7} \cdot \frac{21}{3} = \frac{\overset{4}{\cancel{12}} \cdot \overset{3}{\cancel{21}}}{\underset{1}{\cancel{7}} \cdot \underset{1}{\cancel{3}}} = \frac{12}{1} = 12$

Dividieren ($a, b, c, d \in \mathbb{N}$; $b, c, d \neq 0$)

$\frac{a}{b} : \frac{c}{d} = \frac{a}{b} \cdot \frac{d}{c} = \frac{a \cdot d}{b \cdot c}$

$\frac{4}{9} : 2 = \frac{4}{9} : \frac{2}{1} = \frac{4 \cdot 1}{9 \cdot 2} = \frac{2}{9}$ $\qquad$ $\frac{5}{7} : \frac{10}{14} = \frac{\overset{1}{\cancel{5}} \cdot \overset{2}{\cancel{14}}}{\underset{1}{\cancel{7}} \cdot \underset{2}{\cancel{10}}} = 1$

Es gelten das Kommutativgesetz, das Assoziativgesetz und das Distributivgesetz.

1. Löse folgende Aufgaben im Kopf. Ermittle x.

a) $\frac{1}{2}$ von 50 km; 7 h; 212 kg; 15 min; 0,3 t
b) $\frac{2}{3}$ von 360 g; 9 s; 48 dt; 150 ha; 3 m
c) $\frac{1}{3}$ von x sind 4 m
d) $\frac{3}{4}$ von x sind 9 €
e) $\frac{2}{5}$ von x sind 36 t
f) $\frac{3}{5}$ von x sind 12 m

2. Vergleiche die folgenden Brüche.

a) $\frac{4}{5}$ und $\frac{3}{4}$ b) $\frac{3}{7}$ und $\frac{6}{8}$ c) $\frac{1}{9}$ und $\frac{1}{8}$ d) $\frac{3}{8}$ und $\frac{2}{9}$ e) $\frac{8}{7}$ und $\frac{3}{2}$ f) $\frac{25}{10}$ und $\frac{5}{2}$

3. Rechne und kürze, wenn möglich.

a) $\frac{1}{2} + \frac{1}{2}$ b) $\frac{1}{3} + \frac{1}{4}$ c) $\frac{1}{8} + \frac{3}{2}$ d) $\frac{1}{2} - \frac{1}{4}$ e) $\frac{3}{5} - \frac{1}{10}$ f) $\frac{5}{3} - \frac{2}{5}$

g) $\frac{3}{4} + \frac{4}{8}$ h) $\frac{5}{7} + \frac{9}{5}$ i) $\frac{2}{3} + \frac{7}{15}$ j) $\frac{3}{4} - \frac{2}{5}$ k) $2\frac{1}{2} - 1\frac{3}{4}$ l) $\frac{123}{45} - \frac{45}{123}$

m) $\frac{4}{5} \cdot \frac{2}{3}$ n) $\frac{1}{2} \cdot \frac{1}{2}$ o) $\frac{3}{4} : \frac{1}{4}$ p) $8 : \frac{3}{5}$ q) $\frac{1}{12} : 4$ r) $\left(\frac{1}{2} \cdot \frac{1}{4}\right) : \frac{1}{3}$

s) $\frac{12}{5} \cdot \frac{7}{18}$ t) $\frac{2}{19} \cdot \frac{2}{19}$ u) $2\frac{1}{4} \cdot 3\frac{1}{5}$ v) $\frac{12}{17} : \frac{5}{34}$ w) $\frac{108}{33} : \frac{24}{22}$ x) $2\frac{1}{2} : \frac{18}{4}$

4. Gib x so an, dass wahre Aussagen entstehen.

a) $\frac{3}{4} + x = \frac{23}{20}$ b) $\frac{15}{8} - x = \frac{9}{16}$ c) $\frac{5}{6} \cdot x = \frac{10}{12}$ d) $\frac{1}{2} : x = \frac{1}{4}$ e) $x - \frac{5}{3} = \frac{2}{3}$ f) $x : \frac{1}{4} = 2$

2.2 Rechnen mit Dezimalbrüchen

Umwandeln eines Bruches in einen Dezimalbruch
Zähler durch Nenner dividieren.

$\frac{3}{4} = 3:4 = 0{,}75$ $\qquad \frac{1}{6} = 1:6 = 0{,}1666\ldots = 0{,}1\overline{6}$

Jeder endliche oder periodische Dezimalbruch lässt sich in einen gemeinen Bruch umwandeln.

$0{,}8 = \frac{8}{10} = \frac{4}{5}$ $\qquad 0{,}125 = \frac{125}{1000} = \frac{1}{8}$ $\qquad 0{,}\overline{3} = \frac{1}{3}$

Addieren und Subtrahieren
Dezimalbrüche werden schriftlich addiert bzw. subtrahiert, indem man sie so untereinander schreibt, dass die Kommas untereinander stehen.

$7{,}14 + 0{,}8 + 20{,}123$

```
   7,140
+  0,800
+ 20,123
--------
  28,063
```

$4{,}7 - 2{,}141 - 0{,}6$

```
   4,700
-  2,141
-  0,600
--------
   1,959
```

Multiplizieren
Dezimalbrüche werden miteinander multipliziert, indem man sie wie natürliche Zahlen multipliziert und im Ergebnis (von rechts beginnend) so viele Dezimalstellen abzählt, wie beide Faktoren zusammen besitzen, und dort das Komma setzt.

$0{,}8 \cdot 1 = 0{,}8$ $\qquad 3 \cdot 1 = 3$ $\qquad 6 \cdot 3 = 18$

```
0,8·0,9      3,12·0,9      6,24·3,51
-------      --------      ---------
   00           000           1872
+  72        + 2808        +  3120
-------      --------      +   624
  0,72         2,808       ---------
                            21,9024
```

Dividieren
Durch gleichwertiges Verschieben des Kommas im Dividend und im Divisor wird der Divisor ganzzahlig.
Das Komma im Ergebnis entspricht dem Komma im Dividenden.

Überschlag: $2:1 = 1$

$2{,}25:1{,}5 = 22{,}5:15 = 1{,}5$ (1 Stelle)

```
15
--
 75
 75
 --
  0
```

1. Wandle in Dezimalbrüche um.
a) $\frac{3}{4}$ b) $\frac{2}{5}$ c) $\frac{7}{35}$ d) $\frac{1}{6}$ e) $\frac{2}{3}$ f) $\frac{20}{10}$ g) $\frac{241}{1000}$

2. Wandle in gemeine Brüche um. Kürze, wenn möglich.
a) 0,8 b) 0,025 c) 0,125 d) 3,7 e) 4,25 f) $0{,}\overline{6}$ g) 0,55

3. Vergleiche die folgenden Brüche.
a) 0,7 und 0,71 b) $\frac{3}{5}$ und 0,6 c) 2,5 und $\frac{5}{2}$ d) $\frac{2}{3}$ und 0,66
e) $\frac{1}{3}$ und 0,3 f) $0{,}\overline{3}$ und $\frac{1}{3}$ g) $\frac{2}{3}$ und $0{,}\overline{6}$ h) $0{,}\overline{6}$ und 0,6667

4. Rechne im Kopf.
a) $7{,}2 + 1{,}8$ b) $0{,}8 - 0{,}04$ c) $0{,}75 - \frac{3}{4}$ d) $\frac{3}{5} - 0{,}3$ e) $\frac{3}{4} + 1{,}25$ f) $0{,}2 + \frac{1}{4}$

5. Rechne im Kopf.
a) $0{,}2 \cdot 0{,}3$ b) $14:0{,}5$ c) $0{,}72 \cdot 0{,}1$ d) $0{,}75:0{,}5$ e) $1{,}5 \cdot 1{,}5$ f) $15{,}5:0{,}05$

6. Rechne folgende Aufgaben.
a) $(12 \cdot 0{,}5):1{,}5$ b) $8{,}4:(1{,}4 \cdot 0{,}5)$ c) $\frac{12{,}2 \cdot 0{,}2}{0{,}4}$ d) $1{,}2 - 0{,}6 \cdot 0{,}75$

7. Rechne folgende Aufgaben.
a) $(18{,}4 - 1{,}6) \cdot 4$ b) $18{,}4 - 1{,}6 \cdot 4$ c) $1{,}\overline{3} \cdot 15$ d) $\frac{3}{5}:1{,}2$
e) $3{,}7 \cdot (4{,}5 - 3{,}8)^2 + \frac{16{,}2 + 2{,}16}{18{,}0} - 2{,}6 \cdot 4{,}8$

2.3 Gemischte Aufgaben – Sachaufgaben

1. Rechne und kürze soweit wie möglich.

a) $\frac{3}{7}+\frac{1}{8}$ b) $\frac{5}{12}-\frac{2}{9}$ c) $0{,}5+\frac{1}{6}$ d) $2{,}72-\frac{45}{100}$ e) $1\frac{3}{4}-\frac{2}{5}$ f) $2\frac{2}{3}+1\frac{1}{2}$

g) $3{,}5-1\frac{2}{3}$ h) $0{,}76+\frac{7}{5}$ i) $2{,}4+\frac{1}{4}-0{,}2$ j) $3\frac{1}{2}-\frac{1}{4}+0{,}5$ k) $\left(\frac{1}{2}-0{,}25\right):1\frac{3}{4}$

2. a) Subtrahiere vom Produkt der Zahlen 0,25 und $\frac{1}{4}$ die Zahl $\frac{1}{16}$.

b) Dividiere $\frac{5}{6}$ durch die Summe von $\frac{2}{3}$ und 0,5.

c) Multipliziere die Summe aus 1,4 und $\frac{3}{10}$ mit $\frac{9}{4}$.

3. Finde für x und y solche Zahlen, dass wahre Aussagen entstehen. Gib immer zwei Lösungen an, eine mit gemeinen Brüchen und eine mit Dezimalbrüchen.

a) $x+y=\frac{5}{6}$ b) $x-y=\frac{1}{5}$ c) $x\cdot y=0{,}24$ d) $x:y=0{,}5$

e) $x+y=4x$ f) $x-y=\frac{y}{2}$ g) $x\cdot y=\frac{1}{y}$ h) $x:y=x^2$

4. a) Berechne die Hälfte des Vierfachen von $\frac{1}{8}$.

b) Berechne das Doppelte von der Hälfte des Fünffachen von 0,8.

5. Vervollständige die folgenden Rechenbäume. Schreibe den jeweils zu berechnenden Term auf.

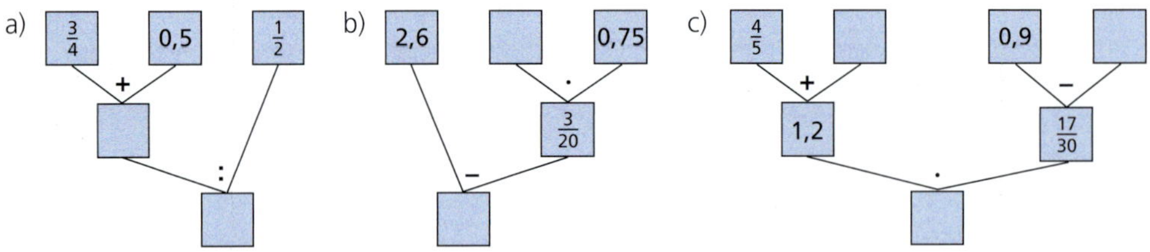

6. Ein Draht mit einer Länge von 300 m ist 30,150 kg schwer. Wie viel Dezitonnen würden 1 km des gleichen Drahtes wiegen?

7. Drei Hubschrauber gleichen Typs können maximal jeweils 15 000 kg befördern. Um einen Auftrag auszuführen, wurde der 1. Hubschrauber zu $\frac{1}{3}$, der 2. Hubschrauber zu $\frac{7}{8}$ und der 3. Hubschrauber zu $\frac{3}{5}$ der maximalen Tragfähigkeit beladen. Wie viel Tonnen wurden insgesamt befördert?

8. Eine Gruppe von Sportlern unternimmt eine 3-Tage-Radtour. Am 1. Tag schaffen sie ein Drittel der Gesamtstrecke, am 2. Tag 150 km und am 3. Tag das restliche Viertel der Gesamtstrecke.

a) Welche Strecke wurde an den drei Tagen insgesamt zurück gelegt?

b) Wie viel Kilometer wurden am ersten Tag bzw. am dritten Tag geschafft?

9. Ein Bohrer schafft 240 Umdrehungen pro Minute. Wie lange dauert das Durchbohren eines 4 cm dicken Brettes, wenn der Bohrer bei jeder Umdrehung $\frac{1}{4}$ mm tiefer in das Holz eindringt?

10. Ein Klassenzimmer, das 8,20 m lang und 6,40 m breit ist, soll einen neuen Belag bekommen.

a) Wie viel Quadratmeter Belag sind erforderlich, wenn mit 12 % Verschnitt gerechnet wird?

b) Berechne den Kaufpreis, wenn 8,90 € für 1 m^2 zu zahlen sind und 3 % Rabatt gewährt wird.

11. Ein rechteckiges Zimmer mit einer Länge von 7,25 m und einer Breite von 5,80 m soll mit quadratischen Teppichfliesen (3 dm x 3 dm) ausgelegt werden. Eine Fliese kostet 4,25 €.

a) Wie viele Fliesen sind mindestens erforderlich?

b) Wie viel Euro sind zu zahlen, wenn ein Rabatt von 5,5 % gewährt wird?

3 Rechnen mit rationalen Zahlen

3.1 Grundbegriffe

Die Zahlen $+4$; $+\frac{2}{3}$; $+0{,}88$; 0; $-\frac{1}{2}$; $-0{,}\overline{3}$; $-1\frac{3}{4}$ … sind rationale Zahlen.
Natürliche Zahlen, gebrochene Zahlen und ganze Zahlen sind gleichzeitig rationale Zahlen.

Von zwei rationalen Zahlen ist diejenige größer, die auf der Zahlengeraden weiter rechts liegt.

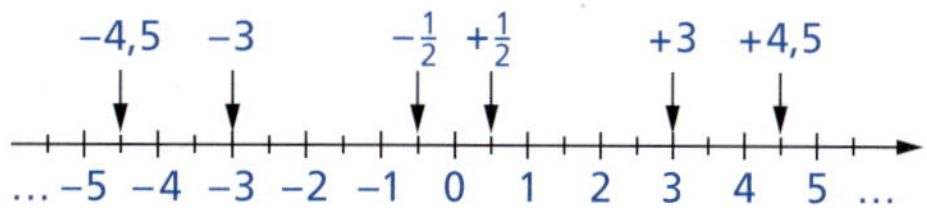

Zahlen, die auf der Zahlengeraden den gleichen Abstand zum Nullpunkt haben, sind zueinander entgegengesetzte Zahlen.

zueinander entgegengesetzte Zahlen:
-3 und 3; $-4{,}5$ und $4{,}5$; $\frac{1}{2}$ und $-\frac{1}{2}$

Der absolute Betrag einer Zahl (kurz: Betrag) gibt den Abstand der Zahl zum Nullpunkt an.

Schreibweise: $|-5| = 5$; $|0| = 0$; $|+4{,}3| = 4{,}3$

$$|a| = \begin{cases} a, & \text{wenn } a \geq 0 \\ -a, & \text{wenn } a < 0 \end{cases}$$

Für alle rationalen Zahlen a gilt: $-(-a) = a$

Menge der natürlichen Zahlen $\mathbb{N}$

Menge der ganzen Zahlen $\mathbb{Z}$

Menge der gebrochenen Zahlen $\mathbb{Q}_+$

Menge der rationalen Zahlen $\mathbb{Q}$

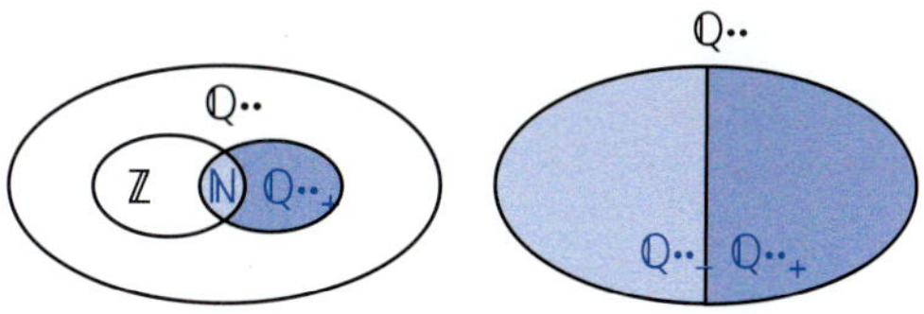

$\mathbb{N} \subset \mathbb{Q}_+$; $\mathbb{N} \subset \mathbb{Q}$; $\mathbb{Q}_+ \subset \mathbb{Q}$; $\mathbb{Z} \subset \mathbb{Q}$; $\mathbb{N} \subset \mathbb{Z}$

1. Vergleiche die folgenden Zahlen.
a) 14 und 8 b) −7 und 4 c) $-\frac{1}{2}$ und $-\frac{1}{3}$ d) 0,5 und −0,4 e) $\frac{3}{8}$ und $-\frac{2}{7}$
f) −5,6 und −5,66 g) 0 und −14 h) −20 und −2 i) −8,7 und 0,43 j) −15,5 und 0

2. Ordne die Zahlen nach der Größe. Beginne mit der kleinsten Zahl.
a) −8; 4; 12; 0; −10; −1; 7; −2
b) 4,2; −3,8; −0,7; 6,4; 10,5; −2,1; 0; −8,4
c) $-\frac{1}{2}$; 0; −0,4; $\frac{3}{5}$; $\frac{7}{10}$; 0,2; $-\frac{2}{5}$; −3
d) $-\frac{1}{3}$; −0,3; $\frac{2}{3}$; $-0{,}\overline{6}$; 0; 0,33; $\frac{1}{3}$; 0,6

3. Berechne den Wert des Terms $|a| - |b| + |-c|$.
a) a = 12; b = −8; c = 3
b) a = −12; b = 8; c = −3
c) a = 7,5; b = 2,5; c = 14
d) a = −7,5; b = −2,5; c = −14
e) $a = -\frac{1}{2}$; $b = -\frac{1}{3}$; c = 0
f) $a = \frac{1}{2}$; $b = \frac{1}{3}$; $c = -1\frac{1}{2}$

4. Welche ganzen Zahlen liegen zwischen den folgenden beiden Zahlen?
a) zwischen 0 und 4,9
b) zwischen −4 und 4
c) zwischen −148 und −153
d) zwischen −4,2 und 3,3

5. Gib jeweils alle Mengen ($\mathbb{N}$, $\mathbb{Z}$, $\mathbb{Q}_+$ und $\mathbb{Q}$) an, der folgende Zahlen angehören.
a) −4; 1; 2,0; $-1\frac{1}{2}$; $3{,}\overline{3}$; $-\frac{4}{2}$
b) 1,8; $0{,}\overline{4}$; $\frac{1}{3}$; 9,0; 128,7; $-2\frac{1}{2}$

3.2 Rechnen mit rationalen Zahlen

Addieren und Subtrahieren

Klammern werden zuerst aufgelöst. $+(+2) = 2$; $+(-2) = -2$; $-(+2) = -2$; $-(-2) = 2$

gleiche Vorzeichen:

- Ergebnis erhält das gemeinsame Vorzeichen der Zahlen
- Beträge der Zahlen addieren

$24 + 17 = 41$ $\quad -0{,}8 - 0{,}7 = -1{,}5$

$\frac{1}{2} + \frac{1}{3} = \frac{3}{6} + \frac{2}{6} = \frac{5}{6}$ $\quad -\frac{3}{5} - \frac{6}{5} = -\frac{9}{5}$

verschiedene Vorzeichen:

- Ergebnis erhält das Vorzeichen von der Zahl mit dem größeren Betrag
- kleineren Betrag vom größeren Betrag subtrahieren

$-6{,}3 + 1{,}8 = -4{,}5$ $\quad 41 - 29 = 12$

$-5{,}2 + 7{,}4 = 2{,}2$ $\quad 28{,}7 - 40 = -11{,}3$

Multiplizieren und Dividieren (Divisor ungleich 0)

gleiche Vorzeichen:

- Ergebnis erhält das Vorzeichen Plus
- Beträge der Zahlen berechnen

$(-2) \cdot (-5) = 10$ $\quad (-12) : (-4) = 3$

$(-0{,}5) \cdot (-0{,}9) = 0{,}45$ $\quad \frac{2}{3} : \frac{1}{2} = \frac{2}{3} \cdot \frac{2}{1} = \frac{4}{3}$

verschiedene Vorzeichen:

- Ergebnis erhält das Vorzeichen Minus
- Beträge der Zahlen berechnen

$-18 \cdot 6 = -108$ $\quad (-12) : 4 = -3$

$(-0{,}5) \cdot 0{,}9 = -0{,}45$ $\quad 1{,}21 : (-1{,}1) = -1{,}1$

Es gelten das Kommutativgesetz, das Assoziativgesetz und das Distributivgesetz.

1. Rechne im Kopf.

a) $-7 + 28$ b) $-4 - 11$ c) $17 - 24$ d) $36 - 19$ e) $-3 + (-7)$ f) $-16 + (-8)$

g) $29 + (-37)$ h) $-21 + (-39)$ i) $3{,}8 - 5{,}2$ j) $7{,}2 - 4{,}9$ k) $-2{,}6 - 3{,}4$ l) $-0{,}7 - 0{,}8$

m) $-\frac{2}{5} + \frac{1}{100}$ n) $\frac{5}{8} - \frac{1}{4}$ o) $-\frac{1}{3} - \frac{4}{9}$ p) $-\frac{4}{5} + \frac{12}{15}$ q) $\frac{4}{5} - \frac{12}{15}$ r) $-\frac{4}{5} - \frac{12}{15}$

2. Rechne aus.

a) $(-71) - (-184) + 276 - 98$ b) $45{,}96 + 181{,}8 - (-74{,}09) - 231{,}1$

c) $-34{,}8 + 62{,}92 - 14{,}06 - (-91{,}6)$ d) $3\,471 - (-2\,429) + (-5\,817) - 4\,906$

3. Rechne im Kopf.

a) $-8 \cdot 12$ b) $-7 \cdot (-13)$ c) $15 \cdot (-9)$ d) $-19 \cdot (-8)$ e) $-27 \cdot (-3)$ f) $-45 \cdot 4$

g) $18 \cdot (-6)$ h) $8 \cdot (-14)$ i) $-81 : (-9)$ j) $-144 : 12$ k) $15 : (-0{,}5)$ l) $-122 : (-2)$

4. Berechne die folgenden Terme für $a = -4$ und $b = 9$ im Kopf.

a) $3a + 2b$ b) $2 \cdot |a| - b$ c) $a^2 + b^2$ d) $a^3 - \sqrt{b}$ e) $\sqrt{a^2 - b^2}$ f) $-|-a| - |b|$

5. Rechne aus.

a) $-16{,}9 \cdot (24{,}7 - 31{,}5)$ b) $-37{,}1 - 8{,}9 \cdot (-7{,}6)$

c) $(14{,}6 - 9{,}23)^2 + 8{,}75$ d) $-5{,}72 + [-2{,}1 + (-4{,}6) \cdot 2{,}8]$

6. Rechne folgende Aufgaben.

a) $\frac{(-48) + (-232)}{4 \cdot (-35)}$ b) $\frac{36 \cdot (-4)}{(-12)^2}$ c) $\frac{(-8)^2 + (-6)^2}{(-5) \cdot \sqrt{25}}$ d) $\frac{\frac{18}{42}}{\frac{3}{49}}$

7. Rechne folgende Aufgaben.

a) $(1{,}7 - 2{,}3) \cdot 5$ b) $25{,}6 \cdot 12 + 4{,}4 \cdot 12$ c) $(-8{,}9)^2 - 8{,}9^2$ d) $\frac{1}{6} - \frac{1}{5} - \frac{1}{4} - \frac{1}{3} + \frac{1}{2} - 1$

3.3 Große und kleine Zahlen – Zehnerpotenzen

Sehr große und sehr kleine Zahlen können mithilfe von Zehnerpotenzen dargestellt werden.

Darstellungsform: a,bcd... $\cdot 10^n$
($1 \le |a| < 10$ und $a \in \mathbb{Z}$; b, c, d ... Ziffern von 0 bis 9; $n \in \mathbb{Z}$)

Lichtgeschwindigkeit:
$v \approx 300000 \frac{km}{s} = 3 \cdot 10^5 \frac{km}{s}$

Durchmesser des Wasserstoffatoms:
$d \approx 0{,}000000053$ mm $= 5{,}3 \cdot 10^{-8}$ mm

1. Schreibe mit abgetrennten Zehnerpotenzen.
a) Afrika hat eine Größe von 30100000 km^2
b) Ein Tropfen Blut hat rund 5000000 Zellen.
c) Licht hat eine Wellenlänge zwischen 0,00000039 m und 0,00000075 m.
d) Der Durchmesser eines Blutkörperchens beträgt rund 0,00072 cm.
e) Ein Virus ist ungefähr 0,00000019 cm lang.

2. Gib die ungefähren Entfernungen der folgenden Himmelskörper zur Erde in Kilometer an.
Beachte: 1 Lichtjahr = 1 ly = $9{,}5 \cdot 10^{12}$ km; 1 Astronomische Einheit = 1 AE = $1{,}496 \cdot 10^8$ km
a) Saturn (9,54 AE) b) Rigel im Sternbild Orion (825 ly) c) Pluto (39,4 AE)

3. Vereinfache die folgenden Terme.
a) $\frac{10^7}{10^9} \cdot 10^{-5}$ b) $\frac{7{,}5 \cdot 10^6}{2{,}5 \cdot 10^4}$ c) $\frac{4{,}8 \cdot 10^8 \cdot 2{,}1 \cdot 10^{-5}}{2{,}4 \cdot 10^4}$ d) $\frac{3{,}4 \cdot 10^3 + 6{,}6 \cdot 10^3}{10^4}$

4. Berechne im Kopf.
a) $3{,}2 \cdot 10^2$ b) $4 \cdot 10^{-1}$ c) $1{,}8 \cdot 10^3$ d) $5{,}2 \cdot 10^0$ e) 10^{-3} f) $2{,}2 \cdot 10^{-2}$
g) $10^5 \cdot 10^3$ h) $10^{-3} \cdot 10^5$ i) $2 \cdot 10^4 \cdot 10^2$ j) $10^{-8} \cdot 10^{-2}$ k) $10^{-8} : 10^{-2}$ l) $10^5 : 10^{-3}$

3.4 Rationale Zahlen – irrationale Zahlen

Zahlen, die in der Form $\frac{a}{b}$ ($a, b \in \mathbb{Z}$; $b \neq 0$) dargestellt werden können, sind *rationale Zahlen.* In der Dezimalbruchdarstellung erhält man immer endliche oder periodische Dezimalbrüche.

$0{,}7 = \frac{7}{10}$ $0{,}\overline{6} = 0{,}66666... = \frac{2}{3}$
$-2{,}88 = -\frac{72}{25}$ $-0{,}\overline{13} = -0{,}1313... = \frac{13}{99}$

Irrationale Zahlen können nicht in der Form $\frac{a}{b}$ ($a, b \in \mathbb{Z}$; $b \neq 0$) dargestellt werden. In der Dezimalbruchdarstellung erhält man immer unendliche, nicht periodische Dezimalbrüche.

$\pi = 3{,}141492653...$
$\sqrt{2} = 1{,}4142135...$
$\sqrt{17} = 4{,}1231056...$

Alle rationalen Zahlen und alle irrationalen Zahlen bilden die Menge der reellen Zahlen $\mathbb{R}$.

1. Berechne ohne Taschenrechner.
a) $\sqrt{\frac{49}{225}}$ b) $\sqrt{0{,}25}$ c) $\sqrt{-109}$ d) $\sqrt{81} - \sqrt{361}$

2. Ordne die folgenden Zahlen, beginne mit der kleinsten Zahl.
a) $\sqrt{49}$; $\sqrt{6{,}25}$; π; $0{,}8^2$ b) $\sqrt{\frac{49}{64}}$; $\sqrt{0{,}91}$; $\sqrt{\frac{4}{9}}$; $\sqrt{\pi^2}$; $\sqrt{3{,}14}$ c) $\sqrt{8}$; $\sqrt{1{,}9}$; $\sqrt{\frac{16}{25}}$; $\sqrt{0}$; $-\sqrt{25}$

3. a) Löse die Ungleichung $6x - (7 - x) < 4 \cdot (2x - 1) - 4$ für $x \in \mathbb{Q}$. Gib deren Lösungsmenge an.
b) Welche der Zahlen $-2{,}2$; 0; π; $-\frac{3}{4}$; $-5{,}6$; $(\sqrt{2})^4$ gehören nicht zur Lösungsmenge?

3.5 Potenzieren – Radizieren

Potenzieren und Radizieren (Wurzelziehen) sind Umkehroperationen. ($a \geq 0$; $b \geq 0$; $n \in \mathbb{N}$; $n \neq 1$)

$a^n = b \quad \Leftrightarrow \quad \sqrt[n]{b} = a$

$18^2 = 324 \quad \Leftrightarrow \quad \sqrt{324} = 18$

$3^4 = 81 \quad \Leftrightarrow \quad \sqrt[4]{81} = 3$

Potenzen a^2 mit $a \in \mathbb{N}$ heißen Quadratzahlen.

Potenzen a^3 mit $a \in \mathbb{N}$ heißen Kubikzahlen.

Wurzeln $\sqrt[2]{a} = \sqrt{a}$ heißen Quadratwurzeln.

Wurzeln $\sqrt[3]{a}$ heißen Kubik- oder 3. Wurzeln.

$a^1 = a$	$\sqrt[n]{1} = 1$
$a^0 = 1$	$\sqrt[n]{0} = 0$
$a^{-1} = \frac{1}{a}$; $(a \neq 0)$	$(\sqrt{b})^2 = b$; $(b > 0)$
$a^{-n} = \frac{1}{a^n}$; $(a \neq 0)$	$\sqrt[n]{b^n} = b$; $(b > 0)$

1. Gib alle rationalen Zahlen a an, für die gilt:

a) $a^2 = 121$ b) $a^3 = -125$ c) $a^4 = 81$ d) $a^3 = \frac{27}{64}$

e) $\sqrt{144} = a$ f) $\sqrt{\frac{81}{64}} = a$ g) $\sqrt{-9} = a$ h) $\sqrt{108} = a$

i) $\sqrt{3\,600} = a$ j) $\sqrt{-4^2} = a$ k) $a^5 = 1\,024$ l) $a^3 = 27\,000$

2. Gib die Ergebnisse mit zwei Stellen nach dem Komma an.

a) $\sqrt{12^2 + 6^2}$ b) $\sqrt{4 \cdot 7}$ c) $\sqrt{\frac{27{,}4}{8}}$ d) $\sqrt{2{,}8 \cdot 5{,}9}$

e) $\sqrt[3]{8^2}$ f) $\sqrt[3]{25^2 - 4^3}$ g) $\sqrt[4]{5^2 \cdot 3^3}$ h) $\sqrt[3]{\frac{1\,000}{125}}$

3.6 Gemischte Aufgaben – Sachaufgaben

1. Vervollständige die folgenden Rechenbäume. Schreibe den jeweils zu berechnenden Term auf. Achte dabei auf notwendige Klammern.

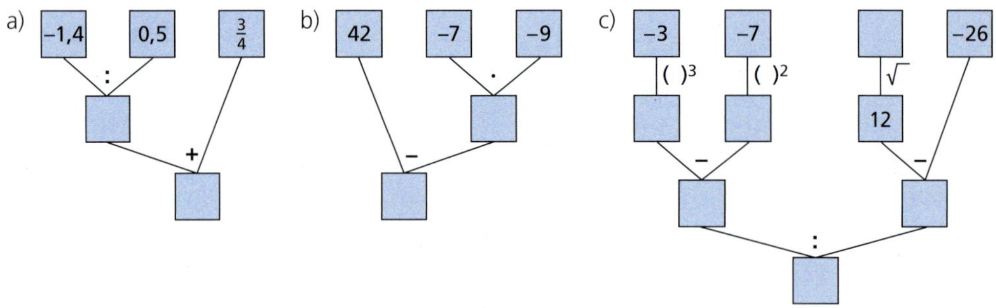

2. a) Gib die kleinste ganze Zahl an, die die Ungleichung $x + 3 \geq -8$ erfüllt.
b) Gib die größte ganze Zahl an, die die Ungleichung $x - 8 < -1$ erfüllt.

3. Bilde die Summe und das Produkt aller ganzen Zahlen zwischen –4 und 4.

4. Gib jeweils drei Zahlen an, die die Ungleichung erfüllen.

a) $7 + x < 7$ b) $x + (-8) > -8$ c) $\frac{x}{2} - 5 < 0$ d) $8 - 2x^2 > -4$

5. Gib jeweils alle ganzen Zahlen an, die die folgenden Ungleichungen erfüllen.

a) $-4{,}1 < x < 8{,}4$ b) $-2{,}6 > x > -11$ c) $-5{,}5 \leq x \leq -1{,}2$ d) $-5 \geq x \geq -6$

6. Ermittle die Werte der Terme für $a = 6$ und $a = -6$. Vereinfache vorher, wenn nötig.
a) $(7a + 1) \cdot (3a - 4)$ b) $(7a + 1) \cdot 3a - 4$ c) $7a + 1 \cdot (3a - 4)$ d) $7a + 1 \cdot 3a - 4$

7. Berechne die Seitenlängen der folgenden Quadrate aus ihren Flächeninhalten.
a) $A = 2\,704\ \text{mm}^2$ b) $A = 0{,}9604\ \text{dm}^2$ c) $A = 22{,}09\ \text{m}^2$ d) $A = 84{,}2\ \text{cm}^2$

8. Berechne den Radius der Kreise aus ihren Flächeninhalten auf zwei Stellen nach dem Komma.
a) $A = 50\ \text{m}^2$ b) $A = 738\ \text{cm}^2$ c) $A = 0{,}76\ \text{dm}^2$ d) $A = 4716\ \text{mm}^2$

9. Berechne die Längen der Grundseiten der folgenden geraden quadratischen Pyramiden aus deren Volumen und Höhen auf eine Stelle nach dem Komma.
a) $V = 72\ \text{cm}^3$; $h = 4{,}2$ cm b) $V = 381\ \text{mm}^3$; $h = 16$ mm c) $V = 9{,}8\ \text{m}^3$; $h = 80$ cm

10. Berechne jeweils die fehlende Seitenlänge x für folgende Dreiecke.

a)
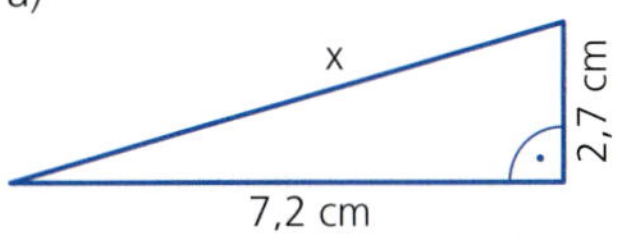

b)
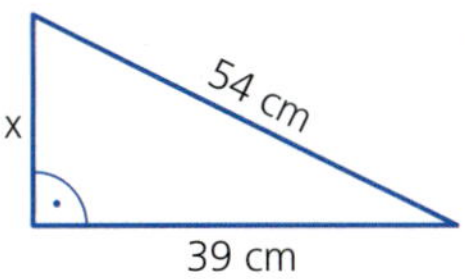

c)
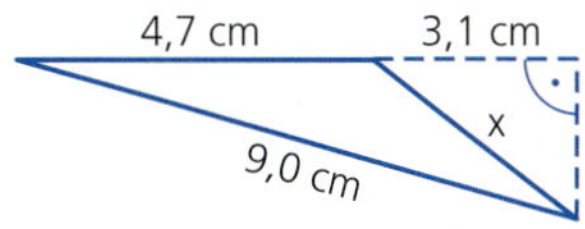

11. Berechne jeweils den Flächeninhalt und den Umfang der folgenden Figuren.

a)
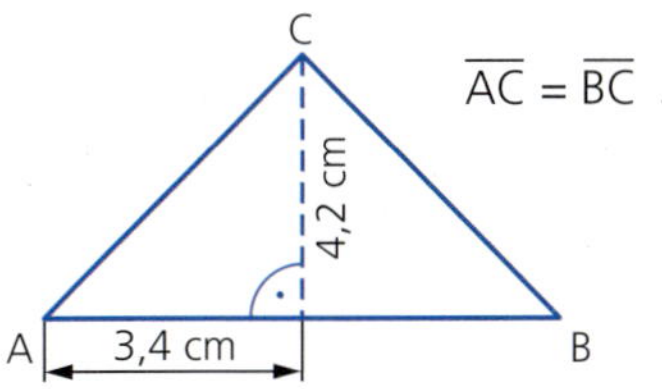

b)
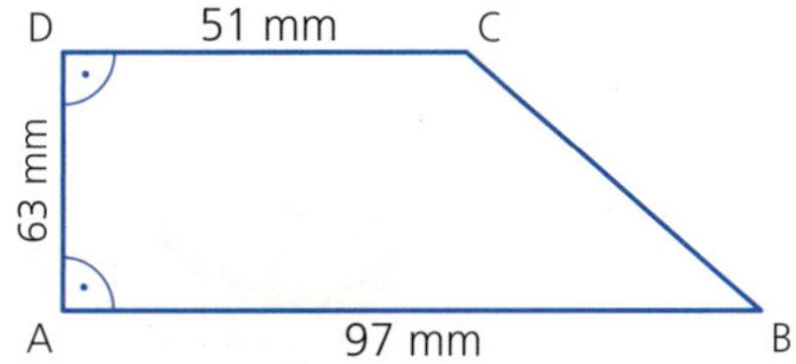

c)
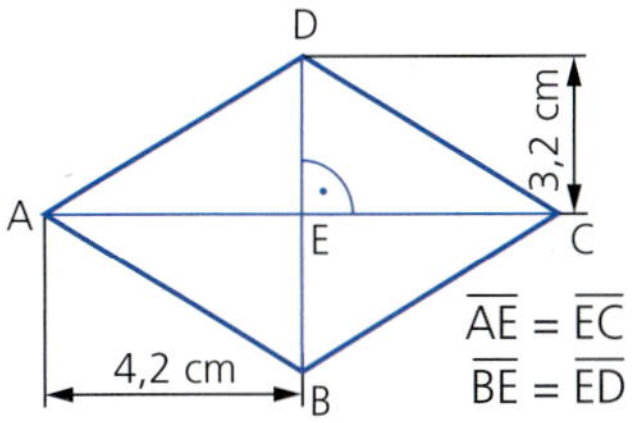

d)
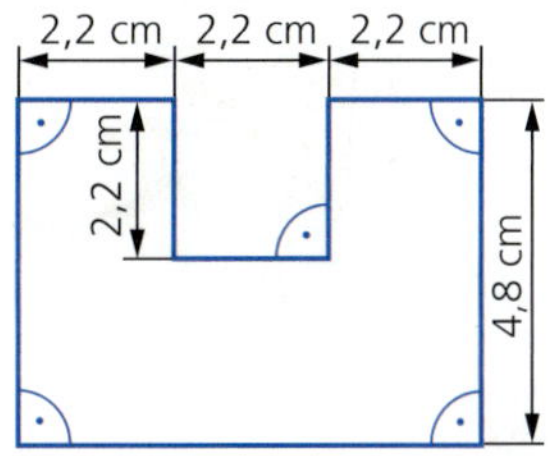

12. Nach der Eichordnung soll ein zylindrisches Fünflitermaß doppelt so hoch wie weit (Innendurchmesser) sein. Ermittle die Maße eines solchen Gefäßes.

13. Ein Radsportler fährt an einem windstillen Tag auf einer geradlinig verlaufenden Straße bis zu einem 60 km entfernt liegenden Ort und ohne Pause sofort wieder zurück. Er benötigt für die gesamte Strecke $3\frac{1}{2}$ Stunden. Am nächsten Tag verringert sich die Durchschnittsgeschwindigkeit des Sportlers auf der Hinfahrt durch Gegenwind um $5\ \frac{\text{km}}{\text{h}}$. Sie wird aber auf der Rückfahrt um $5\ \frac{\text{km}}{\text{h}}$ größer. Welche Zeit benötigt der Sportler am zweiten Tag für die Gesamtstrecke?

14. Die Längenänderung fester Körper ist umso größer, je länger der Körper und je größer die Temperaturänderung ist. So ändert sich beispielsweise die Länge eines 1 m langen Kupferdrahtes bei einer Temperaturänderung um 1 Grad um $1{,}6 \cdot 10^{-4}$ cm.
a) Eine Freileitung aus Kupfer hat bei einer Temperatur von 10 °C eine Länge von 12,84 km. Wie lang ist die gleiche Leitung bei einer Temperatur von 35 °C?
b) Wie wirkt sich ein Temperatursturz von 18 Grad auf die Leitung aus?
c) Mit welchen technischen Mitteln lassen sich solche Längenänderungen ausgleichen?

4 Rechnen mit Größen

4.1 Ausgewählte Größen und ihre Einheiten

Größen werden durch Maßzahl (Zahlenwert) und Maßeinheit (Einheit) dargestellt.

Die Strecke hat eine *Länge* von *7,248 km.*
Die *Zeit* für eine Pause beträgt *15 min.*
Das *Volumen* der Flüssigkeit beträgt *1,5 Liter.*

Längeneinheiten:

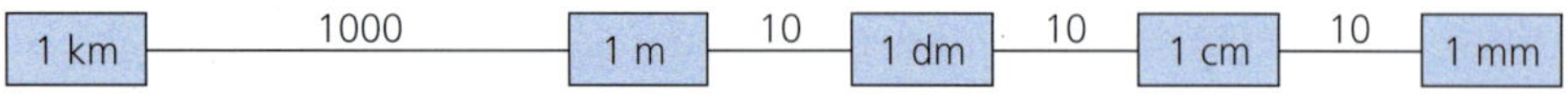

Flächeneinheiten:

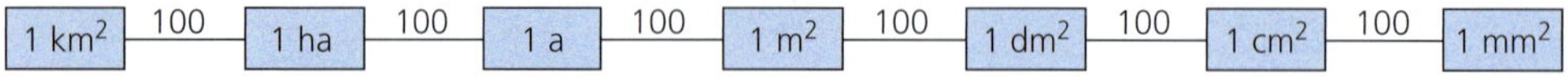

Volumeneinheiten:

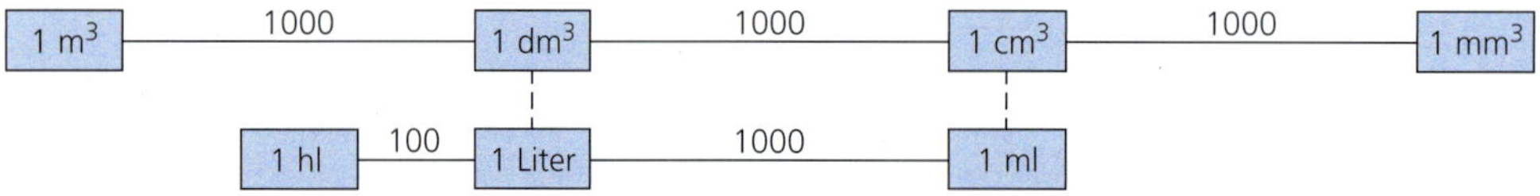

Masseeinheiten:

Zeiteinheiten:

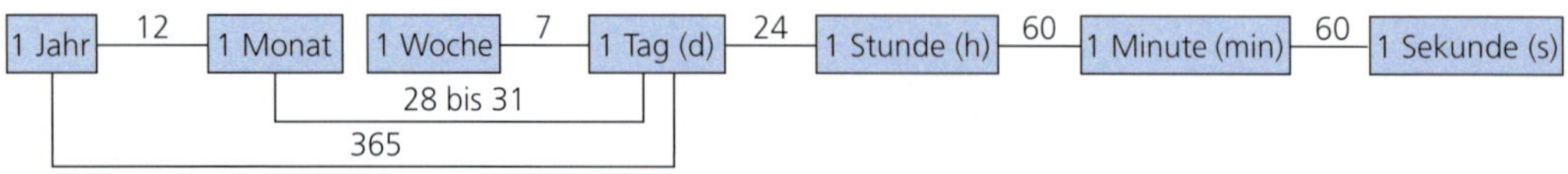

1. Gib in der kleineren Einheit an.

a) 6 km 720 m b) 17 dm^2 5 cm^2 c) 5 min 24 s d) 9 t 7 dt
e) 4 d 10 h f) 3 dm^3 7 cm^3 g) 9 ha 38 a h) 25 m 7 dm
i) 71 m^3 38 dm^3 j) 8 min 20 s k) 34 g 50 mg l) 18 km^2 56 ha

2. Wandle in die in Klammern stehenden Einheiten um.

a) 7,3 kg in (g) b) 45 mm in (cm) c) 9,6 hl in (Liter) d) 45 min in (h)
e) 14,6 t in (dt) f) 700 cm^3 in (dm^3) g) 0,93 m in (mm) h) 28 Liter in (dm^3)
i) $2\frac{1}{2}$ d in (h) j) 1450 a in (ha) k) 0,05 cm^2 in (mm^2) l) 720 s in (min)

3. Schreibe mit Komma und nur mit der in Klammern angegebenen Einheit.

a) 8 m^3 170 dm^3 in (m^3) b) 36 km 27 m in (km) c) 19 ha 8 a in (ha)
d) 4 h 30 min in (h) e) 2 Liter 165 ml in (Liter) f) 15 cm 7 mm in (cm)
g) 5 m^2 720 cm^2 in (m^2) h) 9 m 20 mm in (m) i) 14 t 54 kg in (t)

4.2 Rechnen mit Näherungswerten

Addieren und Subtrahieren

Das Ergebnis sollte so viele Dezimalstellen haben, wie der Ausgangswert mit der geringsten Anzahl von Dezimalstellen hat.

1,234 m + 22,7 m + 12,63 m = 36,564 m

Da 22,7 eine Stelle nach dem Komma hat, darf das Ergebnis auch nur eine Stelle nach dem Komma haben. *Ergebnis:* 36,6 m

Multiplizieren und Dividieren

Der Näherungswert mit der geringsten Anzahl von Stellen gibt an, an welcher Stelle (von links gezählt) das Ergebnis gerundet werden sollte. Nullen links von der ersten von Null verschiedenen Ziffer werden nicht mitgezählt.

$122{,}50\text{ m} \cdot 12{,}3\text{ m} = 1\,506{,}75\text{ m}^2$

Gerundet auf $1\,510\text{ m}^2$, denn 12,3 hat drei Stellen.

$0{,}08\text{ g} : 1{,}25\text{ cm}^3 = 0{,}064\,\frac{\text{g}}{\text{cm}^3}$

Gerundet auf $0{,}06\,\frac{\text{g}}{\text{cm}^3}$, denn 0,08 hat eine Stelle. Die Nullen werden nicht mitgezählt.

1. Berechne jeweils mit sinnvoller Genauigkeit. Alle Angaben sind Messwerte.
a) $1{,}04\text{ cm} \cdot 0{,}48\text{ cm}$
b) $10{,}0\text{ m} \cdot 8{,}04\text{ m}$
c) $4{,}21\text{ dm} \cdot 0{,}421\text{ dm}$
d) $0{,}012\text{ mm} \cdot 1{,}20\text{ mm}$
e) $4{,}283\text{ m} \cdot 0{,}82\text{ m} \cdot 0{,}03\text{ m}$
f) $0{,}40\text{ m} \cdot 14{,}0\text{ m} \cdot 1{,}4\text{ m}$

2. Berechne jeweils mit sinnvoller Genauigkeit. Alle Angaben sind Messwerte.
a) 4,8 m + 14,03 m + 0,4 m – 11,9 m
b) 4,5 kg – 0,03 kg – 1,25 kg + 5,8 kg
c) 0,025 km + 84,2 m + 182,4 dm – 1,8 m
d) $210\text{ m}^2 - 1{,}4\text{ a} + 3{,}5\text{ dm}^2 - 5{,}0\text{ m}^2$

3. Ermittle das Luftvolumen eines Zimmers, dessen Länge mit 8,6 m; dessen Breite mit 6,7 m und dessen Höhe mit 2,10 m gemessen wurde.

4. Die Diagonalen eines Rhombus (einer Raute) sind 4,8 cm und 6,05 cm lang. Berechne Umfang und Flächeninhalt des Rhombus.

4.3 Proportionale und umgekehrt proportionale Zusammenhänge

Zwei Größen sind (direkt) proportional zueinander, wenn die Quotienten einander entsprechender Werte gleich sind.

$k = \frac{y}{x}$ (k ist Proportionalitätsfaktor)

Zwei Größen sind indirekt (umgekehrt) proportional zueinander, wenn die Produkte einander entsprechender Werte gleich sind.

$k = y \cdot x$ (k ist konstant)

Wie schwer ist ein 5,5 m langer Balken, wenn ein 2,0 m langer der gleichen Sorte 14,4 kg wiegt?

$\frac{x}{5{,}5\text{ m}} = \frac{14{,}4\text{ kg}}{2{,}0\text{ m}} \quad \Rightarrow \quad x = \frac{14{,}4\text{ kg} \cdot 5{,}5\text{ m}}{2{,}0\text{ m}} \approx 40\text{ kg}$

Ein Auto fährt 240 m mit $60\,\frac{\text{m}}{\text{s}}$ in 4 s. (v = konstant)
Wie schnell müsste es fahren, um die gleiche Strecke in 3,5 s zu schaffen?

$60\,\frac{\text{m}}{\text{s}} \cdot 4\text{ s} = x \cdot 3{,}5\text{ s} \quad \Rightarrow \quad x = \frac{60\,\frac{\text{m}}{\text{s}} \cdot 4\text{ s}}{3{,}5\text{ s}}$

$x = 68{,}5714\,\frac{\text{m}}{\text{s}} \approx 70\,\frac{\text{m}}{\text{s}}$

1. Wie viele Arbeiter müssen eingesetzt werden, wenn ein Auftrag, für den 6 Arbeiter 12 Tage benötigt werden, bereits in 9 Tagen erledigt sein soll und alle Arbeiter die gleiche Tagesleistung haben?

2. Gegeben sind die beiden Graphen (1) und (2).
a) Gib jeweils 4 Zahlenpaare (x; y) an.
b) Prüfe, ob die dargestellten Zusammenhänge direkt oder indirekt proportional sind.
c) Gib für x und y jeweils zwei mögliche physikalische Größen an.
d) Formuliere mit den in Aufgabe c) gewählten Größen je eine Textaufgabe.
e) Gib die Koordinaten des Schnittpunktes der beiden Graphen näherungsweise an.

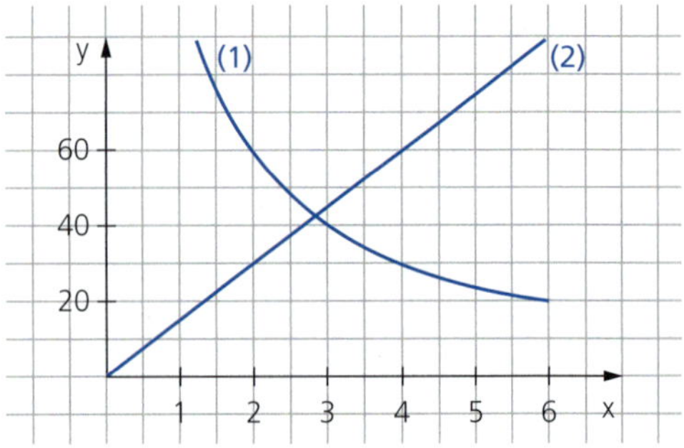

3. Ein Schiff legt bei gleichbleibender Geschwindgkeit in 15 Minuten 2,5 km zurück.
a) In welcher Zeit können 11 km zurückgelegt werden?
b) Wie viel Kilometer können in 2,5 h zurückgelegt werden?

4. Wenn sich der Durchmesser einer Kugel ändert, so ändert sich auch deren Oberflächeninhalt und deren Volumen. Untersuche den Zusammenhang zwischen Durchmesser und Oberflächeninhalt bzw. zwischen Durchmesser und Volumen einer Kugel.

4.4 Gemischte Aufgaben – Sachaufgaben

1. Welcher Zusammenhang besteht zwischen x und y? Gib Zahlen für x_1; x_2; y_1 und y_2 an.

a)

x	1	3	5	7	x_1	x_2
y	2,4	7,2	12	y_1	26,4	y_2

b)

x	1	3	5	7	x_1	x_2
y	84	28	16,8	y_1	5,25	y_2

2. Für Ingos Zimmer wurden 8 Rollen Tapete gekauft, die insgesamt 40,96 € gekostet haben. Beim Renovieren wurde festgestellt, dass noch 3 Rollen fehlen. Wie viel Euro kosten die benötigten 11 Rollen insgesamt?

3. An einer Tankstelle kosten 23 Liter Benzin 27,37 €. Ermittle den Preis für 1 Liter Benzin.

4. Peter hat 16 Fische, von denen er 4 verschenkt. Bisher hat eine Futterdose immer für etwa 30 Tage gereicht. Wie lange kann Peter jetzt füttern?

5. Ein Rechteck ist 9,0 cm lang und 6,0 cm breit. Jede Seite wird um dieselbe Strecke x so verlängert, dass ein um 250 cm^2 größeres Rechteck entsteht.
a) Um wie viel Zentimeter wurde jede Rechteckseite verlängert?
b) Gib die Seitenlängen nach der Verlängerung an.

6. Der russische Mathematiker L. F. MAGNIZKI (1669 bis 1738) stellte die folgende Aufgabe:
Ein Vater fragt den Lehrer seines Sohnes, wie viele Kinder er unterrichtet.
Der Lehrer antwortet: „Hätte ich noch einmal so viele Kinder, wie ich jetzt habe, und dann noch die Hälfte und dazu noch ein Viertel und dann noch deinen Sohn, so wären es genau 100."
Wie viele Schüler unterrichtet der Lehrer?

7. Von einem geraden Kreiszylinder sind der Inhalt der Grundfläche mit 78,5 cm^2 und der Inhalt der Mantelfläche mit 377,9 cm^2 bekannt. Ermittle aus diesen Angaben den Radius, den Durchmesser, die Höhe und das Volumen des Zylinders.

8. Tom und Ronny fahren mit ihren Rädern mit gleichbleibender Geschwindigkeit auf einem 4,0 km langen Rundkurs. Tom benötigt für eine Runde 10 min und Ronny 2 min weniger als Tom.
a) Berechne die Geschwindigkeiten von Tom und Ronny in Kilometer pro Stunde.
b) Wie groß ist der Rückstand von Tom zu Ronny nach 24 min?
c) Nach wie viel Minuten bzw. nach wie viel Kilometer erfolgt die erste Überrundung?

9. Ein 280 m langer Güterzug fährt mit einer gleichbleibenden Geschwindigkeit von 56 $\frac{km}{h}$ durch einen 3,5 km langen Tunnel. Wie lange dauert die gesamte Durchfahrt von der Einfahrt der Lokomotive bis zum Verlassen des letzten Wagens?

10. Der Giebel eines Hauses hat die Form eines gleichseitigen Dreiecks. Das Dreieck hat eine Seitenlänge von 10,40 m. Der Giebel soll einen Farbanstrich erhalten. Der Inhalt einer 12,50 € teuren Farbdose reicht für etwa 8 m^2 Fläche.
a) Berechne den Flächeninhalt des Giebels.
b) Wie viele Dosen müssen gekauft werden?
c) Prüfe, ob 70,00 € für den Kauf der Dosen ausreichen.

11. Das Schwimmbecken einen Hallenbades ist 50 m lang, 30 m breit und 2,20 m tief.
a) Wie viel Hektoliter Wasser müssen in das Becken eingelassen werden, damit es bis 80 cm unter dem Rand gefüllt ist?
b) Berechne die benötigte Zeit zum Füllen des Beckens bis 5 cm unter dem Rand, wenn 600 Liter pro Minute hineingepumpt werden.

12. Einem Kreis mit dem Radius r = 5,0 cm ist ein Rechteck mit den Eckpunkten A, B, C und D einbeschrieben. Eine Seitenlänge des Rechtecks ist so lang wie der Radius des Kreises.
a) Wie lang ist die zweite Rechteckseite?
b) Berechne den Flächeninhalt des Rechtecks.

13. Ein Würfel und eine Kugel haben den gleichen Rauminhalt von 8 cm^3.
a) Berechne die Oberflächeninhalte der beiden Körper und vergleiche diese?
b) Welcher Körper hat den größeren Oberflächeninhalt?

14. Beim Ausheben einer Baugrube wird der „Aushub" über ein Förderband transportiert. Am Ende bildet sich ein kreisförmiger „Schüttkegel", der eine Grundfläche mit einem Umfang von 36,5 m und eine Mantellinie von 6,5 m hat. Berechne die Höhe und das Volumen des Schüttkegels.

15. Aus einem zylinderförmigen Stahlrohling mit einer Länge von 60,0 cm und einem Durchmesser von 2,8 cm soll ein regelmäßiger Sechskant mit der gleichen Länge gefräst werden. Stahl hat eine Dichte von 7,8 $\frac{g}{cm^3}$.
a) Wie viel Kilogramm Stahlspäne entstehen dabei als Abfall?
b) Gib den Anteil des Abfalls an der Masse des Rohlings in Prozent an.

16. Ermittle die Dichte eines Gegenstandes, dessen Masse mit 784,0 g und dessen Volumen mit 69,1 cm^3 gemessen wurden. Aus welchem Stoff könnte dieser Gegenstand sein?
Verwende zum Ermitteln des Stoffes ein Nachschlagewerk.

17. Ein Discounter gewährt seinen Kunden für gekaufte Waren einen Rabatt von 3,2 %.
Familie Müller, Familie König und Familie Nowitzki erhielten zusammen Gutschriften in Höhe von 199,68 €. Bei genauer Aufschlüsselung ist ersichtlich, dass Familie König doppelt so viel eingekauft hat wie Familie Müller, während Familie Nowitzki Waren im Wert von 1050 € erwarb.
a) Welchen Gesamtbetrag gaben alle Familien zusammen aus?
b) Wie viel Euro Rabatt bekam jede Familie gut geschrieben?

18. Ein Kirchturm hat die Form eines geraden Kreiskegels mit einem Durchmesser von 18,6 m und einer Höhe von 26,5 m. Der Turm soll mit Schieferplatten neu gedeckt werden, wobei für 1 m^2 Dachfläche 30 Platten benötigt werden. Jede Platte kostet 2,85 €.
a) Berechne die Größe der Dachfläche.
b) Wie viele Schieferplatten werden zum Decken des Turmes benötigt, wenn etwa 15 % Verlust eingerechnet werden müssen?
c) Ermittle die reinen Materialkosten für das Decken des Kirchturms.

19. In einem Angebot wird für 1 kg Rinderrouladen ein Preis von 5,99 € ausgewiesen. Die Waage zeigt 2 250 g an. Wie viel Euro müssten angezeigt werden?

20. Für 230 g Schnittkäse zahlt Frau König 3,53 €. Berechne den Kilopreis für den Käse.

21. Ein geschlossener quaderförmiger Tank mit den Kantenlängen 80 cm, 55 cm und 35 cm ist mit 110 Liter Wasser gefüllt.
a) Wie hoch steht das Wasser im Tank, wenn er waagerecht auf seiner größten Seitenfläche steht?
b) Wie hoch steht das Wasser im Tank, wenn er waagerecht auf seiner kleinsten Seitenfläche steht?
c) Wie hoch steht das Wasser im Tank, wenn er waagerecht auf seiner „mittleren" Seitenfläche steht?

22. Zwei Bagger heben eine Baugrube von 25,0 m Länge, 16,0 m Breite und 3,0 m Tiefe aus. Einer der Bagger fällt durch Havarie für fünf Stunden aus. Seine Förderleistung ist um 3 $\frac{m^3}{h}$ größer als die Förderleistung des anderen Baggers, die 9 $\frac{m^3}{h}$ beträgt.
Wie lange dauert das Ausheben der Baugrube?

23. Aus Erdöl lassen sich anteilmäßig folgende Produkte herstellen:
31,5 % Dieselkraftstoff; 29,8 % Benzin; 18,2 % Heizöl; 4,2 % Bitumen; 4,0 % Schmieröle; 2,3 % gasförmige Kohlenwasserstoffe. Die restlichen 10 % sind Abfallstoffe.
Ein Land importierte von 1991 bis 1995 etwa 325 Mio. t Erdöl und von 1996 bis 2000 etwa 410 Mio. t.
a) Um wie viel Prozent stieg der Import von Erdöl im Zeitraum von 1996 bis 2000 im Vergleich zu 1991 bis 1995?
b) Wie viel Tonnen Erdöl werden benötigt, um 80 t Dieselkraftstoff herzustellen?
c) Wie viel Millionen Tonnen Benzin konnten von 1996 bis 2000 hergestellt werden, wenn der Bedarf nur aus den Importen gedeckt wurde?
d) Stelle die prozentualen Anteile in einem Kreisdiagramm dar.

***24.** Ein oben offener und zylinderförmiger Tank mit einer Höhe von 20,0 m und einem Innendurchmesser von 3,0 m wird mit Wasser gefüllt. Zwei Pumpen stehen dazu bereit. Pumpe (1) hat pro Minute eine Durchflussmenge von etwa 200 Liter und Pumpe (2) von etwa 100 Liter. Pumpe (1) füllt den Tank bis zur Hälfte allein, danach wird Pumpe (2) dazu geschaltet. 30 Minuten vor dem Überlaufen des Tanks werden beide Pumpen abgeschaltet.
a) Wie lange arbeitet Pumpe (1) allein?
b) Wie viel Kubikmeter Wasser hat Pumpe (1) bis zum Zuschalten der Pumpe (2) allein geschafft?
c) Wie lange arbeiten beide Pumpen gemeinsam?
d) Wie viel Liter Wasser wurden jeweils durch die Pumpen in den Tank befördert?
e) Ermittle die Anteile der durch beide Pumpen geförderten Wassermengen an der Füllmenge.
f) Wie viel Kubikmeter Wasser fehlen noch bis zum Überlaufen des Tanks?

Prozent- und Zinsrechnung

1 Bequeme Prozentsätze

(1) Ein Prozent vom Ganzen ist der hundertste Teil vom Ganzen. G heißt Grundwert, p % heißt Prozentsatz, die Zahl p vor dem Prozentzeichen heißt Prozentzahl (Prozentpunkt).

geschrieben: $1\ \%$ von $G = \frac{1}{100} \cdot G = \frac{G}{100} \Rightarrow p\ \% = \frac{p}{100}$

$1\ \%$ von $375\ \text{kg} = \frac{375\ \text{kg}}{100} = 3{,}75\ \text{kg}$; $1\ \%$ von $12{,}30\ € = \frac{1230\ \text{ct}}{100} = 12{,}3\ \text{ct}$

(2) Bequeme Prozentsätze bzw. bequem zu merkende Prozentsätze:

$10\ \% = \frac{10}{100} = \frac{1}{10} = 0{,}1$ $5\ \% = \frac{1}{20} = 0{,}05$

$20\ \% = \frac{20}{100} = \frac{1}{5} = 0{,}2$ $12{,}5\ \% = \frac{1}{8} = 0{,}125$

$25\ \% = \frac{25}{100} = \frac{1}{4} = 0{,}25$ $66\frac{2}{3}\ \% = \frac{2}{3} = 0{,}\overline{6}$

$33\frac{1}{3}\ \% = \frac{33{,}\overline{3}}{100} = \frac{1}{3} = 0{,}\overline{3}$ $80\ \% = \frac{4}{5} = 0{,}8$

$50\ \% = \frac{50}{100} = \frac{1}{2} = 0{,}5$ $150\ \% = \frac{3}{2} = 1{,}5$

$75\ \% = \frac{75}{100} = \frac{3}{4} = 0{,}75$ $200\ \% = \frac{2}{1} = 2$

$100\ \% = \frac{100}{100} = 1$ $1000\ \% = \frac{10}{1} = 10$

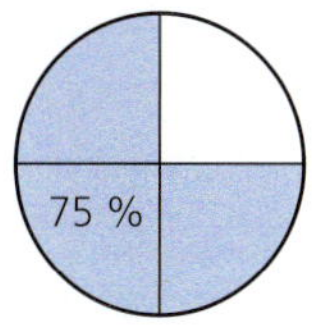

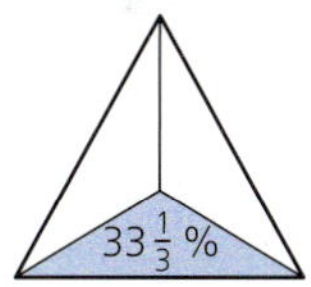

1. Zeichne auf Kästchenpapier ein Rechteck, das 5 Kästchen lang und 20 Kästchen breit ist.
a) Färbe 5 % der Fläche rot.
b) Färbe 20 % der Fläche blau.
c) Färbe 25 % der Fläche grün.
d) Wie viel Prozent der Fläche sind nicht farbig?

2. Zeichne auf Kästchenpapier ein Quadrat mit einer Seitenlänge von 5 Kästchen.
a) Färbe 4 % der Fläche rot.
b) Färbe 40 % der Fläche blau.
c) Färbe 20 % der Fläche grün.
d) Wie viele Kästchen sind nicht farbig?

3. Berechne jeweils von 720 kg die folgenden Prozentsätze.
a) 2,5 % b) 7,5 % c) 75 % d) 2 % e) 8 % f) 80 %

4. Berechne jeweils von 455 km die folgenden Prozentsätze.
a) 10 % b) 1 % c) 0,1 % d) 20 % e) 40 % f) 80 %

5.
a) 4 % von 3 500 t
b) 25 % von 8,8 m
c) 20 % von 0,15 mg
d) 60 % von 1,5 g
e) 75 % von 8,8 Liter
f) 30 % von 1,5 g

6. Gib die folgenden Prozentsätze als Bruch an. *Beispiel:* 25 % von a = $a:4 = \frac{a}{4}$
a) 10 % von a
b) 12,5 % von b
c) 12,5 % von 4a
d) 50 % von 0,5 a
e) 75 % von 2a
f) 150 % von a

7. Rechne schrittweise im Kopf. Verwende Vielfache von bequemen Prozentsätzen.
a) 37,5 % von 4800 Stück
b) 12 % von 75,00 €
c) 11 % von 35 000 t

8. Rechne mit dem Taschenrechner. Mache Überschläge mit bequemen Prozentsätzen.
a) 9,5 % von 68,75 €
b) 0,81 % von 73 266 t
c) 49,1 % von $3{,}9 \cdot 10^4$ ha
d) 2,1 % von 503 hl
e) 26 % von 4 402 000 €
f) 3,2 % von 65 mg

2 Grundaufgaben der Prozentrechnung

Der Grundwert G entspricht 100 %, der Wert, der dem Prozentsatz p % entspricht, heißt Prozentwert W.

Den Zusammenhang zwischen Grundwert G, Prozentsatz p % und Prozentwert W gibt die Grundgleichung der Prozentrechnung an: $\frac{100\,\%}{G} = \frac{p\,\%}{W}$

(1) *Berechnen von Prozentwerten W:* $W = p\,\% \cdot G$ oder $W = \frac{p \cdot G}{100}$	200 g Messing bestehen zu 65 % aus Kupfer. Wie viel Gramm Kupfer sind das?	$W = 65\,\% \cdot 200\text{ g}$ $W = \frac{65 \cdot 200\text{ g}}{100}$ $W = 130\text{ g}$
(2) *Berechnen von Prozentsätzen p %:* $p\,\% = \frac{W}{G}$ oder $p = \frac{W}{G} \cdot 100$	200 g Messing enthalten 130 g Kupfer. Wie hoch ist der Kupferanteil?	$p\,\% = \frac{130\text{ g}}{200\text{g}}$ $p\,\% = \frac{13}{20} = \frac{65}{100}$ $p\,\% = 65\,\%$
(3) *Berechnen von Grundwerten G:* $G = \frac{W}{p\,\%}$ oder $G = \frac{W \cdot 100}{p}$	130 g Kupfer sind 65 % eines Messingteils. Wie schwer ist das ganze Teil?	$G = \frac{130\text{ g}}{65\,\%}$ $G = \frac{130\text{ g} \cdot 100}{65}$ $G = 200\text{ g}$

1. Wie viel Euro von 35,50 € sind:
a) 20 % b) 2 % c) 22 % d) 120 % e) 12 % f) 200 %

2. Wie viel Kilowattstunden von 12 000 kWh sind:
a) 11 % b) 1,1 % c) 0,11 % d) 110 % e) 25 % f) 2,5 %

3. Wie viel Prozent sind es? Schätze zuerst, rechne dann mit dem Taschenrechner.
a) 34,6 t von 70 t b) 34,6 t von 700 t c) 34,6 t von 7 000 t
d) 15 m von 50 m e) 1,25 kg von 30 kg f) 12,1 min von 11 min
g) 57 cm von 57 m h) 57 cm von 5,7 m i) 57 cm von 570 mm

4. Ermittle den Grundwert G. Schätze zuerst, rechne dann mit dem Taschenrechner.
a) 9,5 g sind 44,5 % b) 95 g sind 4,45 % c) 5678 hl sind 121 %

5. Ermittle jeweils die in Klammern angegebene Größe.
a) G = 18 t; p % = 18 % (Prozentwert) b) G = 36 m; p % = 76 % (Prozentwert)
c) G = 5 540 g; W = 550 g (Prozentsatz) d) p % = 6,5 %; W = 7 500 g (Grundwert)
e) G = 2 005 €; W = 1 800 € (Prozentsatz) f) p % = 17 %; W = 1,7 t (Grundwert)
g) G = 0,84 ml; W = 0,33 ml (Prozentsatz) h) G = 124 ha; p % = 2,5 % (Prozentwert)

6. Herr Herbst hat im Baumarkt für 1 750 € eingekauft und bekommt auf diesen Betrag 2,5 % Rabatt. Nun möchte er gerne wissen, wie viel Euro er eingespart hat.
Er rechnet: $0{,}025 \cdot 1\,750\text{ €} = 43{,}75\text{ €}$
a) Hat Herr Herbst richtig gerechnet? Erkläre. b) Wie würdest du rechnen?
c) Berechne jeweils den zu zahlenden Betrag für die folgenden Angaben:
(1) Preis: 899 €; Rabatt: 2 % (2) Preis: 23 780 €; Rabatt: 2,75 %
(3) Preis: 2 006,99 €; Rabatt: 1,5 % (4) Preis: 12 345 €; Rabatt: 0,25 %

3 Darstellen von Prozentsätzen

Zur Veranschaulichung von Daten werden häufig Diagramme verwendet.

(1) Säulendiagramme eignen sich zur Darstellung von Entwicklungstendenzen, zur Darstellung von Anteilen und zum Mehrfachvergleich.

Vergleich der Wahlergebnisse der Parteien MAP, TOP und LIP in den Jahren 2000 und 2004

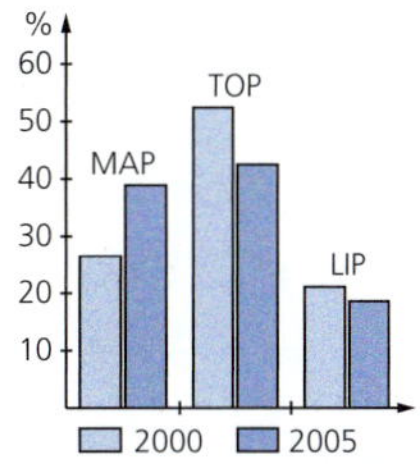

(2) Kreisdiagramme eignen sich zur Darstellung von Größenverhältnissen und von Anteilen.

Es gilt: 100 % ≙ 360°
1 % ≙ 3,6°

Anteile der Parteien TOP, MAP und LIP beim Wahlergebnis

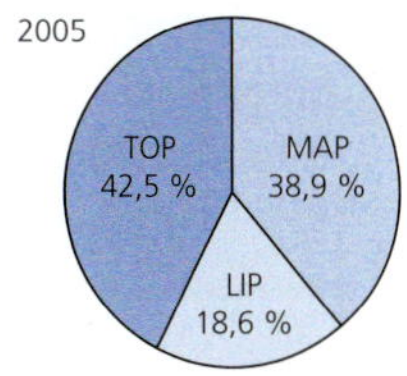

(3) Prozentstreifen eignen sich zur Darstellung von Größenverhältnissen und von Anteilen.

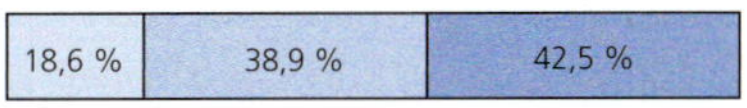

1. Beate hat in ihrer Sparbüchse insgesamt 40 Münzen. Es sind 10 Stück zu 5 ct, 8 Stück zu 10 ct, 20 Stück zu 20 ct und 2 Stück zu 50 ct.

a) Stelle die Anteile der einzelnen Münzarten in einem Kreisdiagramm dar.

b) Wie viel Euro hat Beate in ihrer Sparbüchse?

2. In einem Test konnten maximal 10 Punkte erreicht werden. Es nahmen insgesamt 27 Personen an dem Test teil.

Punkte	10	9	8	7	6	5	4	3	2	1	0
Anzahl	2	10	–	6	1	–	7	–	–	1	–

a) Stelle die Punkteverteilung in einem Prozentstreifen von 10 cm Länge dar.

b) Welche durchschnittliche Punktzahl wurde erreicht? Runde auf eine Stelle nach dem Komma.

3. In Konrads Klasse haben zwei Schüler mehr als drei Geschwister, ebenso viele genau drei Geschwister, sieben Schüler zwei Geschwister, acht Schüler eine Schwester bzw. einen Bruder und sechs Schüler sind Einzelkinder.
Stelle die prozentualen Anteile in einem geeigneten Streckendiagramm dar.

4. In einer anonymen Umfrage über die Höhe des monatlichen Taschengeldes in einer Klasse mit insgesamt 31 Schülerinnen und Schülern ergab sich folgendes Bild:

Taschengeld in Euro	$x > 50$	$40 < x \leq 50$	$35 < x \leq 40$	$31 < x \leq 35$	$25 < x \leq 31$	$20 < x \leq 25$	$x < 20$
Anzahl der Schüler	1	–	2	–	3	12	10

Der restliche Teil der Klasse bekommt kein Taschengeld.
Stelle die prozentuale Verteilung in einem Diagramm dar.

4 Prozentuale Steigerung / Prozentuale Senkung

(1) **Verringert** sich der Grundwert um einen bestimmten Prozentsatz, so spricht man von einem **prozentualen Abschlag** bzw. einem **verminderten Grundwert.**

Es gilt: $G_- = G \cdot (100\ \% - p\ \%)$

$= G \cdot \frac{100 - p}{100}$

Der Nettopreis von 120 € wird um 20 % gesenkt. Die Preissenkung beträgt 24 €. Der neue Preis beträgt 96 €.

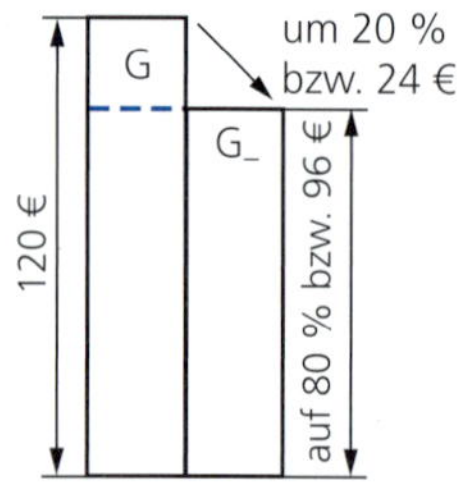

(2) **Vermehrt** sich der Grundwert um einen bestimmten Prozentsatz, so spricht man von einem **prozentualen Zuschlag** bzw. einem **vermehrten Grundwert.**

Es gilt: $G_+ = G \cdot (100\ \% + p\ \%)$

$= G \cdot \frac{100 + p}{100}$

Zum Nettopreis von 96 € kommen noch 16 % Mehrwertsteuer dazu. Die Mehrwertsteuer beträgt 15,36 €. Der Bruttopreis, auch Verkaufspreis genannt (Nettopreis plus Mehrwertsteuer), beträgt 111,36 €.

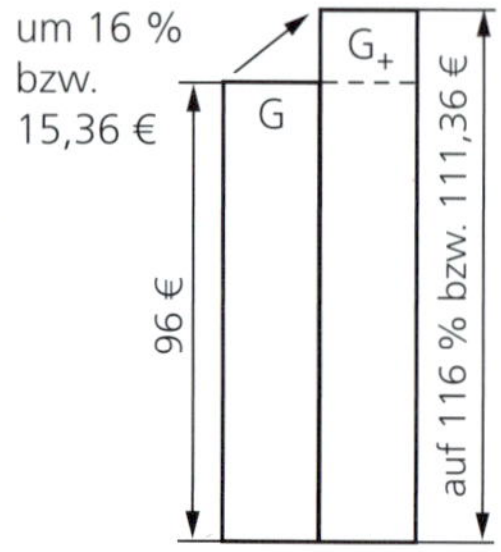

1. Berechne jeweils, auf welche Größe der Ausgangswert gesteigert werden soll.
a) 1 750 € soll sich um 8 % erhöhen.
b) 755 °C soll sich um 4 % erhöhen.
c) 36 cm soll sich um 12,5 % erhöhen.
d) $2 \cdot 10^8$ mg soll sich um 1 % erhöhen.

2. Berechne jeweils, um wie viel Prozent die Ausgangsgröße gesteigert wurde.
a) 1 750 € wurde auf 2 000 € erhöht.
b) 75,0 m^2 wurde auf 82,5 m^2 erhöht.
c) 0,44 kg wurde auf 480 g erhöht.
d) $2 \cdot 10^8$ cm wurde auf $2 \cdot 10^{10}$ cm erhöht.

3. Berechne, auf wie viel Prozent sich der Ausgangswert verringert hat.
a) 1 125 € wird um 150 € gesenkt.
b) 65 hl wird um 65 Liter verkleinert.
c) 0,44 kg wird um 48 g verringert.
d) 24 000 Stück haben um 3 000 Stück abgenommen.

4. Die monatliche Miete von 502,75 € für eine 3-Zimmer-Mietwohnung stieg um 4 %.
a) Auf wie viel Prozent ist die Miete gestiegen?
b) Um wie viel Euro wurde die Miete erhöht?

5. Der Preis für ein Paar Turnschuhe wurde um 15 % gesenkt und betrug jetzt noch 28,99 €.
a) Auf wie viel Prozent wurde der Ausgangspreis gesenkt?
b) Berechne den ursprünglichen Preis.

6. Der Ausgangspreis a einer Ware wird zunächst um 20 % gesenkt. Danach wird der gesenkte Preis wieder um 20 % erhöht.
a) Ermittle den Endpreis nach den beiden Preisänderungen.
b) Ist der Endpreis höher oder niedriger als der Ausgangspreis? Begründe.
c) Wie viel Prozent im Vergleich zum Ausgangspreis macht der Endpreis aus?

7. Jana hat im April 1,5 kg zugenommen. Das sind 3 % zum Vormonat März.
a) Wie viel Kilogramm hat Jana im März gewogen?
b) Wie viel Kilogramm wiegt Jana im Mai, wenn sie dann nicht weiter zugenommen hat?

5 Zinsrechnung

Bei der Zinsrechnung, einer Anwendung der Prozentrechnung, entsprechen die Grundbegriffe und die Grundgleichung denen der Prozentrechnung.

Prozentrechnung:	Grundwert G	Prozentsatz p %	Prozentwert W
↕	↕	↕	↕
Zinsrechnung:	Kapital K	Zinssatz p %	Zinsen Z

Das Kapital K entspricht 100 %. Der Wert, der dem Zinssatz p % entspricht, heißt Zinsen Z.

Den Zusammenhang zwischen Kapital K, Prozentsatz p % und Zinsen Z gibt die Grundgleichung der Zinsrechnung an: $\frac{100\,\%}{K} = \frac{p\,\%}{Z}$.

(1) Berechnen von Zinsen Z:

$Z = p\,\% \cdot K$

oder

$Z = \frac{p \cdot K}{100}$

200 € werden zu einem Zinssatz von 1,5 % für ein Jahr angelegt. Wie viel Euro Zinsen bekommt man?

$Z = 1{,}5\,\% \cdot 200\,€$

$Z = \frac{1{,}5 \cdot 200\,€}{100}$

$Z = 3\,€$

(2) Berechnen von Zinssätzen p %:

$p\,\% = \frac{Z}{K}$

oder

$p = \frac{Z \cdot 100}{K}$

Bei einer Einlage von 100 € werden nach einem Jahr 5 € Zinsen ausgezahlt. Gib den Zinssatz an.

$p\,\% = \frac{5\,€}{100\,€}$

$p\,\% = \frac{1}{20} = \frac{5}{100}$

$p\,\% = 5\,\%$

(3) Berechnen des Kapitals K:

$K = \frac{Z}{p\,\%}$

oder

$K = \frac{Z \cdot 100}{p}$

Am Ende eines Jahres werden 6 € Zinsen ausgezahlt. Das sind 3 % des Kapitals. Gib das Kapital an.

$K = \frac{6\,€}{3\,\%}$

$K = \frac{6\,€ \cdot 100}{3}$

$K = 200\,€$

(4) Berechnen von Monatszinsen:
(m = Anzahl der Monate)

$Z_m = \frac{p\,\% \cdot K \cdot m}{12}$

oder

$Z = \frac{p \cdot K \cdot m}{100 \cdot 12}$

Wie hoch sind die Zinsen bei einem Konto mit 800 € Spareinlagen und einem Zinssatz von 1,25 % nach 5 Monaten?

$Z_5 = \frac{1{,}25\,\% \cdot 800\,€ \cdot 5}{12}$

$Z_5 = \frac{1{,}25 \cdot 800\,€ \cdot 5}{100 \cdot 12}$

$Z_5 = 4{,}17\,€$

(5) Berechnen von Tageszinsen:
(d = Anzahl der Tage)

$Z_d = \frac{p\,\% \cdot K \cdot d}{360}$

oder

$Z = \frac{p \cdot K \cdot d}{100 \cdot 360}$

Wie hoch sind die Zinsen bei einem Konto mit 800 € Spareinlagen und einem Zinssatz von 1,25 % nach 166 Tagen?

$Z_{166} = \frac{1{,}25\,\% \cdot 800\,€ \cdot 166}{360}$

$Z_{166} = \frac{1{,}25 \cdot 800\,€ \cdot 166}{100 \cdot 360}$

$Z_{166} = 4{,}6\overline{1}\,€ = 4{,}60\,€$

(6) Berechnen von Zinseszinsen:
(n = Anzahl der Jahre;
K_0 = Anfangskapital;
K_n = Endkapital)

$K_n = K_0 \cdot (1 + p\,\%)^n$

800 € werden mit 4 % Zinsen für 6 Jahre fest angelegt. Wie hoch ist das Guthaben nach 6 Jahren?

$K_8 = 800\,€ \cdot (1 + 4\,\%)^6$

$K_8 = 800\,€ \cdot (1{,}04)^6$

$K_8 = 1012{,}26\,€$

1. Berechne die Zinsen p.a. (per annum – pro Jahr) von folgenden Spareinlagen bei einem Zinssatz von 2,75 %.
a) 12 500 € b) 125 000 € c) 1 250 € d) 8 765 € e) 888,80 € f) 450 €

2. Berechne den Zinssatz p.a. (per annum – pro Jahr), wenn für den jeweiligen Sparbetrag die genannten Zinsen gezahlt werden.
a) K = 12500 €; Z = 375 € b) K = 4 800 €; Z = 160 € c) K = 755,75 €; Z = 30,23 €

3. Berechne die Höhe der Spareinlage, wenn bei dem jeweiligen Zinssatz p. a. (per annum – pro Jahr) die genannten Zinsen gezahlt werden.
a) 3,75 %; Z = 562,50 € b) 2,5 %; Z = 231,25 € c) 3%; Z = 14,30 €

4. Jemand überzieht sein Girokonto für 36 Tage um 267 € und muss dafür 10,5 % Zinsen zahlen. Welchen Gesamtbetrag muss er zurückzahlen?

5. Eine Firma legt 2 Mio. $ zu 8,5 % für 8 Monate an. Welchen Zinsertrag erzielt sie in dieser Zeit?

6. Berechne das Endkapital für eine Anfangseinlage von 4750 € bei einem Zinssatz von 2,75 % über vier Jahre, wenn alle Zinsen pro Jahr mit verzinst werden.

7. Berechne das Endkapital mit einer Anfangseinlage von 24 000 € für ein Wachstumssparen mit folgenden Zinssätzen:
Im 1. Jahr 2,75 %; im 2. Jahr 3,0 %; im 3. Jahr 3,5 %; im 4. Jahr 3,75 % und im 5. Jahr 4 %.
Dabei werden jeweils im Folgejahr die vorher erzielten Zinsen mit verzinst.

8. Eine Firma legt ein Teil ihres Jahresgewinns in Aktien an. Sie kauft 180 Stück zu einem Nennwert von 100 € pro Aktie zum Tageskurs für insgesamt 18 450 €.
a) Um wie viel Euro lag der Kaufpreis der Aktie über ihrem Nennwert?
b) Nach etwa einem Jahr muss die Firma ihre Aktien zu einem Kurs von 98,5 % zum Nennwert verkaufen. Wie viel Euro beträgt der Gesamtverlust?

9. Ein Baugrundstück von 14,5 a Größe hat einen Wert von 3,75 $\frac{€}{m^2}$. Da sich längere Zeit kein Käufer findet, wird der ursprüngliche Wert gesenkt.
- im ersten Jahr um 1,5 %
- im zweiten Jahr auf 98 % zum Vorjahr
- im dritten Jahr um 5 % zum Vorjahr
- im vierten Jahr auf 96 % zum Vorjahr

Schließlich findet sich ein Interessent, der aber nur 90 % des aktuellen Preises zu zahlen bereit ist.
a) Stelle die Quadratmeterpreise für jedes der vier Jahre in einem Streckendiagramm dar.
b) Wie viel Euro bezahlt der Käufer für das Grundstück?

10. Familie Gärtner hat eine Summe bei der Sparkasse über 5 Jahre fest angelegt. Zwischenzeitlich werden keinerlei Abhebungen oder Zubuchungen vorgenommen und die jährlichen Zinsen werden stets wieder mit verzinst.
Das Diagramm zeigt die jährlichen Zinserträge an.
a) Berechne die gesamte Zinssumme der 5 Jahre.
b) Welcher Anfangsbetrag wurde eingezahlt?
c) Wie viel Prozent beträgt der jährliche Zinssatz?
d) Um wie viel Prozent liegt die Endsumme über dem Anfangsbetrag?

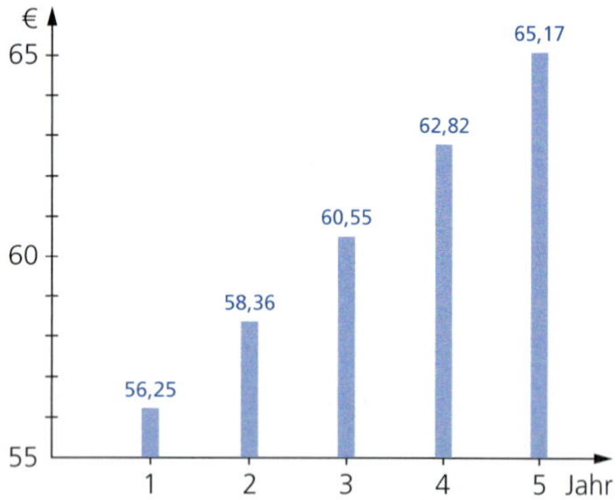

6 Sachaufgaben

(1) Text gründlich lesen	Der Verkaufspreis eines Computers beträgt 999 €. Er wird um 20 % gesenkt. Was kostet der Computer dann?
(2) Gesuchte und gegebene Größen festlegen	*ges.:* W in Euro *geg.:* p % = 20 %; G = 999 €
(3) Gleichung auswählen	$W = p\,\% \cdot G$ oder $W = \frac{p \cdot G}{100}$
(4) Gleichung lösen	$W = \frac{20 \cdot 999\,€}{100} = 199{,}80\,€$ neuer Preis: 999,00 € – 199,80 € = 799,20 €
(5) Lösung prüfen	100 % – 20 % = 80 % $80\,\%$ von $999\,€ = \frac{80 \cdot 999\,€}{100} = 799{,}20\,€$
(6) Im Satz antworten	Der Computer kostet jetzt 799,20 €.

1. Für die Flächen im nebenstehenden Rechteck gilt:
$A_{Rechteck} = A_1 + A_2 + A_3$
Gib die folgenden Flächenverhältnisse in Prozent an.
a) $A_1 : A_R$ b) $A_2 : A_R$
c) $A_3 : A_R$ d) $A_1 : A_2$
e) $A_3 : A_2$ f) $A_2 : A_3$

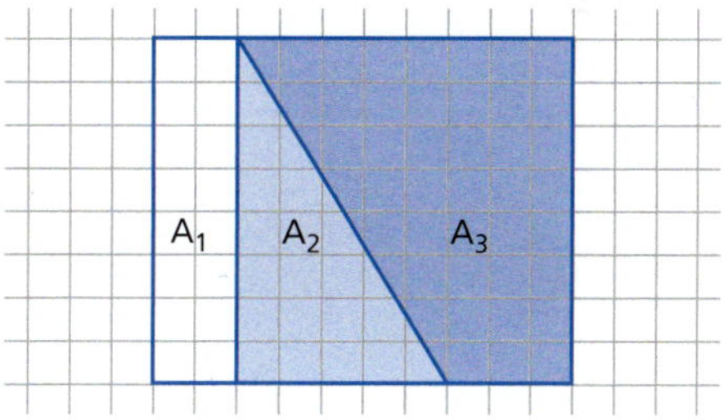

2. Während des Räumungsverkaufes wurde ein Produkt zunächst um 40 % und dann noch einmal (auf Grundlage des Zwischenpreises) um 25 % gesenkt. Zum Schluss kostete es noch 3,50 €. Berechne seinen ursprünglichen Preis.

3. Der Großhandel liefert an ein Buchgeschäft 25 Bücher eines Titels zum Ladenpreis von 12,00 € pro Stück. Der Buchhändler schlägt darauf einen Selbstkostenpreis von 15 % und darauf wiederum eine Handelsspanne von 20 % auf, die sein Gewinn ist. Dazu kommt noch die Mehrwertsteuer von 7 %. Alle Steigerungen ergeben zusammen den Verkaufspreis.
a) Berechne den Verkaufspreis dieses Titels.
b) Welchen Gewinn in Euro erzielt der Buchhändler beim Verkauf aller Bücher dieses Titels?
c) Wie viel Euro Mehrwertsteuer müssen für alle 25 verkauften Bücher ans Finanzamt abgeführt werden?

4. Berechne den Einkaufspreis eines Buches, das bei 15 % Selbstkosten, 25 % Gewinn und 7 % Mehrwertsteuer einen Verkaufspreis von 25,50 € hat.

5. Während einer Grippewelle fehlten in einer dreizügigen Schule täglich viele Schüler. Die Wochenübersicht zeigt die Anzahl der fehlenden Schüler.
Montag: 72 Dienstag: 68 Mittwoch: 53 Donnerstag: 47 Freitag: 40
a) Stelle die Häufigkeitsverteilung in einem Diagramm dar.
b) Berechne den Wochendurchschnitt.
c) Gib für jeden Tag die Abweichung vom Wochendurchschnitt in Prozent an.

6. In einem Kurhotel ist das Sole-Schwimmbecken 4,20 m breit; 4,50 m lang und durchschnittlich 1,45 m tief. Nach der fälligen Grundreinigung wird es wieder gefüllt. Dazu werden 7,5 m^3 einer achtprozentigen Sole (salzhaltiges Wasser) in das Becken gegeben.
Der Rest des Wassers wird der normalen Trinkwasserleitung entnommen.
Wie viel Prozent Sole enthält jetzt das Schwimmbecken?

7. In einer zu 45 % gefüllten Obstkiste befinden sich noch 18 kg Obst. Sally möchte ermitteln, wie viel Kilogramm insgesamt in die Kiste hineingehen.
Sie rechnet etwas vereinfacht: m = 1800 kg : 45 = 40 kg.
a) Überprüfe, ob Sally richtig gerechnet hat. Erkläre Sallys Lösungsweg.
b) Berechne jeweils die Grundwerte für folgende Angaben:
(1) 7,2 % entsprechen 4,8 hl
(2) 72 % entsprechen 8064 mg
(3) 124,5 % entsprechen 4500 s
(4) 34,3 % entsprechen 686 m

8. Familie Neumann verbringt einen einwöchigen Winterurlaub im tschechischen Riesengebirge. Sohn Detlev notiert jeden Tag den Umtauschkurs vom Euro zur tschechischen Währung (Kcs – Kronen). Dabei gibt er die Abweichung vom Mittelwert (30 Kcs für einen Euro), gerundet auf 0,05 Kcs an.

1. Tag: + 0,75 Kcs	2. Tag: + 0,35 Kcs	3. Tag: – 0,05 Kcs	4. Tag: ± 0 Kcs
5. Tag: – 0,15 Kcs	6. Tag: + 0,05 Kcs	7. Tag: + 0,50 Kcs	

a) Stelle den Kursverlauf in einem geeigneten Diagramm dar.
b) Gib die prozentualen Änderungen vom 1. zum 3. Tag, vom letzten zum 1. Tag und vom 4. zum letzten Tag an.

9. Ein Gartenbaubetrieb hatte im Jahr 2004 den nebenstehend aufgeführten Umsatz.
a) Gib die prozentualen Anteile an und stelle die Verteilung in einem Kreisdiagramm dar.
b) Der Gewinn betrug 49120 €.
Wie viel Euro Steuern waren bei 18,5 % Abgabe an das Finanzamt zu zahlen?

Umsatz	Artikel
20500 €	Feingemüse
102750 €	Blumen- und Grabschmuck
67540 €	Feldgemüse
42890 €	Gurken, Tomaten, Kürbisse

10. Ein Waschmittelhersteller verkaufte bisher ein bestimmtes Waschmittel für 6,99 €. Monatlich wurden davon im Jahresdurchschnitt 55800 Packungen abgesetzt. Durch eine Preisminderung um 3% wurde eine jährliche Umsatzsteigerung von 2,5 % erreicht.
Vergrößerten sich dadurch die Einnahmen für dieses Produkt?
Begründe deine Aussage durch konkrete Zahlenangaben.

11. Ein Unternehmen exportierte im Jahre 2004 etwa 54 % seiner Produktion. Diese Waren hatten einen Wert von 2,45 Mio. €. Im folgenden Jahr ging der Export bei gleich bleibenden Preisen um 5,5 % zurück, während der bisherige Inlandsabsatz gleichzeitig um 7,5 % stieg. Um wie viel Prozent änderte sich 2005 der Gesamtumsatz?

12. Familie Werner benötigt für ein Jahr einen Kredit in Höhe von 75500 €. Die Bank fordert einen Zinssatz von 8,3 % p. a. Familie Werner kann monatlich maximal Zinsen in Höhe von 500 € zahlen. Kann sie den Kredit aufnehmen? Begründe.

13. Der Verkehrsbetrieb einer Großstadt hatte im abgelaufenen Jahr Gesamtkosten von 8,85 Mio. €. Davon waren unter anderem 57 % Personalkosten und 1,66 Mio. € Verwaltungskosten. 78 % der Gesamtkosten sind durch Einnahmen gedeckt. Den Rest muss die Stadt tragen.
a) Wie viel Euro muss die Stadt zahlen?
b) Im kommenden Jahr sollen die Personalkosten um 12 % und die Verwaltungskosten um 10 % gesenkt werden. Welches Defizit muss die Stadt nun tragen?

14. Ein Betrieb überzieht seinen Kreditrahmen von 2 Mio. Euro für 23 Tage um 655 000 € und muss dafür 12,5 % Verzugszinsen zahlen. Berechne den zurückzuzahlenden Gesamtbetrag.

15. Beim Kauf einer Wohnungseinrichtung mit einem Gesamtbetrag von 14 350 € wird vom Möbel-Center folgender Kredit-Vertrag abgeschlossen.
Laufzeit: 15 Monate; Monatlicher Zinssatz: 0,75 % vom Gesamtbetrag
einmalige Bearbeitungsgebühr: 1,5 % vom Gesamtbetrag
Die ersten 14 Monatsraten werden auf 10 € aufgerundet.

$$\text{Monatsrate} = \frac{\text{Kredit} + \text{Monatszinsen} + \text{Bearbeitungsgebühr}}{\text{Laufzeit in Monaten}}$$

a) Wie hoch ist eine von den 14 ersten Monatsraten?
b) Welchen Betrag macht die letzte Rate aus?
c) Wie viel Euro hat der Käufer insgesamt zu zahlen?

16. Bei einem Ratenkredit für Junioren über 5 000 € gewährt ein Kreditinstitut folgende günstigen Bedingungen:
Laufzeit: 48 Monate; Zinssatz pro Monat: 0,7 %; Bearbeitungsgebühr: 1 %
Um wie viel Prozent übersteigt die Summe der Raten den gewährten Kredit?

17. Ein computergesteuerter Drehautomat wird für 755 000 € von einem Betrieb erworben und jährlich mit 15 % abgeschrieben. Welchen Wert hat der Automat nach 8 Jahren?

18. Peter und Janine schließen eine „Spar-Wette" ab. Sie wollen jede folgende Woche den in der vorgehenden Woche gesparten Betrag um 100 % erhöhen und mit 1 ct beginnen.
a) Welche Summe haben beide nach 10 Wochen gespart?
b) Ob das beide 20 Wochen durchhalten? Was meinst du?

19. Die Firma „Computer-Service" verkauft ihre Gesamtanlage nach 2 Jahren für 72 000 €. Die jährliche Abschreibung betrug dabei 30 %.
a) Berechne den Neupreis.
b) Welchen Verkaufspreis hätte die Firma nach 3 Jahren Laufzeit theoretisch erreichen können?

20. Der Luftdruck beträgt auf Meereshöhe etwa 1 000 Hektopascal und sinkt pro 1 000 m Höhenzunahme um 12 % ab.
a) Welcher Luftdruck herrscht dann etwa auf einem rund 2 000 m hohen Berg?
b) Welcher Luftdruck umgibt demnach ein Passagierflugzeug in 12 000 m Höhe?

21. Jod-131 hat eine Halbwertszeit von etwa 8 h. Das heißt, in dieser Zeit zerfallen 50 % der Substanz. Dieser Vorgang läuft kontinuierlich ab.
a) Welcher Anteil (in Prozent) einer bestimmten Jodmenge 131J ist nach 16 h zerfallen?
b) Nach welcher Zeit sind nur noch 12,5 % einer Jodmenge 131J im ursprünglichen Zustand?
c) Kann Jod-131 völlig zerfallen? Begründe.

22. Don Pedro wartet im Eiscafé auf seine regelmäßig unpünktliche Juanita. Als er noch 80 g Eis im Becher hat, beschließt er, fortan nur noch die Hälfte der vorhandenen Eismenge zu löffeln. Wie viel Prozent der 80 g hat er nach dem 8. Löffel noch im Becher?

Gleichungen und Ungleichungen

1 Terme mit Variablen

1.1 Berechnen von Termwerten – Aufstellen von Termen

**Belegen der Variablen in Termen;
Berechnen von Termwerten**

(1) Einschränken des Grundbereichs	$\frac{4a^2-1}{5a}$; $a \neq 0$
(2) Einsetzen z. B. a = 3	$\frac{4\cdot 3^2-1}{5\cdot 3} = \frac{4\cdot 9-1}{15}$
(3) Vereinfachen (Kürzen, Multiplizieren)	$\frac{35}{15} = \frac{7}{3}$

1. Setze in die folgenden Terme für n die Zahlen 7; 14; 0 und 3,5 ein und berechne die Termwerte.
a) $10n + 1$ b) $n^2 - 1$ c) $5n - n^2$

2. Berechne die Termwerte für a = 12 und b = –3. Manchmal ist es vorteilhaft zu vereinfachen.
a) $7a + 14b$ b) $-b - a$ c) $\frac{1}{3}a + \frac{1}{3}b$ d) $8a - 5b + 2a$
e) $3a - 4b^2$ f) $(a - 4)\cdot(b + 3)$ g) $\frac{a^2}{-b}$ h) $(a - b)^2$

3. Berechne die Termwerte.
a) $\frac{a^2}{b-5}$ für a = 7 und b = –2 b) $\frac{6x-16}{2x}$ für x = 8
c) a + b und a : b für $a = \frac{2}{5}$ und $b = \frac{3}{7}$ d) $4ab - 8ac$ für a = 2,5; b = 3,0 und c = 1,5
e) $\frac{x-2^2}{x+2}$ für x = 0,5 f) $(x - 2)\cdot(x + 2)$ für $x = \frac{1}{2}$

4. Finde drei natürliche Zahlen m, für die der Term $\frac{m+3}{m-3}$ eine ganze Zahl ergibt.

5. Drücke die folgenden Sachverhalte jeweils durch einen Term aus.
Gib eventuelle Einschränkungen des Variablengrundbereichs an.
Vereinfache, wenn möglich.
a) die Summe aus einer natürlichen Zahl und ihrem Nachfolger
b) das Produkt aus dem Vierfachen einer Zahl und der Hälfte einer anderen Zahl
c) drei Geldbeträge, von denen der zweite $2\frac{1}{2}$ mal so groß wie der erste, und der dritte halb so groß wie der zweite ist
d) eine Abrechnung des Energieverbrauchs aus der Grundgebühr von g Euro und dem Verbrauchspreis von f Cent pro Kilowattstunde für h Kilowattstunden
e) den Quotienten aus dem Quadrat einer natürlichen Zahl und dem Vierfachen dieser Zahl

6. Gib durch je einen Term folgende Größen des skizzierten Quaders an.
a) sein Volumen
b) seinen Oberflächeninhalt
c) die Summe seiner Kantenlängen
d) die Länge einer Raumdiagonalen

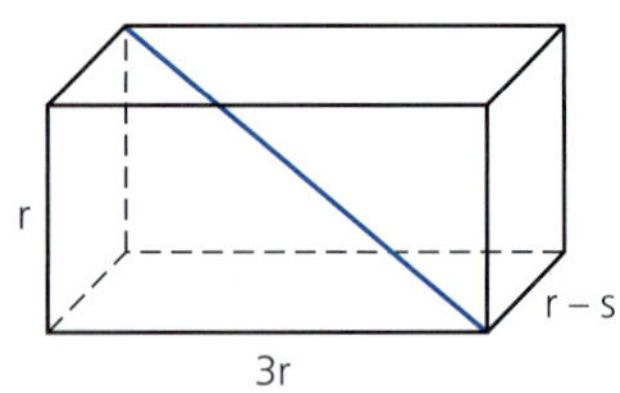

1.2 Addieren und Subtrahieren

Zusammenfassen

(1) Gleichartige Glieder können zusammengefasst werden. $3a + 7a = 10a$; $a + a = 2a$

(2) Ungleichartige Glieder können nicht zusammengefasst werden. $3a + 7 = 3a + 7$; $a^2 + 7a = a^2 + 7a$

Auflösen von Klammern

(1) Pluszeichen vor der Klammer:
Zeichen vor der Klammer und Klammer weglassen.
$15a + (9a - 3) = 15a + 9a - 3 = 24a - 3$

(2) Minuszeichen vor der Klammer:
Alle Vorzeichen in der Klammer ändern.
Klammer und Zeichen davor weglassen.
$15a - (-9a + 3) = 15a + 9a - 3 = 24a - 3$

1. Fasse zusammen, wenn möglich.
a) $15a + 7a$ b) $34b - b$ c) $2c - 13c$ d) $-22d - 22d$
e) $-20e + 108e$ f) $\frac{1}{6}f + \frac{1}{5}f$ g) $8g + 3g^2$ h) $-1{,}2\,h + 0{,}1\,h$

2. Vereinfache soweit wie möglich.
a) $3x + 2y + y - 5x$ b) $27x^2 - 6xy - 24x^2$ c) $5f - 2f - g + 3g$ d) $3gh - 2gh + h^2$

3. Entscheide, ob sich die angegebenen Terme durch richtiges Umformen des Terms $m + m + m + m$ ergeben können oder nicht.
a) $m + 4$ b) $4m$ c) m^4 d) $2m + 2m$ e) $2m \cdot 2m$

4. Entscheide, ob die angegebenen Terme zum Term $7a - 4a^2 - a^2 - a$ äquivalent sind oder nicht. Vereinfache dazu den Term.
a) a^2 b) $6a - 5a^2$ c) $-3a^2 + 6a$ d) $7a - 6a^2$ e) $3a^2 - 6a$

5. Löse die Klammern auf und fasse zusammen.
a) $3x + (4y - x)$ b) $8u - (5u + 3)$ c) $9m + 4n - (3m - 8n)$
d) $15x + (-7 - 2x)$ e) $r + (7r - 8)$ f) $r - (7r - 8)$
g) $9a^2 + (7a - 5) + 3 - (4a - 7a^2)$ h) $(u + v) + (u - v) + (u - v) - (u + v)$
i) $9a^2 - (7a + 5) + 3 + (4a + 7a^2)$ j) $(u + v) - (u + v) - (u + v) + (u + v)$

6. Vereinfache die folgenden Terme.
a) $(2n + 1) - (2n - 1)$ b) $\frac{a}{4} - 0{,}5a - (a + 1)$ c) $x^2 - 1 - \frac{x + 1}{2}$
d) $(2x - 1) - (2x + 1) - [5 - (x - 1)]$ e) $x^2 - 1 - (x^2 - 1) - (x^2 + 1)$

7. Löse die Klammern auf und fasse zusammen.
a) $8a - (4b - 13a) + (23b - 9)$ b) $2{,}8x - (4{,}5y - 3{,}2x) + 9y$
c) $9{,}2ax + 13{,}2bx - (-7{,}4bx - 5{,}8ax)$ d) $-\left(\frac{3}{5}x^2 + \frac{2}{5}y^2\right) - \left(\frac{5}{10}x^2 - \frac{2}{5}y^2\right) + \frac{1}{5}x^2$

8. Löse die Klammern auf und fasse zusammen.
a) $5x - [3y - (2x + 3y) - (8x - 3y)] - [2x + (2y - 2x)]$
b) $4a - [3 - (5a + 4) + (8a - 4)] - [(3a - 5) + (-2a + 3)]$
c) $9v - (8 + 6v) - [5 + (7v - 3)] + 8 - (6v + 2)$

1.3 Multiplizieren

Zahlen und Variable

(1) Vorzeichen ermitteln $2xy \cdot (-3x) = -2xy \cdot 3x$

(2) Zahlen multiplizieren $= -6 \cdot x \cdot x \cdot y$

(3) Produkte als Potenz schreiben. $= 6x^2y$

Summe mit Faktor (Ausmultiplizieren)

Jedes Glied der Summe mit dem Faktor multiplizieren und Produkte addieren.

$6a \cdot (3a - 5b) = 6a \cdot 3a + 6a \cdot (-5b)$
$= 18a^2 - 30ab$

Summe mit Summe

(1) Jedes Glied der einen Summe mit jedem Glied der anderen Summe multiplizieren.
$(8a + 3b) \cdot (4a - 7b)$
$8a \cdot 4a + 8a \cdot (-7b) + 3b \cdot 4a + 3b \cdot (-7b)$

(2) Produkte addieren $= 32a^2 - 56ab + 12ab - 21b^2$

(3) Zusammenfassen $= 32a^2 - 44ab - 21b^2$

Binomische Formeln

1. binomische Formel $(a + b)^2 = a^2 + 2ab + b^2$
2. binomische Formel $(a - b)^2 = a^2 - 2ab + b^2$
3. binomische Formel $(a + b) \cdot (a - b) = a^2 - b^2$

1. Multipliziere aus.

a) $2a \cdot 5b$ b) $75r \cdot 2r$ c) $9x \cdot (-2y)$ d) $(-4r) \cdot (-5x)$

e) $6a \cdot 4b \cdot 5$ f) $2x \cdot 4x \cdot x$ g) $12a^2 \cdot (-2)$ h) $4u^2 \cdot 2 \cdot 3u$

i) $8r \cdot \frac{1}{4} \cdot 6 \cdot \frac{2}{3}s$ j) $m \cdot (-2n) \cdot 0 \cdot 8n$ k) $(4a)^2$ l) $(-4a)^2$

2. Entscheide, welche der folgenden Terme zueinander äquivalent sind.

a) $4a^2$ b) $(4a)^2$ c) $(-4a)^2$ d) $-(4a)^2$ e) $4a \cdot (-4a)$

3. Multipliziere aus. Wandle die Produkte in Summen um.

a) $9 \cdot (7a + 4b)$ b) $9c \cdot (9d - 2c)$ c) $(8s + 14t) \cdot (-3s)$ d) $\frac{1}{2}h \cdot (24 - 42h)$

e) $6x \cdot (4x - 7) \cdot 2$ f) $9a^2 \cdot (5a^2 - 6a)$ g) $5m \cdot (3m - 2) + 2 \cdot (9 + 5m) - 3 \cdot (m^2 + 6)$

4. Mutlipliziere aus und fasse nach Möglichkeit zusammen.

a) $(a + 2b) \cdot (3c - 4d)$ b) $(8x - 12y) \cdot (2x + 3y)$ c) $(7x - 5) \cdot (5x - 7)$

d) $(6a + 5b) \cdot \left(\frac{1}{2}a - 2b\right)$ e) $(11r + s) \cdot (-5s - 9r)$ f) $(h + 3) \cdot (2h - 3) \cdot (-h - 4)$

5. Wandle in Summen um. Nutze die binomischen Formeln.

a) $(u + v)^2$ b) $(r - s)^2$ c) $(f + g) \cdot (f - g)$ d) $(3a + 5b)^2$ e) $(7m - n)^2$

f) $(12x + 5y)^2$ g) $\left(\frac{a}{2} - 2b\right)^2$ h) $\left(1{,}5r + \frac{2}{3}s\right)$ i) $(-9a + 5b)^2$ j) $\left(\frac{3}{4}m + 0{,}25n\right)^2$

6. Welcher Term gehört an die fehlende Stelle?

a) $2x \cdot (4y + \ast) = 8xy + 6x^2$ b) $10a \cdot (\ast - 4ab) = -40ab - 40a^2b$

c) $(\ast + 2ab) \cdot 2a = 8a^2 + 4a^2b$ d) $-4b \cdot (-25ab + \ast) = 100ab^2 - 2b^2$

e) $(\ast - 8) \cdot 2 = x^2 - 16$ f) $(\ast - 6x^2) \cdot (-2) = -x + 12x^2$

g) $0{,}5 \cdot (\ast + 4) = x + 2$ h) $(\ast - 4x) \cdot x = x - 4x^2$

1.4 Dividieren

Zahlen und Variable

(1) Vorzeichen ermitteln

(2) Kürzen bzw. Dividieren

Beachte: Der Divisor (Nenner) darf nicht 0 sein.

$-14mn:(-2m)$

$= 14mn:2m = 7n$

$\frac{-16ab}{8a}$

$= -\frac{16ab}{8a} = -2b$

Summe und Divisor

Jedes Glied der Summe durch den Divisor dividieren und Quotienten addieren.

$(42x^2 - 35x + 7):7$

$= 6x^2 - 5x + 1$

1. Vereinfache.

a) $27a:(-3)$ b) $16x^2:(2x)$ c) $15u:(5u^2)$ d) $-18x^3:\left(-\frac{1}{2}x\right)$

e) $\frac{25m^2}{10m}$ f) $\frac{9xy^2}{3xy}$ g) $-1{,}2y^3:(-4y^2)$ h) $42a^2b:(-7a)$

i) $\frac{24a}{11b}:8a$ j) $\frac{16x^3}{25z}:\frac{8x^2}{5z^4}$ k) $\frac{8ab}{9cd}:\frac{(-4b)}{3c}$ l) $\frac{2x}{3}:\frac{(-4x)}{15}$

m) $(9x - 6y):3$ n) $(35x^4 - 28x^3):(7x)$ o) $(2m^2 - 8m):(-4m)$

p) $\frac{4m^2 - 6mn + 2m}{-2m}$ q) $\frac{66abc - 44bcd + 121bc}{11bc}$ r) $(1\,000 - 1):9$

1.5 Zerlegung in Faktoren – Umwandeln von Summen in Produkte

Ausklammern (Umkehrung des Ausmultiplizierens)

(1) Suchen gemeinsamer Faktoren

(2) gemeinsame Faktoren vor die Klammer setzen

$33ab - 44ac + 11a$

$= 11a \cdot 3b - 11a \cdot 4c + 11a \cdot 1$

$= 11a \cdot (3b - 4c + 1)$

Zerlegen mittels binomischer Formeln

(1) $a^2 + 2ab + b^2 = (a + b)^2$

drei Summanden; zwei Summanden sind Quadrate, ein Summand ist das doppelte Produkt beider Wurzeln

$9x^2 - 30xy + 25y^2$

$= (3x)^2 - 30xy + (5y)^2$

$= (3x)^2 - 2 \cdot 3x \cdot 5y + (5y)^2$

$= (3x - 2y)^2$

(2) $a^2 - b^2 = a^2 + (-b^2) = (a + b)\,(a - b)$

jeder Summand ist ein Quadrat

$49u^2 - 16v^2$

$= (7u)^2 - (4v)^2 = (7u + 4v) \cdot (7u - 4v)$

1. Klammere geeignete Faktoren aus.

a) $18a + 27b$ b) $60cd - 36ce + 12c$ c) $65r^2 - 39r^3 - 26r$

d) $\frac{1}{2}x + \frac{1}{2}y + \frac{1}{2}z$ e) $-28f - 21g - 42h$ f) $19r + 12r - r$

g) $0{,}4 + 0{,}6a - 0{,}9b$ h) $-1\,000r + 500s$ i) $abcd + bcd + cd + d$

2. Wandle wenn möglich in Quadrate bzw. in Produkte um. Nutze dazu die binomischen Formeln.

a) $16x^2 + 40xy + 25y^2$ b) $81r^2 - s^2$ c) $4u^2 - 28uv^2 + 49\,v^4$

d) $25m^2 + 30mn + 9n^2$ e) $1\,600 - 9a^2$ f) $2a^2 + 4ab + 2b^2$

1.6 Rechnen mit Potenzen und Wurzeln

Rechnen mit Potenzen	$a^1 = a$; $a^0 = 1$; $a^{-n} = \frac{1}{a^n}$	$(a, b \neq 0; n \in \mathbb{Z})$
Multiplizieren bei gleicher Basis	$a^m \cdot a^n = a^{m+n}$	$4^2 \cdot 4^3 = 4^5$
Dividieren bei gleicher Basis	$a^m : a^n = \frac{a^m}{a^n} = a^{m-n}$	$4^5 : 4^3 = \frac{4^5}{4^3} = 4^2$
Potenzieren	$(a^m)^n = a^{m \cdot n} = (a^n)^m$	$(5^3)^2 = 5^6 = (5^2)^3$
Multiplizieren bei gleichem Exponenten	$(a \cdot b)^m = a^m \cdot b^m$ $a^m \cdot b^m = (a \cdot b)^m$	$(5 \cdot 2)^6 = 5^6 \cdot 2^6$ $5^3 \cdot 2^3 = 10^3$
Dividieren bei gleichem Exponenten	$(a : b)^m = a^m : b^m$ $a^m : b^m = (a : b)^m$	$(7 : 2)^3 = 7^3 : 2^3$ $14^3 : 7^3 = 2^3$

Vereinfache bzw. berechne die Terme unter Anwendung der Potenzgesetze.

1. a) 4^2 b) 4^0 c) 4^{-3} d) $(-4)^3$ e) -4^3 f) $4 \cdot 4^0$

2. a) $b^3 \cdot b^{-2}$ b) $c^{-4} \cdot c^{-1}$ c) $6 \cdot d^4 \cdot 4 \cdot 6^4$ d) $3 \cdot h^3 \cdot 3 \cdot h^3$ e) $4i^5 \cdot 2i^3$

3. a) $x^6 : x^4$ b) $x^8 : x^{16}$ c) $x^2 : x^{-4}$ d) $x^{-3} : x^{-5}$ e) $x^{15} : x^3$
f) $6x^6 : (2x^2)$ g) $\frac{x^5}{x^3}$ h) $\frac{x^{-7}}{x^{-8}}$ i) $\frac{2^0}{2^{-2}}$ j) $10^{3x} : 10^{2x}$

4. a) $(a^5)^2$ b) $(s^4)^{-4}$ c) $(n^{-1})^{-1}$ d) $(0{,}5^2)^3$ e) $((-4)^2)^3$

5. a) $(a \cdot b)^2$ b) $(m^2 \cdot n^3)^2$ c) $(g^3 \cdot h^{-2})^{-2}$ d) $\left(\frac{5m^2}{3n^3}\right)^{-1}$ e) $(a^4 \cdot b^{-4})$

6. a) $x^6 \cdot y^6$ b) $m^2 \cdot n^{3^2}$ c) $(2 \cdot g^{-2})^{-2}$ d) $8^4 \cdot \left(\frac{1}{4}\right)^4$ e) $2a^2 \cdot \left(\frac{b}{2}\right)^2$

7. a) $\left(\frac{u}{v}\right)^2$ b) $\left(\frac{x^2}{y^3}\right)^4$ c) $\left(\frac{g^2}{h}\right)^{-2}$ d) $\left(\frac{s^{-2}}{t^{-3}}\right)^{-2}$ e) $\frac{12^4}{4^4}$ f) $\frac{6a^2}{3b^2}$ g) $\frac{40u^3}{5v^3}$

Rechnen mit Wurzeln

$a^{\frac{1}{n}} = \sqrt[n]{a}$; $a^{\frac{m}{n}} = \sqrt[n]{a^m} = (\sqrt[n]{a})^m$ $(a \geq 0;\ m, n \in \mathbb{Z};\ n \geq 2)$

Multiplizieren	$\sqrt[n]{a} \cdot \sqrt[n]{b} = \sqrt[n]{a \cdot b}$	$\sqrt{12} \cdot \sqrt{3} = \sqrt{12 \cdot 3} = \sqrt{36} = 6$	$\sqrt{9 \cdot 2} = \sqrt{9} \cdot \sqrt{2} = 3 \cdot \sqrt{2}$
Dividieren	$\frac{\sqrt[n]{a}}{\sqrt[n]{b}} = \sqrt[n]{\frac{a}{b}}$	$\frac{\sqrt{50}}{\sqrt{2}} = \sqrt{\frac{50}{2}} = \sqrt{25} = 5$	$\sqrt{\frac{5}{9}} = \frac{\sqrt{5}}{\sqrt{9}} = \frac{\sqrt{5}}{3} = \frac{1}{3} \cdot \sqrt{5}$
Rationalmachen des Nenners		$\frac{\sqrt{2}}{\sqrt{3}} = \frac{\sqrt{2} \cdot \sqrt{3}}{\sqrt{3} \cdot \sqrt{3}} = \frac{\sqrt{6}}{3} = \frac{1}{3} \cdot \sqrt{6}$	
Potenzieren	$(\sqrt[n]{a})^m = \sqrt[n]{a^m}$	$(\sqrt{2})^3 = \sqrt{2^3} = \sqrt{8}$	
Radizieren	$\sqrt[n]{\sqrt[m]{a}} = \sqrt[m \cdot n]{a} = \sqrt[m]{\sqrt[n]{a}}$	$\sqrt[3]{\sqrt{27}} = \sqrt[6]{27} = \sqrt{\sqrt[3]{27}} = \sqrt{3}$	

8. Berechne.
a) $36^{\frac{1}{2}}$ b) $125^{\frac{1}{3}}$ c) $16^{\frac{3}{2}}$ d) $27^{\frac{2}{3}}$ e) $64^{-\frac{1}{6}}$ f) $1^{\frac{3}{7}}$

9. a) $\sqrt{a^3}\cdot\sqrt{a}$ b) $\sqrt{50}\cdot\sqrt{8}$ c) $\sqrt{a^5}\cdot\sqrt{a^3}$ d) $\sqrt{2}\cdot\sqrt{4}\cdot\sqrt{8}$ e) $\sqrt{20}\cdot\sqrt{45}$
f) $\sqrt[3]{\frac{a^2}{9}}\cdot\sqrt[3]{\frac{a}{3}}$ g) $4\cdot\sqrt{2x}\cdot\sqrt{2x}$ h) $\sqrt{49k^2}-5\sqrt{k^2}$ i) $\sqrt{4\cdot 10^6}$ j) $\sqrt{30\cdot 10^3\cdot 3}$

10. Schreibe als Term der Form $a\cdot\sqrt{b}$.
a) $\sqrt{300}$ b) $\sqrt{28}$ c) $\sqrt{125}$ d) $\sqrt{\frac{2}{9}}$ e) $\sqrt[3]{54}$ f) $\sqrt[3]{a^7}$

11. Vereinfache soweit wie möglich.
a) $\frac{\sqrt{98}}{\sqrt{2}}$ b) $\sqrt[3]{x^6}:\sqrt[3]{y^3}$ c) $\sqrt{50}:\sqrt{18}$ d) $\frac{\sqrt[3]{3}}{\sqrt[3]{81}}$ e) $\frac{\sqrt{28u^5}}{\sqrt{7u}}$ f) $\sqrt{\frac{a^5}{a^3}}$ g) $\sqrt{\frac{a^2}{c^5}\cdot\frac{c}{b^6}}$

12. Schreibe mit rationalem Nenner.
a) $\frac{2}{\sqrt{5}}$ b) $\frac{1}{\sqrt{12}}$ c) $\frac{7}{\sqrt{7}}$ d) $\frac{a}{\sqrt{2}}$ e) $\frac{5}{2\cdot\sqrt{6}}$ f) $\frac{\sqrt{8}}{\sqrt{16}}$ g) $\frac{3}{\sqrt{5}+1}$

13. Vereinfache soweit wie möglich.
a) $\sqrt{\sqrt{16}}$ b) $\sqrt{\sqrt[3]{25}}$ c) $\sqrt[3]{\sqrt{64}}$ d) $\sqrt{\sqrt[3]{64}}$ e) $\sqrt[5]{\sqrt{1024}}$ f) $\sqrt[6]{7^3}$ g) $\sqrt[6]{7^2}$

14. Ermittle die Wurzelwerte mit dem Taschenrechner. Runde die Ergebnisse auf 3 Dezimalstellen.
a) $\sqrt{7}$ b) $\sqrt{30}$ c) $\sqrt[3]{2}$ d) $\sqrt[3]{8000}$ e) $\sqrt{0{,}08}$
f) $\sqrt[4]{49}$ g) $\sqrt{4^2+6^2}$ h) $\sqrt{(4+6)^2}$ i) $\sqrt{41^2-9^2}$ j) $\sqrt[5]{1{,}611}$

2 Lineare Gleichungen

2.1 Einfache lineare Gleichungen

Es dürfen auf beiden Seiten folgende Operationen vorgenommen werden: $6x + 12 = 30$

(1) Addieren des gleichen Terms	$\vert +2$	$\Rightarrow$	$6x + 14 = 32$
(2) Subtrahieren des gleichen Terms	$\vert -12$	$\Rightarrow$	$6x = 18$
(3) Multiplizieren mit dem gleichen Term ungleich 0	$\vert \cdot 2$	$\Rightarrow$	$12x + 24 = 60$
(4) Dividieren durch den gleichen Term ungleich 0	$\vert :6$	$\Rightarrow$	$x + 2 = 5$
(5) Vertauschen beider Seiten der Gleichung		$\Rightarrow$	$30 = 6x + 12$

1. Löse folgende Gleichungen. Führe jeweils eine Probe durch.
a) $\frac{1}{2}a - 9 = a - 8$ b) $-19 + x = -7 + 7x$ c) $6 - (x - 6) = 5\cdot(x + 6)$
d) $9p - (2p - 1) = 5p + (-4 - p) + 5$ e) $3\cdot(5x + 3) = 3x - (6x - 18)$
f) $(s - 3)(s + 3) = (s + 1)(s - 2)$ g) $(2x - 5)(x + 3) = 2x^2 - (3x - 4) + 9$

2. Löse folgende Gleichungen. Führe jeweils eine Probe durch.
a) $-\frac{1}{2}r + 5 = 7 + 1{,}5r$ b) $4 + \frac{b}{2} = 6$ c) $m + 1 = \frac{2}{5}$ d) $\frac{1}{3}x - \frac{1}{5}x = 8$
e) $\frac{a}{2} + \frac{a}{3} - \frac{a}{4} = 21$ f) $\frac{x}{3} = \frac{5}{4} + \frac{1}{2}$ g) $0{,}4x + 1{,}8 = 0{,}6x - 1{,}6$

3. Stelle eine zu $-3x = 8 + x$ äquivalente Gleichung auf. Löse beide Gleichungen.

2.2 Bruchgleichungen – Verhältnisgleichungen

(1) Begrenzung des Variablengrundbereichs $|x| \neq 4$

(2) Multiplikation mit gemeinsamem Nenner

$$\frac{9}{x-4} = \frac{15}{x+4} \quad | \cdot (x-4)(x+4)$$
$$9 \cdot (x+4) = 15 \cdot (x-4) \quad | \text{ Klammer auflösen}$$
$$9x + 36 = 15x - 60 \quad | +60 - 9x$$
$$x = 16$$

(3) Probe

linke Seite: $\frac{9}{12} = \frac{3}{4}$ *rechte Seite:* $\frac{15}{20} = \frac{3}{4}$

Vergleich: $\frac{3}{4} = \frac{3}{4} \Rightarrow$ wahre Aussage

1. Gib jeweils alle Werte an, für die der Term nicht definiert ist.

a) $\frac{9}{x-2}$ b) $\frac{11}{2x+8}$ c) $\frac{a}{5(a-3)}$ d) $\frac{5a}{6 \cdot 3a}$ e) $\frac{3}{x^{(2+1)}}$ f) $\frac{1}{\sqrt{5x}}$

2. Löse die folgenden Gleichungen. Führe jeweils eine Probe durch.

a) $\frac{20}{x} = 25$ b) $\frac{2}{x-2} = \frac{6}{15}$ c) $7 = \frac{56}{0{,}5x}$ d) $\frac{2}{x+3} = \frac{6}{15}$

e) $\frac{8}{2x-1} = \frac{10}{2x+1}$ f) $\frac{45}{5x+10} = \frac{27}{3x+6}$ g) $\frac{x-1}{3x+4} = 5$ h) $\frac{6}{x+3} = \frac{15}{4x}$

i) $\frac{-2}{x} = \frac{7}{x+1}$ j) $\frac{1}{x+3} = \frac{5}{x-1}$ k) $\frac{x-1}{x-7} = \frac{x+9}{x-1}$ l) $\frac{x}{x+3} = \frac{x+8}{x+13}$

2.3 Gleichungen mit Parametern – Umstellen von Formeln

Gleichungen mit Parametern

Prüfen, ob es Einschränkungen gibt. $\frac{x+a}{x-a} = 2 \quad (x \neq a)$

Lösungen mit Einschränkungen vergleichen. $x = 3a \quad (a = 0;$ keine Lösung$)$

Umstellen von Formeln

$\varrho = \frac{m}{V} \quad | \cdot V$

Markieren der Variablen, nach der umgestellt werden soll, $\varrho \cdot V = m \quad | : \varrho$

alle anderen Variablen werden wie Zahlen behandelt. $V = \frac{m}{\varrho}$

1. Stelle nach der in Klammern angegebenen Variablen um. Gib Einschränkungen an.

a) $\frac{a}{b} = c$; (a) b) $\frac{d}{e} = f$; (e) c) $2g - 3h = 4$; (h)

d) $\frac{5i}{j+k} = l$; (k) e) $\frac{m^2}{n} = p$; (m) f) $ax = bx + 4$; (x)

2. Stelle nach der angegebenen Größe um. Keine der Variablen darf den Wert 0 annehmen.

a) $V = \pi r^2 h$; (h) b) $A = \frac{1}{2} \cdot a \cdot c \cdot \sin \alpha$; (c) c) $s^2 = h^2 + \left(\frac{a}{2}\right)^2$; (h)

d) $\frac{a}{c} = \frac{\sin \alpha}{\sin \gamma}$; (sin α) e) $V = \frac{\pi}{6} d^3$; (d) f) $A = \frac{a^2}{4}\sqrt{3}$; (a)

3. Stelle nach der angegebenen Größe um.

a) eine Volumenformel für den Kreiskegel (nach der Höhe)

b) den Satz von PYTHAGORAS (nach einer Kathete)

c) eine trigonometrische Flächenformel für Dreiecke (nach dem Sinus des Winkels)

2.4 Gleichungen mit Beträgen

Für positive Zahlen a ist $|a| = a$. $|5| = 5$; $\left|\frac{1}{2}\right| = \frac{1}{2}$

Für negative Zahlen a ist $|a| = -a$. $|-5| = 5$; $|-0,5| = 0,5$

Die Gleichung $|x| = 5$ hat zwei Lösungen. $|x| = 5$ $x = \pm 5$ $x_1 = 5$; $x_2 = -5$

Die Gleichung $|x| = -5$ hat keine Lösung, da der Betrag nie negativ sein darf. $|x - 2| = 3$ $(x - 2) = \pm 3$, $x_1 = 5$; $x_2 = -1$

1. Löse folgende Gleichungen.

a) $|x| = 6$ b) $2|x| = 8$ c) $|2x| = 11$ d) $\left|\frac{x}{2}\right| = 3$ e) $|x| = -9$

f) $-9 \cdot |x| = 0$ g) $|x + 2| = 5$ h) $|x - 3| = 3$ i) $|x^2| = 4$ j) $|x| = 4^2$

2. Löse folgende Gleichungen.

a) $|x| + 3 = 8$ b) $|x + 8| = 3$ c) $|x - 1| = 4$ d) $|x + 10| = 11$

e) $3|x + 5| = 27$ f) $3|x + 5| = 15$ g) $-8|x - 9| = -88$ h) $(x - 4)^2 = 81$

i) $|2x + 3| - 2 = 2$ j) $|4,2 - x| = 4,3$ k) $\left|\frac{1}{2} - x\right| = \frac{1}{4}$ l) $\left|2x - \frac{1}{2}\right| = 0$

2.5 Exponential- und Logarithmengleichungen

$a^{-n} = \frac{1}{a^n}$; $(a \neq 0;\ n \in \mathbb{N})$ $4^{-2} = \frac{1}{16}$; $8^{-1} = \frac{1}{8}$

$a^{\frac{1}{n}} = \sqrt[n]{a}$; $(n \in \mathbb{N};\ n \geq 2;\ a \geq 0)$ $4^{\frac{1}{2}} = \sqrt{4} = 2$; $2^{\frac{1}{2}} = \sqrt{2}$

$x = \log_b z$, wenn $b^x = z$ $(b, z > 0)$ $\log_2 32 = 5$; da $2^5 = 32$

$\log_{10} z = \lg z$ $\lg 10000 = 4$, da $10^4 = 10000$

1. Löse folgende Gleichungen.

a) $2^x = 16$ b) $5^x = 625$ c) $10^x = 0,01$ d) $2^x = 0,5$

e) $3^x = \sqrt{3}$ f) $64^x = 8$ g) $64^x = 4$ h) $6^{(x+1)} = 216$

i) $5^x = 5 \cdot \sqrt{5}$ j) $4^x = 8$ k) $9^x = \frac{1}{3}$ l) $20^x = 1$

2. Für welches y sind die folgenden Gleichungen wahr?

a) $3 \cdot 9^2 = 9^y$ b) $1 \cdot 8^0 = 7^y$ c) $64 \cdot 8^3 = 8^y$ d) $125^{-1} \cdot 25^6 = 5^{-3-3y}$

3. Ermittle x.

a) $x = \log_2 8$ b) $x = \log_5 125$ c) $x = \log_2 1024$ d) $x = \lg 1000$

e) $x = \lg 0,1$ f) $x = \log_8 1$ g) $x = \log_3 3$ h) $x = \log_{16} 4$

i) $x = \lg \sqrt[3]{10}$ *j) $4 = \log_2 x$ *k) $10 = \lg x$ *l) $16 = \log_x 2$

4. Löse folgende Gleichungen.

a) $4 \cdot 3^x = 108$ b) $0,5^x = 16$ c) $\left(\frac{1}{3}\right)^3 = x$ d) $\left(\frac{1}{25}\right)^x = 125$

e) $\log_{0,2} x = -3$ f) $\log_{10} x = 0,5$ g) $\log_{\sqrt{2}} x = 3$ h) $\log_{\frac{1}{4}} x = -\frac{1}{2}$

3 Lineare Ungleichungen

Die Lösungsmenge einer Ungleichung ändert sich nicht, wenn auf beiden Seiten der Ungleichung folgende Operationen vorgenommen werden: $3x + 6 < 15$

(1) Addieren des gleichen Terms	$\vert +2$	$\Rightarrow$	$3x + 8 < 17$
(2) Subtrahieren des gleichen Terms	$\vert -6$	$\Rightarrow$	$3x < 9$
(3) Multiplizieren mit der gleichen positiven Zahl	$\vert \cdot 2$	$\Rightarrow$	$6x + 12 < 30$
(4) Multiplizieren mit der gleichen negativen Zahl und „Umkehren" des Relationszeichens	$\vert \cdot (-1)$	$\Rightarrow$	$-3x - 6 > -15$
(5) Dividieren durch die gleiche positive Zahl	$\vert : 3$	$\Rightarrow$	$x + 2 < 5$
(6) Dividieren durch die gleiche negative Zahl und „Umkehren" des Relationszeichens	$\vert : (-3)$	$\Rightarrow$	$-x - 2 > -5$
(7) Vertauschen der Seiten und Umkehren des Relationszeichens		$\Rightarrow$	$15 > 3x + 6$

1. Löse die Ungleichungen im Bereich der natürlichen Zahlen. Gib die Lösungsmenge auch durch Aufzählen der Elemente in Mengenschreibweise an.
a) $4x < 30$ b) $7x + 1 \leq 36$ c) $10 - 3x > 0$ d) $6x - 3 < x + 12$

2. Gegeben ist die Ungleichung $4x - 5 < 19$.
Stelle die Lösungsmenge an einer Zahlengeraden dar.
a) in $\mathbb{N}$ b) in $\mathbb{Q}_+$ c) in $\mathbb{Z}$ d) in $\mathbb{R}$

3. Löse die folgenden Ungleichungen.
a) $5x - 3 < 6$ b) $5x + 5 \leq x + 25$ c) $12 - x > 3(1 + x) + 3$
d) $7(3x - 2) \leq 3x + 22$ e) $\frac{x}{2} - \frac{x}{3} < \frac{1}{4}$ f) $-8x + 3 < x - 30$

4. Gib die Lösungsmengen der folgenden Ungleichungen in den jeweils angegebenen Zahlenbereichen an.
a) $3x < 9{,}6$ (ungerade Zahlen) b) $15 - 3x \geq 5 \cdot (x - 1)$ ($\mathbb{Z}$)
c) $2(3x + 5) > 9x - (5 - 2x)$ ($\mathbb{Q}$) d) $\frac{8(2x + 1)}{5} < 3x + 2$ ($\mathbb{N}$)
e) $2x - (8 - x) < 8(2x + 3) - 5x$ ($\mathbb{R}$) f) $\frac{x}{4} - (x + 3) < 2x - \frac{x}{2}$ ($\mathbb{R}$; $-1 \leq x \leq 2$)

5. Welche natürlichen Zahlen erfüllen die „Doppelungleichungen"?
a) $15 < x \leq 20$ b) $16 < 4x < 36$ c) $13 < 3x + 1 \leq 25$

6. a) Löse die Ungleichung $\frac{3(5x - 8)}{2} < 5x - 2$ mithilfe von Umformungsregeln im Bereich der natürlichen Zahlen und gib die Lösungsmenge an.
b) Setze in die Ungleichung $15x - 3 < 14x + n$ für n eine Zahl so ein, dass die Lösungsmenge mit der Lösungsmenge aus Aufgabe a) übereinstimmt.
c) Stelle die Lösungen für $x + 1 < -1$ mit $x \in \mathbb{Z}$ und für $x + 2 \geq -1$ mit $x \in \mathbb{Z}$ auf der gleichen Zahlengeraden dar.

7. Löse folgende Ungleichungen.
a) $1 - 4x + 7 > 0$ b) $\frac{2}{3} - \frac{5}{9}x < \frac{1}{2}$ c) $0{,}2x - 1{,}3 \leq 1{,}8x + 3{,}5$

4 Lineare Gleichungssysteme

Aus zwei Gleichungen mit zwei Unbekannten soll eine Gleichung mit einer Unbekannten entstehen.

Einsetzungsverfahren
(geeignet, wenn bereits mindestens eine der Gleichungen nach einer Variablen aufgelöst ist)

(I)	$2x - 5y = 1$	|(II) in (I)
(II)	$y = x + 4$	|einsetzen
(II in I)	$2x - 5\cdot(x + 4) = 1$	|Ausklammern
	$2x - 5x - 20 = 1$	|Vereinfachen
	$-3x - 20 = 1$	|Ordnen
	$-3x = 21$	|:(−3)
	$x = -7;\ y = -7 + 4 = -3$	

Probe: (I) $-14 + 15 = 1$; (II) $-3 = -7 + 4$

Additionsverfahren
(geeignet, wenn die Koeffizienten bei einer Variablen entgegengesetzte Zahlen sind oder das durch Multiplizieren einer der Gleichungen erreicht werden kann)

(I)	$3x + 7y = 11$	|·2
(II)	$2x - y = 13$	|·(−3)
(I')	$6x + 14y = 22$	
(II')	$-6x + 3y = -39$	
(I' + II')	$17y = -17$	
	$y = -1;\ x = 6$	

Probe: (I) $18 - 7 = 11$; (II) $2 + 1 = 13$

1. Löse die Gleichungssysteme. Führe die Probe durch.

a) (I) $y = 2x$
(II) $y = -x + 6$

b) (I) $y = 5x - 1$
(II) $y = -x + 11$

c) (I) $y = 3x + 3$
(II) $y = -x + 7$

d) (I) $y = 72 - 9x$
(II) $9x = -7y - 36$

e) (I) $y = 3x - 2$
(II) $x + y = 4$

f) (I) $2x - 7y = \frac{9}{2}$
(II) $x + 2y = -\frac{1}{2}$

2. Löse die Gleichungssysteme. Kontrolliere deine Ergebnisse.

a) (I) $8x - 7y = 23$
(II) $4x + 3y = 5$

b) (I) $-12x + 5y = -21$
(II) $8x - 2y = 18$

c) (I) $7x + 8y = 12$
(II) $2x - 3y = -23$

d) (I) $2x + 2y = -2$
(II) $5x - 5y = 7$

e) (I) $8x + 7y = 65$
(II) $4x + 2 = 8y$

f) (I) $\frac{1}{2}x + \frac{1}{3}y = 6$
(II) $\frac{1}{3}x - \frac{1}{2}y = -\frac{5}{2}$

3. Löse das folgende System aus drei Gleichungen mit drei Unbekannten.
Hinweis: Führe das System auf ein Gleichungssystem von zwei Gleichungen mit zwei Variablen zurück, indem du eine Variable aus den Gleichungen beseitigst.

(I) $x + y + z = 9$ (II) $x - y - z = 3$ (III) $x + y - z = 5$

4. Gib zu $2x - 5y = 13$ eine zweite Gleichung so an, dass das Gleichungssystem a) keine bzw. b) unendlich viele Lösungen hat.

5. Stelle Gleichungssysteme auf und löse sie.

a) Die Summe zweier Zahlen beträgt 10, die Differenz dieser Zahlen ist 1.
b) Die Differenz zweier Zahlen beträgt 5, ihre Summe ist 13.
c) Ein Buch mit Umschlag kostet 27 €. Das Buch ist um 25 € teurer als der Umschlag.
d) In einem Land mit der Währung PANG gibt es Briefmarken zu 5 PANG und zu 7 PANG. Jemand kauft ingsgesamt 12 Marken für 74 PANG. Wie viele Marken zu 5 PANG hat er gekauft?

5 Quadratische Gleichungen

(1) Liegt die quadratische Gleichung in Normalform $x^2 + px + q = 0$ vor, gilt für die Lösungen x_1 und x_2 die Lösungsformel:

$$x_{1;2} = -\frac{p}{2} \pm \sqrt{\left(\frac{p}{2}\right)^2 - q}$$

$x^2 - 8x + 15 = 0$

$x_{1;2} = 4 \pm \sqrt{16 - 15}$

$x_{1;2} = 4 \pm 1$ $\quad x_1 = 3; \quad x_2 = 5$

Probe: $9 - 24 + 15 = 0$

$25 - 40 + 15 = 0$

(2) Liegt die Gleichung in der allgemeinen Form $ax^2 + bx + c = 0$ vor, so wird sie auf die Normalform zurückgeführt, indem man sie durch a dividiert.

$2x^2 + x - 15 = 0 \quad |:2$

$x^2 + \frac{1}{2}x - \frac{15}{2} = 0$

mit den Lösungen $x_1 = \frac{5}{2}; \quad x_2 = -3$

(3) Einige Spezialfälle sind einfach lösbar.

$x^2 - q = 0 \;\Rightarrow\; x^2 = q \;\Rightarrow\; x_{1;2} = \pm\sqrt{q}$

$x^2 + px = x \cdot (x + p) = 0 \;\Rightarrow\; x_1 = 0; \; x_2 = -p$

$(x + a)(x + b) = 0 \;\Rightarrow\; x_1 = -a; \; x_2 = -b$

$x^2 - 36 = 0 \;\Rightarrow\; x_1 = 6; \quad x_2 = -6$

$x^2 - 8x = 0 \;\Rightarrow\; x_1 = 0; \quad x_2 = 8$

$(x + 9)\cdot(x - 2) = 0 \;\Rightarrow\; x_1 = -9; \quad x_2 = 2$

(4) Nach dem Satz von VIETA gilt:
Sind x_1 und x_2 die Lösungen einer Gleichung in Normalform, so gilt

$x_1 \cdot x_2 = q$ und $x_1 + x_2 = -p$

$x^2 - 5x + 6 = 0$

$x_1 \cdot x_2 = 6$ und $x_1 + x_2 = 5$

$\Rightarrow x_1 = 3; \quad x_2 = 2$

umgekehrt folgt aus $x_1 = 5; \; x_2 = -1$ die Gleichung:

$x^2 - (5 - 1)x + 5 \cdot (-1) = 0$

$x^2 - 4x - 5 = 0$

1. Löse die Gleichungen und kontrolliere mit dem Satz von VIETA.

a) $x^2 - 10x + 24 = 0$ b) $x^2 + 11x + 28 = 0$ c) $x^2 + 2x - 24 = 0$ d) $x^2 + 4x = 21$

e) $x^2 + \frac{3}{2}x - 1 = 0$ f) $x^2 + \frac{1}{6} = \frac{5}{6}x$ g) $x \cdot (x - 5) = 2 \cdot (x + 9)$ h) $x^2 - 5x + \frac{9}{4} = 0$

2. Löse folgende Gleichungen und führe die Probe durch. Erzeuge zunächst die Normalform.

a) $3x^2 - 3x - 18 = 0$ b) $6x^2 + 2x - 4 = 0$ c) $-5x^2 - x + \frac{2}{5} = 0$

3. Löse die folgenden Gleichungen auf möglichst einfache Weise.

a) $x^2 - 100 = 0$ b) $3x^2 - 27 = 0$ c) $-x^2 - 16 = 0$ d) $\frac{1}{2}x^2 - 18 = 0$

e) $x^2 - 100x = 0$ f) $3x^2 - 27x = 0$ g) $-x^2 - 16x = 0$ h) $0{,}5x^2 - 18x = 0$

i) $(x - 5)(x + 6) = 0$ j) $(2x + 8) \cdot (x - 3) = 0$ k) $x \cdot (x - 3{,}5) = 0$ l) $4x \cdot \left(x - \frac{2}{3}\right) = 0$

4. Stelle mit dem Satz von VIETA eine quadratische Gleichung mit folgenden Lösungen auf.

a) $x_1 = 5; \; x_2 = -7$ b) $x_1 = 10; \; x_2 = 3$ c) $x_1 = \frac{1}{2}; \; x_2 = -\frac{1}{4}$

5. Überprüfe mit dem Satz von VIETA, ob die angegebenen Lösungen richtig sind.

a) $x^2 - 8x + 15 = 0; \quad x_1 = 5; \; x_2 = 3$ b) $x^2 + 9x - 14 = 0; \quad x_1 = -7; \; x_2 = -2$

c) $x^2 - x - 6 = 0; \quad x_1 = 3; \; x_2 = -2$ d) $x^2 - 2x - 35 = 0; \quad x_1 = -7; \; x_2 = 5$

e) $x^2 - 6x + 9 = 0; \quad x_1 = 3; \; x_2 = -3$ f) $x^2 + \frac{1}{2}x + \frac{1}{8} = 0; \quad x_1 = -\frac{1}{2}; \; x_2 = -\frac{1}{4}$

6. Gib für q in den Gleichungen (I) $x^2 - 6x + q = 0$ und (II) $x^2 + x + q = 0$ eine Zahl so an, dass die entstehende quadratische Gleichung folgende Lösungen hat.

a) zwei Lösungen b) genau eine Lösung c) keine Lösung

Hinweis: Die Zahl der Lösungen entscheidet sich an der Größe des Terms $\sqrt{\left(\frac{p}{2}\right)^2 - q}$, der sogenannten „Diskriminante".

7. Berechne die Nullstellen der angegebenen Funktionen.
Hinweis: Nullstelle ist der x-Wert, für den $y = 0$ gilt.

a) $y = x^2 - 4$ b) $y = x^2 - 6x + 5$ c) $y = x^2 - 3x - \frac{7}{4}$

d) $y = x^2 - x$ e) $y = x^2 - 2x + 4$ f) $y = x^2 + 2x - 8$

8. Gegeben sind die Funktionen $f(x) = y = x^2 - 4x + 2$ und $g(x) = x - 2$.
Berechne die Koordinaten ihrer Schnittpunkte.

9. Löse die folgenden Textaufgaben.

a) Der Flächeninhalt eines Quadrates beträgt 676 cm^2. Berechne die Seitenlänge des Quadrats.

b) Das Produkt aus dem Vorgänger und dem Nachfolger einer natürlichen Zahl beträgt 1 368. Wie heißt die Zahl?

6 Sachaufgaben

(1) Text gründlich lesen

Ein Rechteck, dessen Seitenlängen sich um 4 cm unterscheiden, hat einen Flächeninhalt von 26,25 cm^2. Wie lang sind seine Seiten?

(2) Variable für die gesuchten Größen festlegen

Die kürzere Seite sei a cm lang.
Die längere Seite hat dann unter der Bedingung $a > 0$ eine Länge von $(a + 4)$ cm.

(3) Gleichung aufstellen

$$a \cdot (a + 4) = 26{,}25$$
$$a^2 + 4a = 26{,}25$$

(4) Gleichung lösen

$$a_{1;2} = -2 \pm 5{,}5$$
$$a_1 = 3{,}5;\ a_2 \text{ entfällt, da } a_2 < 0$$
$$a_1 + 4 = 7{,}5$$

(5) Lösung prüfen

$$3{,}5 \cdot 7{,}5 = 26{,}25$$

(6) Im Satz antworten

Die Seiten des Rechtecks sind 3,5 cm und 7,5 cm lang.

1. Eine Seite eines Rechtecks sei 6 cm lang. Verlängert man diese Seite um 4 cm und verkürzt die andere um 1 cm, so entsteht ein Rechteck mit gleichem Flächeninhalt.
Wie lang ist die andere Seite des ursprünglichen Rechtecks?

2. Für eine Vereinskasse wird Geld gesammelt. Die Vereinsmitglieder geben je einen Schein, aber nur 5-€-Scheine und 10-€-Scheine. Schließlich ist mit 27 Geldscheinen ein Betrag von 210 € zusammengekommen. Wie viele 5-€-Scheine und wie viele 10-€-Scheine sind in der Kasse?

3. Ein Hotel hat 56 Zimmer mit insgesamt 88 Betten. Die Zimmer sind entweder Einbettzimmer oder Zweibettzimmer. Welche der folgenden Aussagen ist wahr? Begründe deine Entscheidung.
(A) Das Hotel hat 40 Einzelzimmer und 16 Zweibettzimmer.
(B) Das Hotel hat 28 Zimmer von jeder Art.
(C) Das Hotel hat 24 Einzelzimmer, die restlichen sind Zweibettzimmer.

4. Für die Bearbeitung von Werkstücken stehen zwei Drehmaschinen zur Verfügung. Die erste Maschine muss 20 Minuten vorbereitet werden und kann dann alle 14 Minuten ein Werkstück produzieren. Die zweite Maschine muss 200 Minuten vorbereitet werden und produziert dann ein Werkstück gleicher Art in 5 Minuten.
a) Wie viel Minuten werden bereits bei der Herstellung von 100 Werkstücken eingespart, wenn die modernere Maschine eingesetzt wird?
b) Bestimme diejenige Stückzahl, zu deren Herstellung beide Maschinen die gleiche Zeit benötigen.

5. In einem Dreieck ist ein Winkel dreimal so groß und der andere zweimal so groß wie der kleinste Winkel. Bestimme die Größen der Winkel des Dreiecks.

6. Zwei Zahlen a und b verhalten sich wie 5 : 6. Addiert man zu jeder der beiden Zahlen 3, so verhalten sich die neu entstandenen Zahlen wie 7 : 8.
Ermittle a und b und führe eine Probe durch.

7. Zwei Klassen erhalten zusammen eine Geldprämie von 360 €. Sie soll entsprechend den beiden Klassenstärken aufgeteilt werden. Wie viel Euro erhält jede der beiden Klassen, wenn in der einen 26 Schüler und in der anderen 22 Schüler sind?

8. Gesucht sind zwei Zahlen. Ihre Summe ist 4. Wird das Dreifache der einen Zahl um das Doppelte der anderen Zahl vermindert, so erhält man 52. Berechne diese beiden Zahlen.

9. Eine Großküche stellt täglich 600 Gerichte her, wobei für jedes Gericht etwa 250 g Kartoffeln verwendet werden. Der eingelagerte Vorrat reicht für 30 Tage. Nun sollen nach einem neuen Auftrag täglich 150 Gerichte zusätzlich hergestellt werden. Wie lange reicht der Vorrat in diesem Fall?

10. Die Differenz zweier natürlicher Zahlen beträgt 6. Das Produkt dieser Zahlen beträgt 216. Berechne diese beiden Zahlen.

11. Das Produkt aus dem Vorgänger und dem Nachfolger einer natürlichen Zahl beträgt 483.
a) Ermittle diese Zahl.
b) Gib alle natürlichen Zahlen zwischen 300 und 500 an, die sich ebenfalls als Produkte von Vorgänger und Nachfolger einer natürlichen Zahl darstellen lassen.

12. Das doppelte Produkt aus dem Vorgänger und dem Nachfolger einer natürlichen Zahl sei um 68 größer als das Vierfache dieser Zahl. Welche natürliche Zahl ist gemeint?

13. Gesucht ist ein Wort mit vier Buchstaben. Setzt man für die Buchstaben die Zahlen ein, die der Stellung des jeweiligen Buchstaben im Alphabet entsprechen, so gilt:
(1) Die Summe aus dem ersten, zweiten und dritten Buchstaben ist 32.
(2) Die Summe aus dem ersten, zweiten und vierten Buchstaben ist 46.
(3) Die Summe aus dem zweiten, dritten und vierten Buchstaben ist 33.
(4) Die Summe aus dem ersten, dritten und vierten Buchstaben ist 42.

Das Wort gibt den Namen eines Mannes an, der sich um die Verbreitung des Rechnens verdient gemacht hat.

Funktionen

1 Grundbegriffe und Eigenschaften

Eine Funktion ist eine eindeutige Zuordnung, die jedem Element x aus der Menge D eindeutig ein Element y aus der Menge W zuordnet. Alle Wertepaare (x; y) bilden die Funktion.

Die Menge aller x-Werte (Argumente) bilden den Definitionsbereich D.
Die Menge aller y-Werte (Funktionswerte) bilden den Wertebereich W.

Jeder reellen Zahl wird ihr Quadrat zugeordnet.
Definitionsbereich D: $x \in \mathbb{R}$
Wertebereich W: $y \in \mathbb{R}$ mit $y \geq 0$

Darstellungsformen von Funktionen durch:
- Wortvorschrift
- Wertetabelle
- Funktionsgleichung
- Graphen im Koordinatensystem

x	f(x)
0	0
1	1
2	4
–1	1
–0,5	0,25

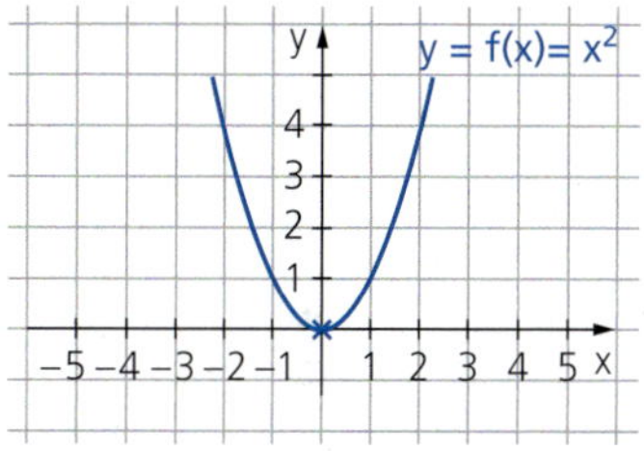

Schnittpunkte des Graphen mit den Achsen:
Alle Punkte auf der y-Achse haben die Koordinaten S(0; y).
Für x = 0 lässt sich die Ordinate y mithilfe der Funktionsgleichung ermitteln.
Alle Punkte auf der x-Achse haben die Koordinaten S(x; 0).
Für y = 0 lässt sich die Abszisse x mithilfe der Funktionsgleichung ermitteln.
Dieser Wert heißt Nullstelle.

(1) $y = -2 \cdot 0 + 4$
$y = 4$
$0 = -2x + 4$
$x = 2$
(2) $y = 0^2 + 4 \cdot 0$
$y = 0$
$0 = x^2 + 4x$
$x_1 = 0$
$x_2 = -4$

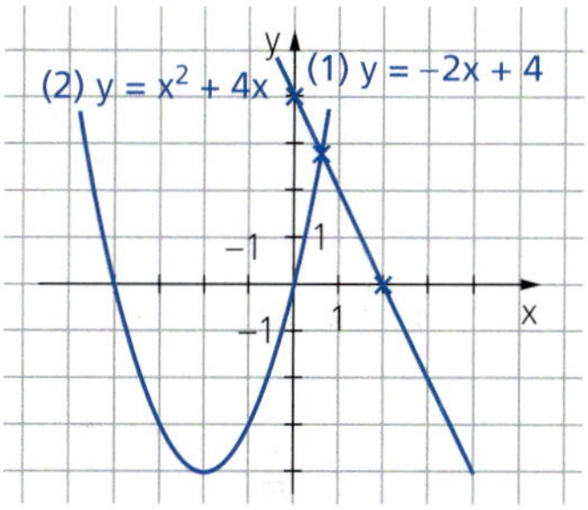

1. Gib für folgende Zuordnungen jeweils eine Funktionsgleichung an.
a) Jeder Zahl wird ihr Dreifaches zugeordnet.
b) Jeder Zahl wird ihre Hälfte, vermindert um 4, zugeordnet.
c) Jeder Zahl wird ihr um 3,5 vergrößertes Vierfaches zugeordnet.
d) Jeder natürlichen Zahl ist ihr Quadrat zugeordnet.

2. Gegeben ist eine Funktion durch die Gleichung $y = f(x) = 4x - 1$ mit $-2 \leq x \leq 4$.
a) Stelle eine Wertetabelle mit mindestens 5 Wertepaaren für diese Funktion auf.
b) Zeichne den Graphen der Funktion im vorgegebenen Definitionsbereich.
c) Gib für den Zusammenhang eine Wortvorschrift an.

3. Gegeben ist eine Funktion y = f(x) durch ihre Wertetabelle.
Gib diese Funktion in anderen Darstellungsformen an.

x	0	1	2	3	4	5
y = f(x)	–1	0	3	8	15	24

4. Im nebenstehenden Koordinatensystem ist eine Funktion $y = f(x)$ durch ihren Graphen gegeben. Gib diese Funktion in anderen Darstellungsformen an.

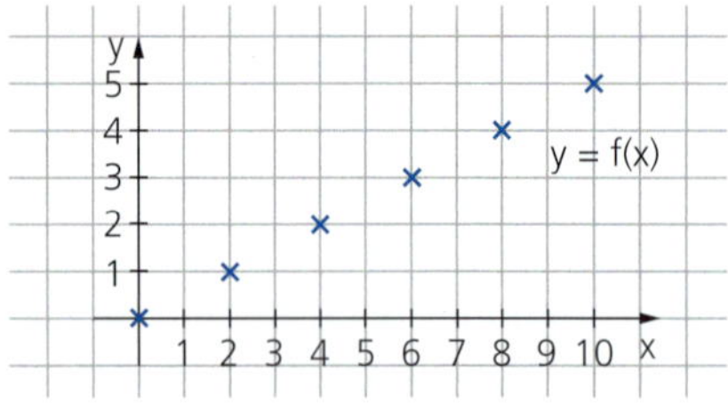

5. Ermittle für folgende Funktionen bzw. ihre Graphen die Schnittpunkte mit der y-Achse und die Nullstellen.

a) $y = -2x + 2$ b) $y = x^2 + 2$
c) $y = (x + 1)^2$ d) $y = -x^2$
e) $y = x^2 - 4$ f) $y = (x - 1)^2$

6. Jeder Kreis mit dem Durchmesser d hat einen bestimmten Umfang u.

a) Gib für diesen Zusammenhang eine Funktionsgleichung an.
b) Stelle eine Wertetabelle für diesen Zusammenhang für folgende Durchmesser auf:
2 cm; 4,5 cm; 5 cm; 6,5 cm; 8,5 cm

7. Gegeben ist eine Funktion durch $y = 3x - 4$. Die folgenden vier Punkte sollen zum Graphen der Funktion gehören. Gib die jeweils fehlende Koordinate an.

a) $P_1(12; y_1)$ b) $P_2(-5; y_2)$ c) $P_3(x_3; -67)$ d) $P_4(x_4; 89)$

2 Lineare Funktionen

Funktionen mit Gleichungen der Form
$y = m \cdot x + n$ ($m; n \in \mathbb{R}$)
heißen lineare Funktionen.

Definitionsbereich D: $x \in \mathbb{R}$
Wertebereich W: $y \in \mathbb{R}$

x	y
−2	−3
0	1
1	3
2	5

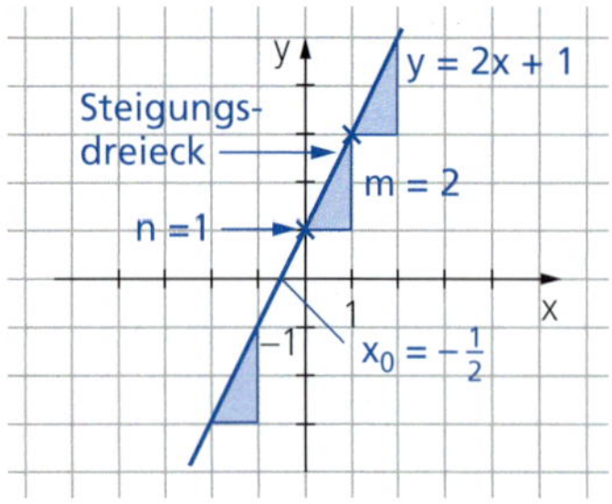

m heißt Anstieg (Steigung)
n heißt y-Achsenabschnitt

n = 0: ⇒ $y = mx$ — $y = -2x$
Geraden durch den Koordinatenursprung

m = 0: ⇒ $y = n$ — $y = 2$
Geraden parallel zur x-Achse

m > 0: ⇒ $y = mx + n$ — $y = 2x - 1$
monoton steigend

m < 0: ⇒ $y = mx + n$ — $y = -2x + 1$
monoton fallend

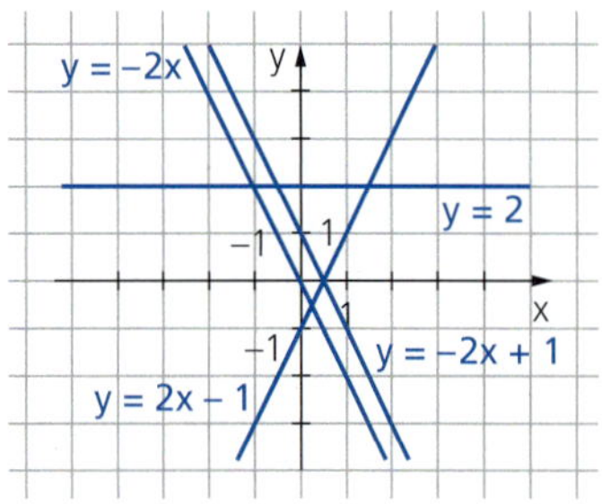

1. Stelle die folgenden Funktionen in einem Koordinatensystem dar. Gib jeweils den Definitionsbereich, den Wertebereich, die Nullstellen und den y-Achsenabschnitt an.

a) $y = 3x$ b) $y = 2x$ c) $y = x$ d) $y = \frac{1}{2}x$
e) $y = -\frac{1}{2}x$ f) $y = -x$ g) $y = -2x$ h) $y = -3x$
i) $y = 3x - 6$ j) $y = -x + 2$ k) $y = 4x - 6$ l) $y = -2x + 3$
m) $y = -2{,}5x - 1$ n) $y = -2{,}5x + 1$ o) $y = -2{,}5x + 1{,}5$ p) $y = -2{,}5x + 3$

2. Ermittle von den folgenden Funktionen die Nullstellen grafisch. Prüfe dann durch Rechnung.

a) $y = 2x + 3$ b) $y = -\frac{1}{2}x - 2$ c) $y = -\frac{3}{2}x + \frac{9}{2}$ d) $y = x - \frac{5}{2}$

3. Gegeben ist eine Funktion $y = f(x) = \frac{1}{2}x - 3$. Gib jeweils eine weitere Funktion an, für die gilt:

a) Ihr Graph ist zu dem der gegebenen Funktion parallel.

b) Ihr Graph schneidet die y-Achse im gleichen Punkt wie der Graph der gegebenen Funktion.

c) Ihre Nullstelle stimmt mit der der gegebenen Funktion überein.

4. Gegeben sind die Funktionen $y = f(x) = 2x - 2$ und $y = g(x) = \frac{1}{2}x - 1$. Spiegele die Graphen beider Funktionen jeweils an den folgenden Geraden und gib für die dabei entstehenden Bilder wieder Funktionsgleichungen an.

a) y-Achse b) x-Achse c) $y = x$ d) $y = -x$

5. Bestimme die Funktionsgleichungen der linearen Funktionen $y = mx + n$, deren Graphen durch die Punkte P_1 und P_2 verlaufen.

a) $P_1(-1; 3)$; $P_2(3; -1)$ b) $P_1(-1; -2{,}5)$; $P_2(0; 0)$ c) $P_1(-2; 3)$; $P_2(1; -6)$

6. Gegeben sind die nebenstehenden Graphen g_1 und g_2.

a) Gib die zugehörenden Funktionsgleichungen an.

b) In welchen Punkten schneiden die Geraden die x-Achse bzw. die y-Achse?

c) Gib eine weitere Funktion an, deren Graph die y-Achse im gleichen Punkt schneidet wie g_1.

d) Gib eine weitere Funktion an, deren Graph parallel zu g_2 ist.

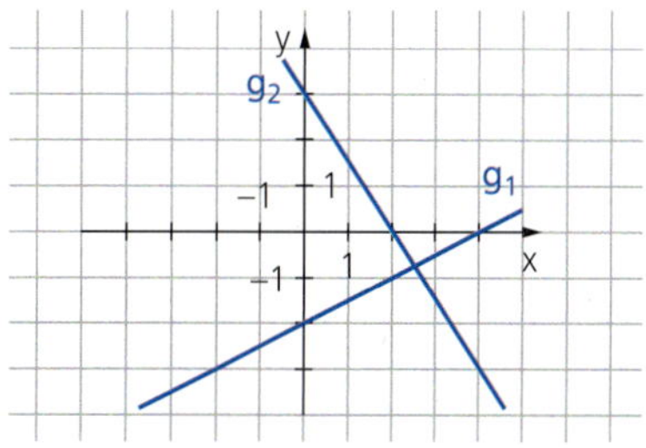

7. Gegeben sind zwei lineare Funktionen. Stelle beide Funktionen in einem Koordinatensystem grafisch dar. Lies die Nullstellen und die Koordinaten des gemeinsamen Schnittpunktes ab.
Prüfe rechnerisch die Nullstellen und die Schnittpunktskoordinaten nach.

a) (I) $y = -\frac{1}{2}x + 2$ b) (I) $y = 0{,}5x + 1$ c) (I) $4x + 2y = 8$
(II) $y = 2x - 3$ (II) $y = 1{,}5x - 3$ (II) $2x + 4y = 22$

8. Welche Gleichung gehört zu welchem Graphen?

a) $y = -\frac{1}{2}x$ b) $y = \frac{1}{3}x + 2$

c) $y = -\frac{2}{5}x - 3$ d) $y = 3{,}5x$

e) $y = -3x - 5$ f) $y = -0{,}4x + 2$

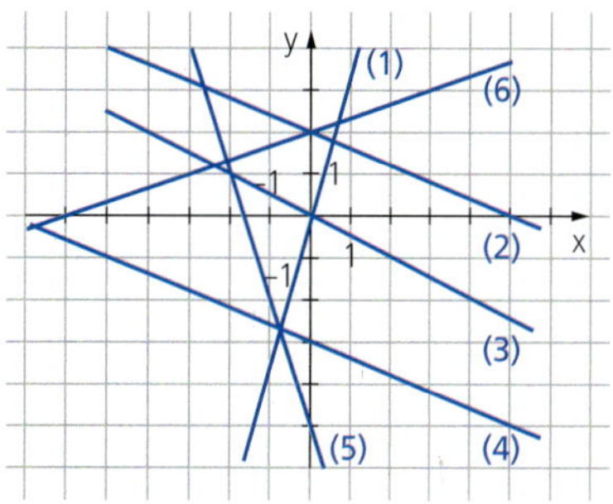

9. Ermittle die Gleichung der linearen Funktion, wenn der Graph durch P geht und den Anstieg m hat.

a) P(3; 2); $m = 1{,}5$ b) P(0; –4); $m = -0{,}5$

c) P(2,5; 0); $m = \frac{1}{3}$ d) P(–1; –5); $m = -3$

10. a) Bestimme die Funktionsgleichung des Graphen.

b) Gib die Funktionswerte an: $x = -4;\ -1;\ 0;\ 2;\ 4;\ 5{,}5$

c) Gib die Argumente an: $y = 3;\ 2{,}5;\ 1;\ 0{,}25;\ 0;\ -1{,}5$

d) Liegen die Punkte A(24; –5) und B(–40; 11) auf dem Graphen?

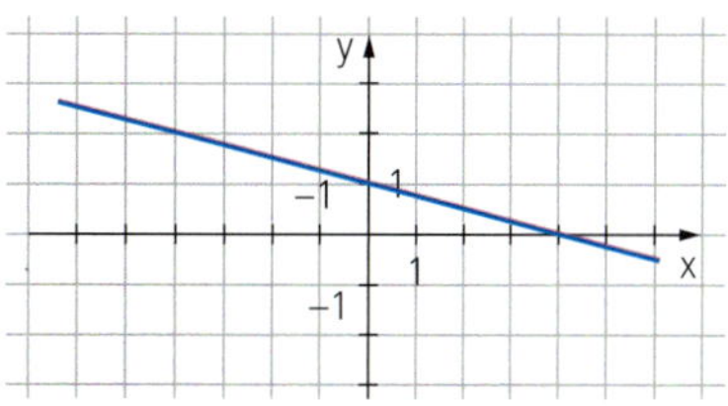

11. Zwei Autohäuser bieten Mietwagen gleichen Typs zu folgenden Bedingungen an:
Autohaus 1 verlangt eine Grundgebühr von 25 € und je gefahrenen Kilometer 40 ct.
Autohaus 2 verlangt eine Grundgebühr von 40 € und je gefahrenen Kilometer 30 ct.
a) Stelle Funktionsgleichungen auf und zeichne beide Graphen in ein Koordinatensystem.
b) Lies für Fahrstrecken von 50; 100; 200 und 500 km die Unkosten ab.
c) Für welche Fahrstrecke sind beide Angebote gleich?

12. Zwei Telefonanbieter unterbreiten folgende Angebote:

(1) monatlicher Grundpreis	12,35 €	(2) monatlicher Grundpreis	5,95 €
Gesprächseinheit (Inland)	0,39 €	Gesprächseinheit (Inland)	0,49 €

a) Wie hoch sind die Kosten bei monatlich 25; 50; 75 bzw. 100 Gesprächseinheiten?
b) Bei wie vielen Gesprächseinheiten sind die Unkosten beider Angebote gleich?
c) Fertige eine grafische Darstellung an. Vergleiche mit den berechneten Werten.

3 Quadratische Funktionen

3.1 Die Funktion $y = x^2$

Eigenschaften:

Definitionsbereich D: $x \in \mathbb{R}$
Wertebereich W: $y \in \mathbb{R};\ y \geq 0$
Nullstelle x_0: $x_0 = 0$
Monotonieverhalten: für $x \leq 0$ fallend
für $x \geq 0$ steigend
Schnittpunkt mit der y-Achse: P(0; 0)
Scheitelpunkt: S(0; 0)
Graph: nach oben geöffnete Normalparabel
Eine Normalparabel kann mit einer Schablone gezeichnet werden.

x	y
−3	9
−2	4
−1	1
0	0
1	1
2	4
3	9

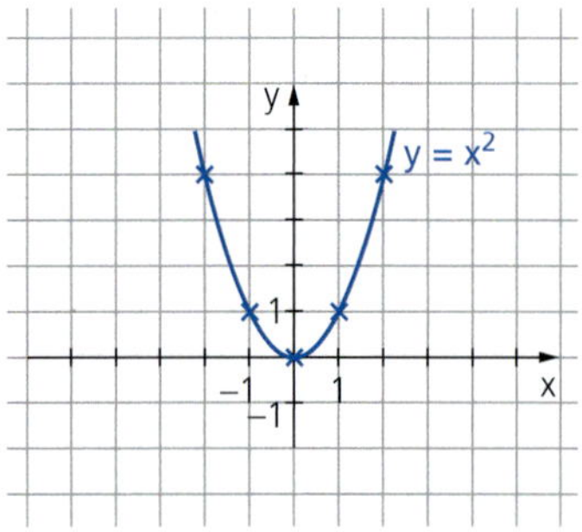

1. Gib die Quadrate folgender Zahlen an.
a) 1,5 b) −11 c) 0,7 d) $\frac{5}{8}$ e) $\frac{-3}{9}$ f) −0,25

2. Prüfe, ob die folgenden Punkte zur Funktion $y = f(x) = x^2$ gehören.
a) A(0,5; 0,25) b) $B\left(\frac{1}{4}; \frac{1}{2}\right)$ c) $C\left(\frac{1}{2}; \frac{1}{4}\right)$ d) $D\left(-\frac{5}{2}; -\frac{25}{4}\right)$ e) E(1,7; 2,89)

3. Die folgenden Zahlenpaare sollen zur Funktion $y = f(x) = x^2$ gehören. Gib jeweils die fehlende Koordinate an.
a) A(2,1; y) b) $B\left(-\frac{1}{2}; y\right)$ c) C(4,5; y) d) D(x; 2,56) e) $E\left(x; \frac{1}{16}\right)$ f) F(x; 0,09)

4. a) Lies die Koordinaten der markierten Punkte ab.
b) Welche Funktionswerte gehören zu den Argumenten 1,5; −2; 0,6 und 1,5?
c) Zu welchen Argumenten gehören die Funktionswerte 0; 4; 25 und −9?
d) Wie verhalten sich die Funktionswerte, bei sehr kleinen bzw. sehr großen Argumenten?

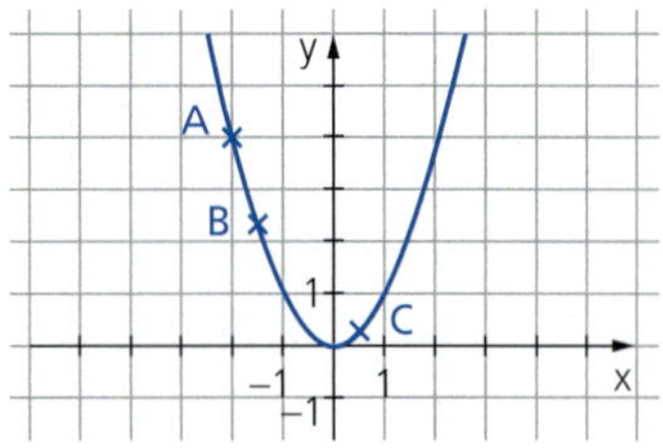

3.2 Die Funktion $y = ax^2$

Eigenschaften:

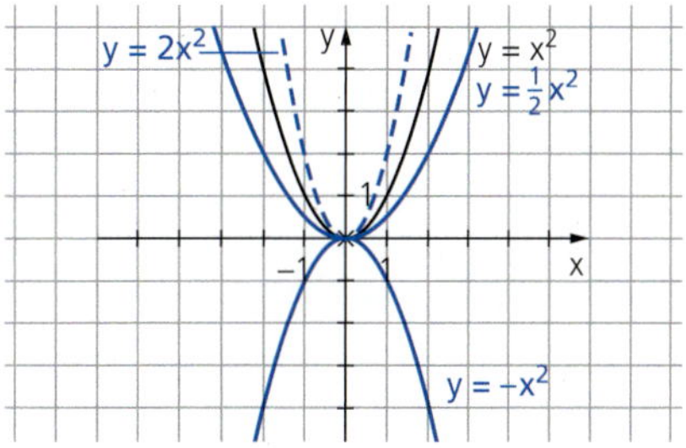

Definitionsbereich D: $x \in \mathbb{R}$ Nullstelle x_0: $x_0 = 0$

Wertebereich W: für $a > 0 \Rightarrow y \in \mathbb{R};\ y \geq 0$
für $a < 0 \Rightarrow y \in \mathbb{R};\ y \leq 0$

Monotonieverhalten: für $a > 0 \Rightarrow x \leq 0$ fallend
$x \geq 0$ steigend
für $a < 0 \Rightarrow x \leq 0$ steigend
$x \geq 0$ fallend

Einfluss von a auf den Graphen: für $a > 0 \Rightarrow$ Parabel nach oben offen
für $a < 0 \Rightarrow$ Parabel nach unten offen
für $|a| > 1 \Rightarrow$ Streckung des Graphen $y = x^2$
für $|a| < 1 \Rightarrow$ Stauchung des Graphen $y = x^2$

1. Zeichne die Graphen der folgenden Funktionen, stelle jeweils auch eine Wertetabelle auf. Welche Gemeinsamkeiten haben die Graphen bei a) bis c) bzw. d) bis f)?
a) $y = 3x^2$ b) $y = \frac{1}{2}x^2$ c) $y = 2x^2$ d) $y = -x^2$ e) $y = -3x^2$ f) $y = -0{,}5x^2$

2. Gib für folgende Wertetabellen jeweils eine Gleichung der Form $y = ax^2$ an.

a)

x	−2	−1	0	1	2
y	1	$\frac{1}{4}$	0	$\frac{1}{4}$	1

b)

x	−2	−1	0	1	2
y	−4	−1	0	−1	−4

3.3 Die Funktionen $y = x^2 + e$ und $y = (x + d)^2$

Der Graph der Funktion $y = x^2 + e$ ist eine Parabel, die aus $y = x^2$ durch Verschiebung in Richtung der y-Achse entstanden ist.

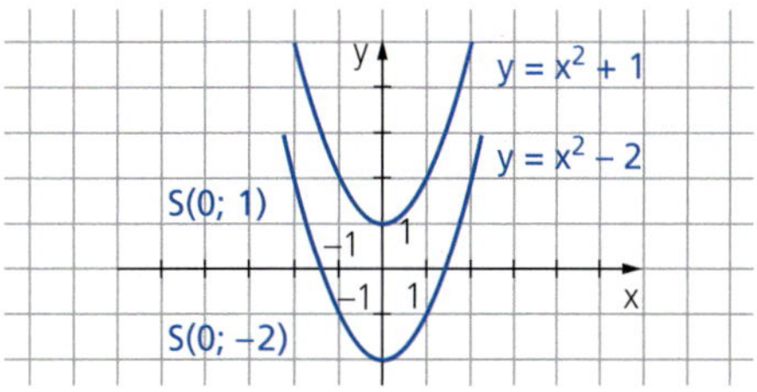

Für $e > 0$ gilt: Verschiebung nach oben
Für $e < 0$ gilt: Verschiebung nach unten

Scheitelpunkt: S(0; e)

Der Graph der Funktion $y = (x + d)^2$ ist eine Parabel, die aus $y = x^2$ durch Verschiebung in Richtung der x-Achse entstanden ist.

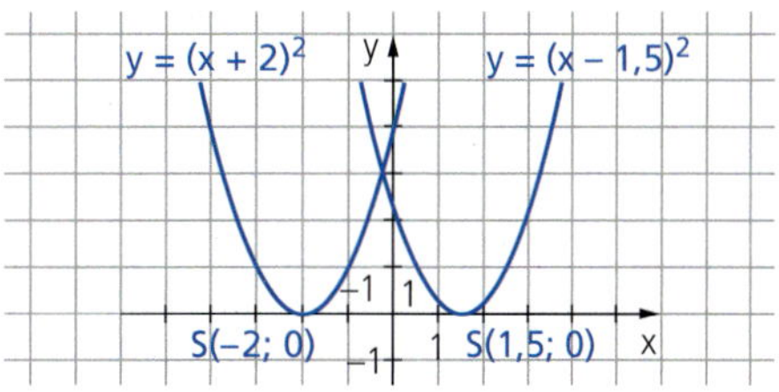

Für $d > 0$ gilt: Verschiebung nach links
Für $d < 0$ gilt: Verschiebung nach rechts

Scheitelpunkt: S(−d; 0)

1. Skizziere und gib D; W; x_0 sowie den Scheitelpunkt an.
a) $y = x^2 + 2$ b) $y = x^2 - 3$ c) $y = (x + 3)^2$ d) $y = (x - 3)^2$ e) $y = x^2 - \left(\frac{1}{2}\right)^2$

2. Der Graph der Funktion $y = (x + 2)^2$ wird an der y-Achse gespiegelt. Welche der folgenden Gleichungen gehören zum gespiegelten Graphen?

a) $y = (x - 2) \cdot (x - 2)$ b) $y = (x - 2)^2$ c) $y = -(x + 2)^2$ d) $y = -(x - 2)^2$

3. Wie viele und welche Nullstellen haben die folgenden Funktionen?

a) $y = (x + 2)^2$ b) $y = (x - 3)^2$ c) $y = x^2 + 2$ d) $y = x^2 - 2$ e) $y = (x - 3) \cdot (x + 2)$

3.4 Die Funktionen $y = (x + d)^2 + e$ und $y = x^2 + px + q$

**Der Graph von $y = (x + d)^2 + e$ ist eine Parabel, die aus $y = x^2$ durch Verschiebung um e in Richtung der y-Achse und um $-d$ in Richtung der x-Achse entstanden ist.
Sie hat den Scheitelpunkt $S(-d; e)$.**

Eigenschaften von $y = x^2 + px + q$

Definitionsbereich D: $x \in \mathbb{R}$

Wertebereich W: $y \in \mathbb{R};\ y \geq -\frac{p^2}{4} + q$

Nullstellen: $x_{1;2} = -\frac{p}{2} \pm \sqrt{\frac{p^2}{4} - q}$

Scheitelpunkt: $S\left(-\frac{p}{2};\ -\frac{p^2}{4} + q\right)$

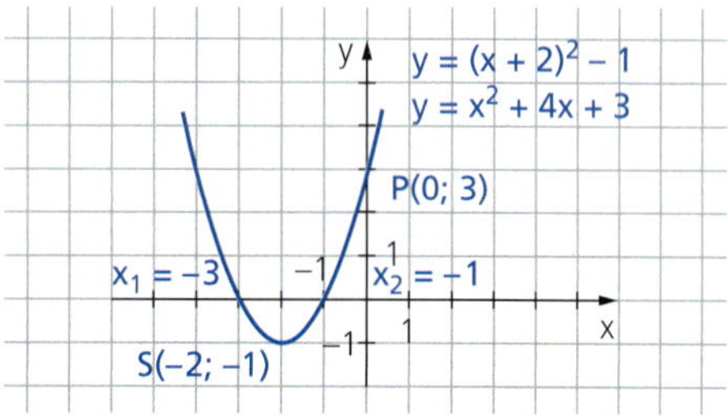

Nullstellenberechnung: $x^2 + 4x + 3 = 0$ $p = 4;\ q = 3$

$x_{1;2} = -\frac{4}{2} \pm \sqrt{\frac{4^2}{4} - 3}$ ⇒ $x_{1;2} = -2 \pm \sqrt{4 - 3}$

$x_{1;2} = -2 \pm 1$ ⇒ $x_1 = -3$ $x_2 = -1$

1. Zeichne die Parabeln folgender Funktionen. Gib jeweils den Definitionsbereich, den Wertebereich und die Nullstellen an.

a) $y = (x + 2)^2 + 2$ b) $y = (x + 2)^2 - 2$ c) $y = (x - 2)^2 + 2$ d) $y = (x - 2)^2 - 2$
e) $y = (x + 1)^2 - 4$ f) $y = (x - 2{,}5)^2 + 1$ g) $y = (x - 1{,}5)^2 - 2$ h) $y = (x + 1{,}5)^2 - 1{,}5$

2. Gib die Nullstellen folgender Funktionen an.

a) $y = (x - 1)(x + 10)$ b) $y = x(x - 3)$ c) $y = (x - 5)^2$ d) $y = x^2 - 3$

3. Gib die Gleichungen der Funktionen $y = (x + d)^2 + e$ an, deren Graphen die folgenden Scheitelpunkte haben.

a) $S(-4; -1)$ b) $S(3; 0)$ c) $S(2{,}5; 4)$ d) $S(-1; 5)$

4. Forme die Gleichungen der folgenden Funktionen in die Form $y = x^2 + px + q$ um.

a) $y = (x - 7)^2 + 8$ b) $y = (x + 3{,}5)^2 - 6{,}25$ c) $y = \left(x - \frac{3}{4}\right)^2 - \frac{1}{8}$

5. Ermittle zeichnerisch und rechnerisch die Nullstellen der folgenden Funktionen.

a) $y = (x - 3)^2 - 1$ b) $y = (x + 2)^2 - 4$ c) $y = (x - 2{,}5)^2 - \frac{1}{4}$ d) $y = x^2 - 2x - 3$
e) $y = x^2 - 6x + 5$ f) $y = x^2 + 4x$ g) $y = x^2 + 8x + 12$ h) $y = x^2 + 2x - 8$

6. Berechne jeweils den Scheitelpunkt der Parabel und die Nullstellen.

a) $y = x^2 + 10x + 30$ b) $y = x^2 - 4x - 5$ c) $y = x^2 + 12x + 33$ d) $y = x^2 - 10x + 24$

7. Berechne die Nullstellen folgender Funktionen.

a) $y = x^2 - 11x + 24$ b) $y = x^2 + 10x + 24$ c) $y = x^2 - 14x + 24$

8. Die folgenden Abbildungen zeigen Normalparabeln.

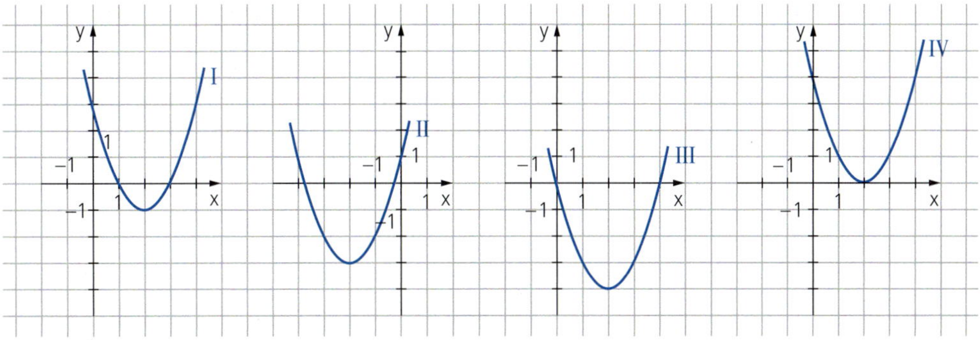

a) Gib jeweils eine zugehörige Funktionsgleichung sowohl in der Form $y = (x + d)^2 + e$ als auch in der Form $y = x^2 + px + q$ an.

b) Gib jeweils den Scheitelpunkt des Graphen an.

c) Ermittle jeweils die Nullstellen rechnerisch.

d) Der Graph IV wird um 2 Einheiten nach oben verschoben. Gib die zugehörige Gleichung an.

e) Warum hat die Funktion aus Aufgabe d) keine Nullstellen?

9. Gegeben sind die Nullstellen von Funktionen der Form $y = x^2 + px + q$.
Gib jeweils die zugehörige Funktionsgleichung an.
Verwende zur Lösung der Aufgabe die Gleichungen $x_1 + x_2 = -p$ und $x_1 \cdot x_2 = q$.

a) $x_1 = 4;\ x_2 = 3$ b) $x_1 = -7;\ x_2 = -3$ c) $x_1 = 0{,}5;\ x_2 = -2{,}5$ d) $x_1 = \frac{3}{4};\ x_2 = -\frac{1}{5}$

10. Gegeben ist die Funktion $y = (x - 2)^2 - 1$ mit $x \in \mathbb{R}$.

a) Zeichne den Graphen der Funktion im Bereich von $-1 \leq x \leq 5$ in ein Koordinatensystem.

b) Gib den Definitionsbereich, den Wertebereich, den Scheitelpunkt und die Nullstellen an.

c) Welcher Funktionswert gehört zum Argument $x_1 = 2{,}5$?

d) Welche Argumente gehören zum Funktionswert $y_2 = 0{,}5$?

e) Prüfe, ob der Punkt A(2,5; 0,5) zum Graphen der Funktion gehört.

11. Gegeben ist die Funktion $y = x^2 - 8x + 12$ mit $x \in \mathbb{R}$.

a) Zeichne den Graphen der Funktion im Bereich von $1 \leq x \leq 7$ in ein Koordinatensystem.

b) Gib den Definitionsbereich, den Wertebereich, den Scheitelpunkt und die Nullstellen an.

c) Welcher Funktionswert gehört zum Argument $x_1 = 4{,}5$?

d) Welche Argumente gehören zum Funktionswert $y_2 = 4{,}5$?

12. Eine Parabel $y = x^2 + px + q$ hat den Scheitelpunkt S(3; –4).

a) Zeichne den Graphen der Funktion im Bereich von $0 \leq x \leq 6$ in ein Koordinatensystem.

b) Welche Parameter p und q hat die Funktion?

c) Lies den Definitionsbereich, den Wertebereich und die Nullstellen ab.

d) Überprüfe die Nullstellen rechnerisch.

13. a) Eine Parabel $y = (x + d)^2 + e$ hat für $x_s = 3$ ihren kleinsten Funktionswert $y_s = -3$.
Gib die zugehörige Gleichung in der Form $y = x^2 + px + q$ an.

b) Eine Gerade g schneidet die Parabel im Punkt $P_1(1;\ y_1)$ und im Punkt $P_2(4;\ y_2)$.
Gib die Gleichung der Geraden in der Form $y = mx + n$ an.

3.5 Gemischte Aufgaben – Sach- und Anwendungsaufgaben

(1) Text gründlich lesen	Bei einem Brunnen soll ein Wasserstrahl waagerecht aus einem 5 m hohem Rohr in ein Wasserbecken „schießen". Der Strahl kann näherungsweise durch die Gleichung $y = -\frac{1}{8}x^2 + 5$ beschrieben werden. Wie lang muss das Becken mindestens sein, damit er bei einer Höhe $h_0 = 0$ noch im Becken „landet".
(2) Gesuchte und gegebene Größen festlegen	Die Nullstellen der Funktion $y = -\frac{1}{8}x^2 + 5$ sind zu berechnen. Für $y = 0$ ergibt sich x_0.
(3) Gleichung lösen	$0 = -\frac{1}{8}x^2 + 5$ $\frac{1}{8}x^2 = 5 \quad \Rightarrow \quad x^2 = 40 \quad \Rightarrow \quad x_1 = 6{,}32; \quad x_2 = -6{,}32$
(4) Lösung prüfen	Das Ergebnis darf nicht negativ sein. Somit muss gelten: $-\frac{1}{8} \cdot 6{,}32^2 + 5 = 0$ (wahre Aussage)
(5) Im Satz antworten	Das Becken sollte etwa 6,40 m lang sein.

1. Zeichne die Graphen folgender Funktionen, gib jeweils den Definitionsbereich, den Wertebereich, den Scheitelpunkt und die Nullstellen an.
Funktionen mit Gleichungen der Form $y = ax^2 + bx + c$ mit $a \neq 1$ haben als Graphen keine Normalparabeln. Für das Zeichnen solcher Graphen ist eine Wertetabelle zweckmäßig.
Zur Berechnung der Nullstellen führt man die Gleichungen über eine Division durch a auf die Normalform $x^2 + px + q = 0$ zurück.

a) $y = 2x^2$ b) $y = -0{,}5x^2$ c) $y = x^2 - 4x + 3$ d) $y = x^2 + 2x - 3$
e) $y = x^2 + 6x + 8$ f) $y = 2x^2 - 8x + 6$ g) $y = 2(x-2)^2 - 2$ h) $y = \frac{1}{2}x^2 + 3x + 4$

2. Prüfe, welche Wertepaare jeweils zu welcher der drei Funktionen gehören.
(I) $y = 2{,}5x^2$ (II) $y = (x-5)^2 + 3$ (III) $y = x^2 - 7x + 10$

a) (0; 28) b) (10; 40) c) (–2; 52) d) (–4; 40) e) (2,5; 15,625)
f) (1,5; 15,25) g) (–0,5; 13,75) h) $\left(-\frac{1}{5}; \frac{1}{10}\right)$ i) (0,5; 6,25) j) (4,5; 3,25)

3. Vom Graphen der Funktion $y = x^2 + px + q$ sind zwei Punkte gegeben.
Bestimme die zugehörige Funktionsgleichung, ermittle zuerst p und q.
Zur Lösung setzt man die Koordinaten beider Punkte in die Gleichung für x und y ein.
Somit erhält man ein Gleichungssystem mit den gesuchten Größen p und q.

a) $P_1(1; -2)$; $P_2(-1; 2)$ b) $P_1(-3; -1)$; $P_2(-1; 3)$ c) $P_1(4; 1)$; $P_2(5; 2)$

4. Gegeben ist die Funktion $y = (x+3) \cdot (x-1)$.
a) Gib die Gleichung in der Form $y = x^2 + px + q$ an.
b) Berechne den Scheitelpunkt und die Nullstellen der Funktion.
c) Zeichne die Parabel im Bereich von $-4 \leq x \leq 2$ in ein Koordinatensystem.
d) Gib die Funktionswerte für $x_1 = -4$ und $x_2 = 2$ an.

5. Gegeben ist die Funktion $y = f(x) = (x + 0{,}5)^2 - 4$.
a) Zeichne die Graphen der Funktionen für $-4 \leq x \leq 3$.
b) Berechne den Scheitelpunkt und die Nullstellen und vergleiche mit den abzulesenden Werten.

6. Gegeben sind die Funktionen $y = f(x) = x^2 - 2x - 3$ und $y = g(x) = x - 3$.
a) Zeichne die Graphen beider Funktionen im gleichen Koordinatensystem für $-2 \leq x \leq 4$.
b) Lies für die quadratische Funktion den Scheitelpunkt und die Nullstellen ab.
c) Kontrolliere die Werte für den Scheitelpunkt und die Nullstellen rechnerisch.
d) Die beiden Graphen schneiden einander in A und B. Berechne die Länge von $\overline{AB}$.

7. Gegeben sind die Funktionen $y = f(x) = x^2 + 8x + 7$ und $y = g(x) = -x - 7$.
a) Stelle beide Funktionen im gleichen Koordinatensystem im Bereich $-8 \leq x \leq 0$ grafisch dar.
b) Berechne von $y = f(x)$ und $y = g(x)$ die Nullstellen. Vergleiche diese.
c) Die Graphen der beiden Funktionen schneiden einander in den Punkten S_1 und S_2. Gib die Koordinaten von S_1 und S_2 an.
d) Überprüfe die Koordinaten von S_1 und S_2 rechnerisch.

8. Der Querschnitt einer Rinne hat die Form einer Parabel mit der Gleichung $y = \frac{1}{2}x^2 - 8$.
a) Bestimme die Tiefe der Rinne.
b) Ermittle die Breite der Rinne.
c) Zwischen A und O liegt ein Punkt C. Ermittle zeichnerisch und rechnerisch den Abstand $\overline{AC}$, wenn die Tiefe $\overline{CD} = 4$ cm beträgt.

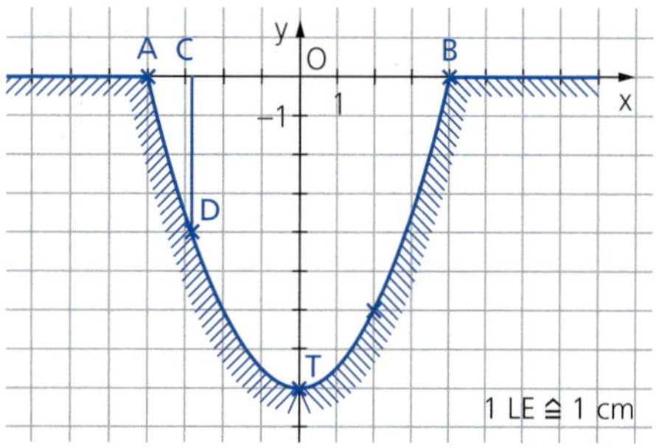

9. Setze in $y = x^2 + x + q$ für q eine Zahl ein, damit die Funktion genau eine Nullstelle besitzt.

10. Eine Funktion $y = x^2 + px + q$ hat die Nullstellen $x_1 = 5$ und $x_2 = -2$. Wie lautet die Abszisse x_s des Scheitelpunktes der entsprechenden Parabel?

11. Eine 18 cm lange Kerze verliert beim Abbrennen stündlich 3 cm ihrer Länge.
a) Berechne die Gesamtbrenndauer dieser Kerze.
b) Welche Länge hätte die Kerze noch bei einer Brenndauer von 3 Stunden und 20 Minuten?
c) Die Kerze hat noch eine Länge von 10,5 cm. Wie lange brannte sie?
d) Gib eine Funktionsgleichung an und zeichne dann den entsprechenden Graphen.
e) Überprüfe die berechneten Werte mithilfe der grafischen Darstellung.

12. Fontänen von Bewässerungsanlagen in Gärten haben öfters die Form von Parabeln. Eine solche Fontäne wird dabei näherungsweise durch die Gleichung $y = -0{,}65x^2 + 2$ beschrieben. Wie viel Quadratmeter Gartenfläche können bewässert werden, wenn der Wasseraustritt in 2 m Höhe erfolgt?

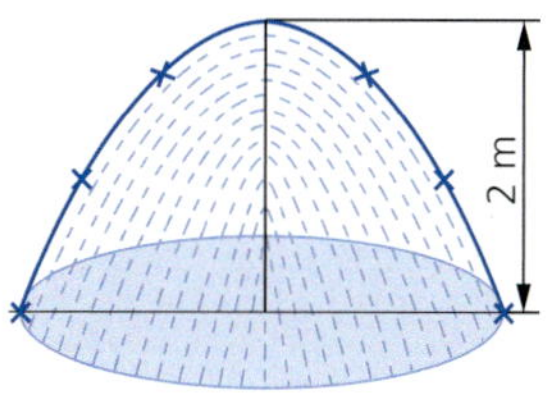

13. Bereits 2000 Jahre v. Chr. bauten die Sumerer im heutigen Irak (früher Mesopotamien) in ihren Kultstätten mit kreisförmig gekrümmten Ziegelsteinen Tonnengewölbe. Der Bogen eines solchen Gewölbes hatte dabei eine Parabelform mit annähernd der Gleichung $y = -0{,}37x^2$.
Berechne die lichte Weite x dieses Gewölbes.

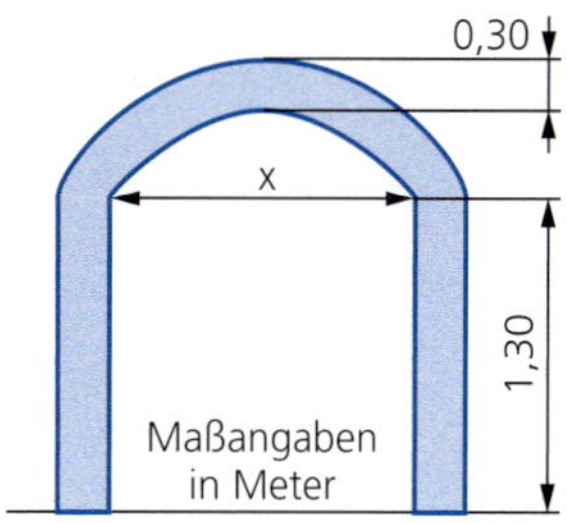

4. Potenz-, Wurzel- und Exponentialfunktionen

4.1 Potenzfunktionen

$y = x^{2n}$ mit $x \in \mathbb{R}$; $n \in \mathbb{N}$; $n > 0$:

Definitionsbereich D:	$x \in \mathbb{R}$
Wertebereich W:	$y \in \mathbb{R}$; $y \geq 0$
Nullstelle x_0:	$x_0 = 0$
Monotonieverhalten:	für $x \leq 0$ fallend für $x \geq 0$ steigend
gemeinsame Punkte:	$(-1; 1)$; $(0; 0)$; $(1; 1)$

Graphen: symmetrisch zur y-Achse

Die Graphen heißen Parabeln.

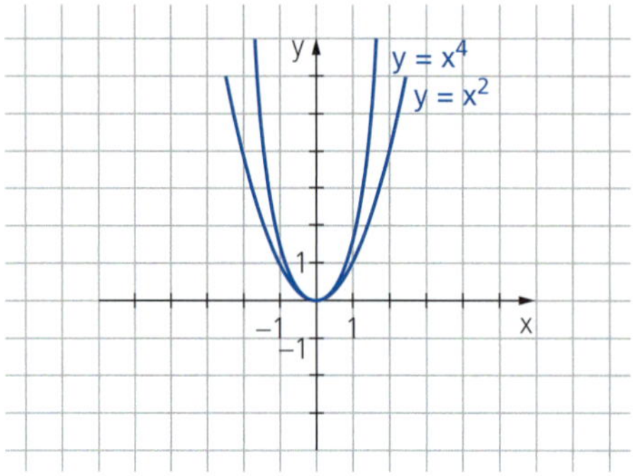

$y = x^{2n+1}$ mit $x \in \mathbb{R}$; $n \in \mathbb{N}$:

Definitionsbereich D:	$x \in \mathbb{R}$
Wertebereich W:	$y \in \mathbb{R}$
Nullstelle x_0:	$x_0 = 0$
Monotonieverhalten:	für alle x steigend
gemeinsame Punkte:	$(-1; -1)$; $(0; 0)$; $(1; 1)$

Graphen: symmetrisch zu O(0; 0)

Für $n \geq 1$ heißen die Graphen Parabeln.

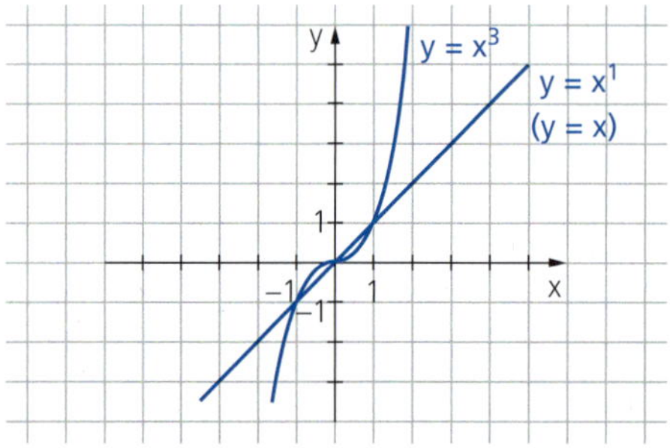

$y = x^{2n}$ mit $x \in \mathbb{R}$; $n \in \mathbb{Z}$; $n \leq 0$:

Definitionsbereich D:	$x \in \mathbb{R}$; $x \neq 0$
Wertebereich W:	$y \in \mathbb{R}$; $y > 0$
Nullstelle x_0:	keine
Monotonieverhalten:	für $x < 0$ steigend für $x > 0$ fallend
gemeinsame Punkte:	$(-1; 1)$; $(1; 1)$

Graphen: symmetrisch zur y-Achse

Für $n < 0$ heißen die Graphen Hyperbeln.

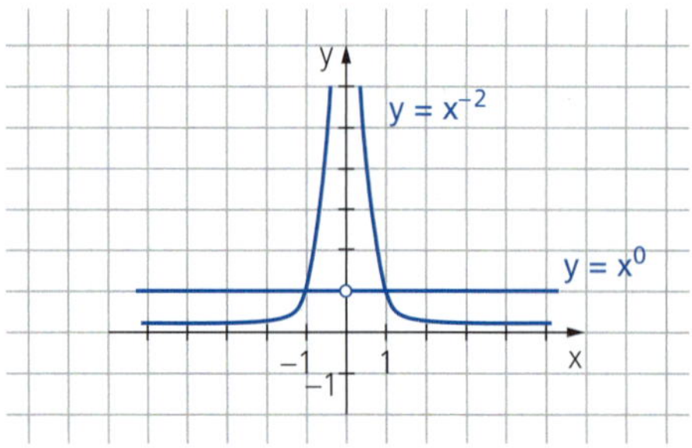

$y = x^{2n-1}$ mit $x \in \mathbb{R}$; $n \in \mathbb{Z}$; $n \leq 0$:

Definitionsbereich D:	$x \in \mathbb{R}$; $x \neq 0$
Wertebereich W:	$y \in \mathbb{R}$; $y \neq 0$
Nullstelle x_0:	keine
Monotonieverhalten:	für $x < 0$ fallend für $x > 0$ fallend
gemeinsame Punkte:	$(-1; -1)$; $(1; 1)$

Graphen: symmetrisch zu O(0; 0)

Die Graphen heißen Hyperbeln.

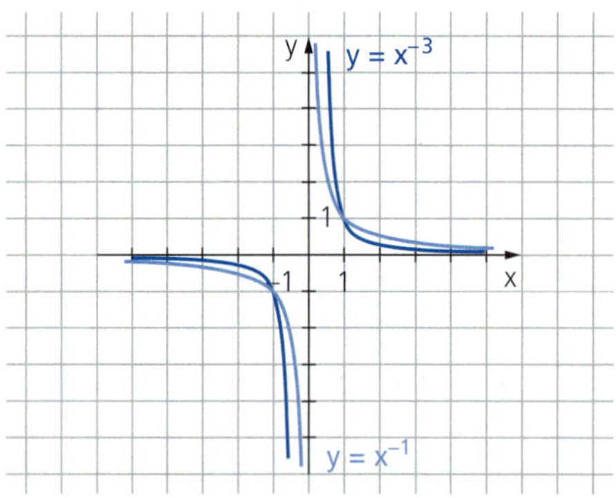

1. Stelle die Funktionen $y = x^2$, $y = x^0$ und $y = x^{-2}$ im Bereich $-3 \leq x \leq 3$ grafisch dar. Gib jeweils den Definitionsbereich, den Wertebereich, die Nullstellen, das Monotonierverhalten und (wenn möglich) den Scheitelpunkt an.

2. Stelle die Funktionen $y = x^3$, $y = x^1$ und $y = x^{-1}$ im Bereich $-3 \leq x \leq 3$ grafisch dar. Gib jeweils den Definitionsbereich, den Wertebereich, die Nullstellen, das Monotonieverhalten und (wenn möglich) den Scheitelpunkt an.

3. Stelle die Funktionen $y = x^5$, $y = 2x^2$ und $y = -x^2$ im gleichen Koordinatensystem dar. Beschreibe die Symmetrieeigenschaften dieser drei Funktionen.

4. Gegeben sind die Funktionen $y = -\frac{1}{2}x^2$ und $y = -\frac{1}{2}x^3$.
a) Berechne für die Argumente von -3 bis 3 mit einer Schrittweite von 0,5 die zugehörigen y-Werte. Stelle dazu eine Wertetabelle auf.
b) Zeichne beide Graphen im gleichen Koordinatensystem.
c) Gib jeweils den Definitionsbereich, den Wertebereich, die Nullstellen und (wenn möglich) den Scheitelpunkt an.

5. Gegeben ist ein Würfel mit der Kantenlänge a.
a) Stelle die funktionale Abhängigkeit des Oberflächeninhalts A_O und des Volumens V von der Kantenlänge a für $a = 1$ cm; 2 cm; 3 cm; 4 cm und 5 cm grafisch dar.
b) Lies für $a = 0{,}5$ cm; 1,5 cm und 2,5 cm die Werte von A_O und V ab. Prüfe nach.

6. Gegeben sind Kugeln mit den Radien $r = 0{,}5$ cm; 1,0 cm; 1,5 cm; 2,0 cm; 2,5 cm und 3,0 cm.
a) Berechne die zugehörigen Volumen. Schreibe in eine Wertetabelle.
b) Stelle die Zuordnung Radius $\Rightarrow$ Volumen grafisch dar.
c) Stelle die Zuordnung Volumen $\Rightarrow$ Radius grafisch dar. Stelle dazu eine Wertetabelle auf.

4.2 Wurzelfunktionen

$y = \sqrt[n]{x} = x^{\frac{1}{n}}$ mit $x \in \mathbb{R}$; $x \geq 0$; $n \in \mathbb{N}$; $n \geq 2$:

Definitionsbereich D:	$x \in \mathbb{R}; x \geq 0$
Wertebereich W:	$y \in \mathbb{R}; y \geq 0$
Nullstelle x_0:	$x_0 = 0$
Monotonieverhalten:	für $x \geq 0$ steigend
gemeinsame Punkte:	(0; 0); (1; 1)

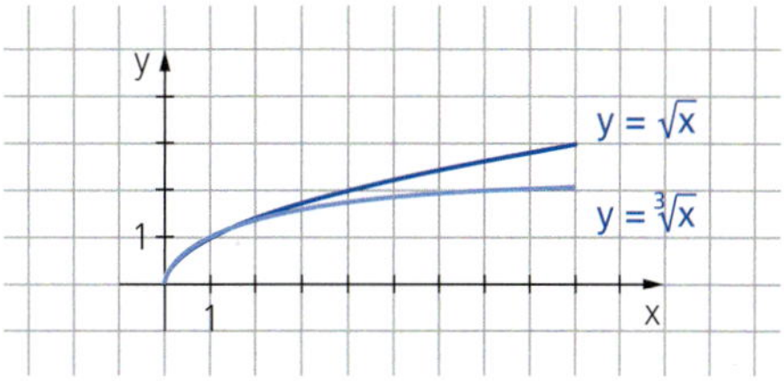

1. Entscheide, ob die folgenden Zahlenpaare zur Funktion $y = \sqrt{x}$ gehören oder nicht.
a) (9; 3) b) (1; 1) c) (4,5; 20,25) d) (4; −2) e) (0,5; 0,25)

2. Gegeben sind Graphen von Funktionen der Form $y = x^{\frac{1}{n}}$. Gib jeweils dasjenige n an, für das die folgenden Punkte auf dem entsprechenden Graphen liegen.
a) A(8; 2) b) B(256; 4) c) C(1; 1) d) D(64; 8) e) E(64; 4)

3. Stelle die Funktionen $y = x^{\frac{1}{2}}$ und $y = x^{\frac{1}{3}}$ grafisch dar.
a) Schreibe die Gleichungen als Wurzelfunktionsgleichungen.
b) Stelle für das Intervall $0 \leq x \leq 4$ (Schrittweite 0,5) Wertetabellen auf.
c) Gib jeweils den Definitionsbereich, den Wertebereich und die Nullstelle an.

4.3 Exponentialfunktionen

$y = a^x$ mit $a, x \in \mathbb{R}$; $a > 0$:

Definitionsbereich D:	$x \in \mathbb{R}$
Wertebereich W:	$y \in \mathbb{R}$; $y > 0$
Nullstelle x_0:	keine
Monotonieverhalten:	für $0 < a < 1$ fallend
	für $a > 1$ steigend
gemeinsamer Punkt:	(0; 1)

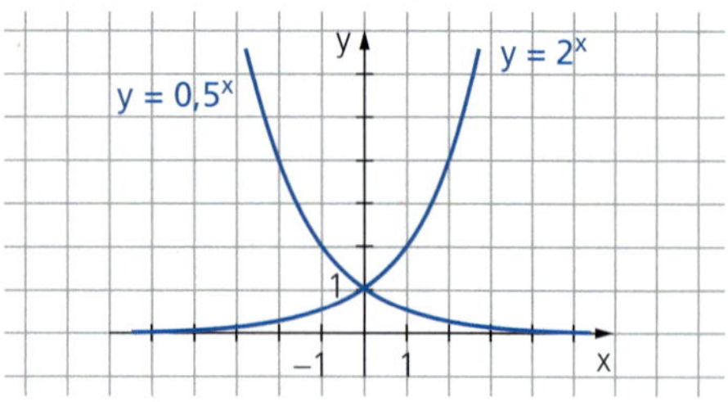

1. Überprüfe, ob die Punkte P zur Funktion $y = a^x$ gehören.
a) $y = 3^x$; P(5; 243) b) $y = 0{,}4^x$; P(–2; 6,25) c) $y = 10^x$; P(–3; 0,01)

2. Bestimme die Funktionsgleichung $y = a^x$, wenn der Graph durch den Punkt P verläuft.
a) P(1; 3) b) P(1; 2,5) c) P(1; 10) d) P(1; 0,5)

3. Gegeben sind die Exponentialfunktionen $y = 2^x$ und $y = 3^x$.
a) Stelle für den Bereich $-3 \le x \le 3$ mit einer Schrittweite von 0,5 eine Wertetabelle auf.
b) Zeichne beide Graphen im gleichen Koordinatensystem.
c) Gib jeweils den Definitionsbereich, den Wertebereich, die Nullstellen, das Monotonieverhalten und den Schnittpunkt mit der y-Achse an.

4. Skizziere die Graphen der Exponentialfunktionen $y = 1{,}5^x$; $y = 2{,}2^x$; $y = 0{,}5^x$ und $y = 0{,}8^x$ in ein Koordinatensystem. Finde Gemeinsamkeiten und Unterschiede.

4.4 Gemischte Aufgaben – Sach- und Anwendungsaufgaben

(1) Text gründlich lesen

Ein Aktionär kaufte vor 3 Jahren Aktien für 5 000 €. Zur Zeit haben sie einen Wert von 6 342,60 €. Wie viel Prozent betrug die durchschnittliche jährliche Wachstumsrate?
Wenn eine Größe y exponentiell vom Anfangswert a aus pro Zeiteinheit jeweils um p % wächst, dann gilt: $y = a \cdot (1 + p\,\%)^t$

(2) Gesuchte und gegebene Größen festlegen

Bei gegebenem Anfangswert a = 5 000, einem Endwert y = 6 342,60 und einer Zeit t = 3 ist die Wachstumsrate p % gesucht.

(3) Gleichung lösen

$y = a \cdot (1 + p\,\%)^t \Rightarrow 6342{,}60 = 5000 \cdot (1 + p\,\%)^3 \quad |:5000$

$\Rightarrow 1{,}26852 = (1 + p\,\%)^3 \quad |\sqrt[3]{\ }$

$\Rightarrow 1{,}08251 = 1 + p\,\% \quad |-1$

$\Rightarrow 0{,}08251 = 8{,}251\,\%$

(4) Lösung prüfen

l. S.: 6 342,60

r. S.: $5000 \cdot (1 + 0{,}08251)^3 = 5000 \cdot (1{,}08251)^3$
$= 5000 \cdot 1{,}26851 \approx 6342{,}60$

(5) Im Satz antworten

Der Wert der Aktien wuchs durchschnittlich um etwa 8,25 %.

1. Bestimme von den dargestellten Funktionen:
a) die zugehörige Gleichung
b) den Definitionsbereich und den Wertebereich
c) das Monotonieverhalten

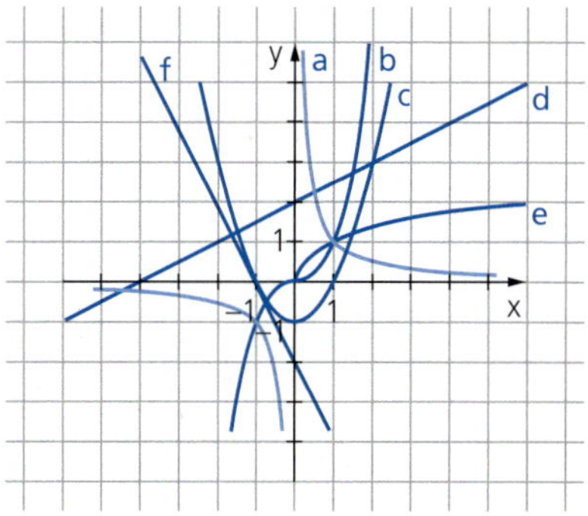

2. Gegeben sind die Funktionen (I) $y = x^2 + 1$; (II) $y = -2x^2$; (III) $y = x^{-1}$; (IV) $y = \sqrt[3]{x}$
a) Berechne in allen vier Fällen die Funktionswerte für $x = -1{,}5;\ 0;\ 1;\ 2{,}5$.
b) Berechne in allen vier Fällen die Argumente für $y = 0;\ -2;\ 0{,}5;\ 3;\ 10$.

3. Gehören die angegebenen Punkte zum Graphen der Funktion?

a) $y = x^4$	A(3; 81)	B(−0,5; −0,25)	C(−1; 1)	$D\left(\frac{2}{3}; \frac{16}{81}\right)$
b) $y = x^{-2}$	A(1; −1)	$B(3; 0,\overline{1})$	$C\left(10; \frac{1}{100}\right)$	D(−0,5; 4)
c) $y = 2\sqrt{x}$	A(16; 8)	B(0,25; 1)	C(225; 30)	D(−64; −16)

4. Ein Fallschirmsportler fällt im freien Fall etwa 8,2 s.
a) Zeichne das Weg-Zeit-Diagramm dieses freien Falls.
b) Welche Strecke legt der Fallschirmspringer in dieser Zeit zurück?
c) Wie lange dauert ein freier Fall von 200 m?
d) Welche Strecke legt er in den ersten fünf Sekunden zurück?

5. Ein Pkw beschleunigt gleichmäßig beim Anfahren mit $a = 2{,}4\ \text{m} \cdot \text{s}^{-2}$.
a) Welche Geschwindigkeit in Kilometer pro Stunde hat er nach 20 m; 40 m; 60 m; 80 m; 100 m?
b) Stelle den Bewegungsablauf in einem Diagramm grafisch dar.

6. Gegeben ist ein rechtwinkliges Dreieck mit den Katheten a und x sowie dem Flächeninhalt $A = 40\ \text{cm}^2$.
a) Stelle die Funktionsgleichung für die Zuordnung $a = f(x)$ auf.
b) Ermittle für die Argumente x = 1 cm; 2 cm; 4 cm; 8 cm; 10 cm; 20 cm; 40 cm und 80 cm die Funktionswerte a.
c) Zeichne den Graphen.

7. Teichrosen vermehren sich in warmen Ländern relativ schnell. Ihre Anzahl erhöht sich monatlich um 25 %. Wie viele Teichrosen sind nach 1; 2; 3; 4 bzw. 5 Monaten vorhanden, wenn 4 Teichrosen gepflanzt wurden? Stelle den Sachverhalt grafisch dar und lies aus der Zeichnung ab, nach wie vielen Monaten man mit 15 Teichrosen rechnen kann.

8. Die Halbwertszeit eines radioaktiven Isotops beträgt einen Tag. Wie viel Gramm sind von 5 g nach 1, 2, 3, 4, 5 und 10 Tagen noch vorhanden? Stelle den Sachverhalt grafisch dar.

9. Ein Geldbetrag von 5 000 € wird für 10 Jahre bei einem Zinssatz von 3,8 % p.a. (Zinseszinseffekt) fest angelegt. Berechne das Kapital nach einem, zwei, drei, …, zehn Jahren und stelle den Sachverhalt in einem Säulendiagramm grafisch dar.

10. Die Bevölkerung eines Landes wuchs von 1991 bis 2000 exponentiell von 21,4 Millionen auf 24,6 Millionen.
a) Bestimme die zugehörige Exponentialfunktion.
b) Wie viele Einwohner wird dieses Land bei gleichbleibendem Wachstum im Jahre 2010 haben?
c) Stelle den Sachverhalt grafisch dar.

5. Winkelfunktionen

5.1 Sinusfunktion

Bei Winkelfunktionen wird jedem Winkel α eine reelle Zahl $x = \frac{\alpha}{180°} \cdot \pi$ zugeordnet.
Diese Zahl x wird Bogenmaß des Winkels α genannt.
Ein Winkel bzw. das zugehörige Bogenmaß kann das Vorzeichen „–" haben.

$y = \sin x$

Definitionsbereich D: $x \in \mathbb{R}$
Wertebereich W: $y \in \mathbb{R}; -1 \le y \le 1$
Nullstellen x_0: $x_k = 0 + k \cdot \pi;\ k \in \mathbb{Z}$
Monotonieverhalten: periodisch steigend und fallend
kleinste Periodenlänge: $2\pi \mathrel{\widehat{=}} 360°$
Besondere Punkte: $(0; 0)$; $\left(\frac{\pi}{2}; 1\right)$; $(\pi; 0)$; $\left(\frac{3}{2}\pi; -1\right)$; $(2\pi; 0)$

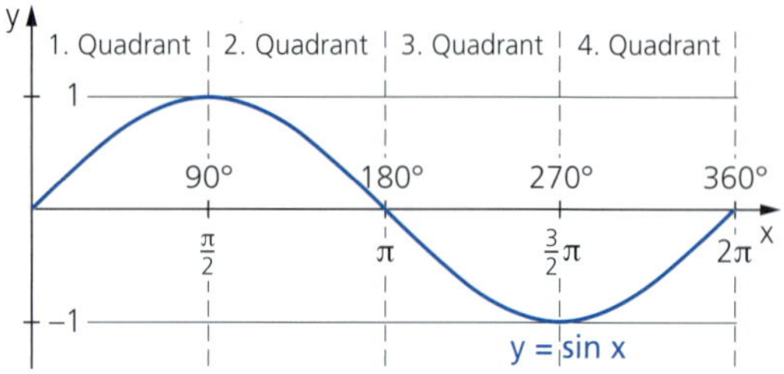

$y = a \cdot \sin x$ (a heißt Amplitude)

a > 1: Streckung der Sinuskurve in Richtung der y-Achse
0 < a < 1: Stauchung der Sinuskurve in Richtung der y-Achse
a < 0: Spiegelung der (gestreckten oder gestauchten) Sinuskurve an der x-Achse

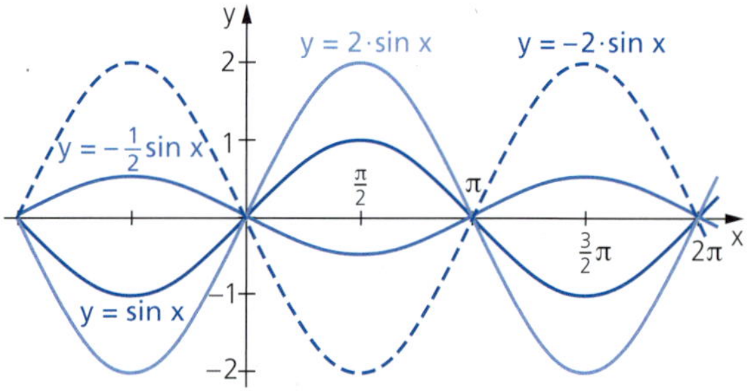

$y = \sin bx$ (b heißt Frequenz)

b > 1: Stauchung der Sinuskurve in Richtung der x-Achse
0 < b < 1: Streckung der Sinuskurve in Richtung der x-Achse
kleinste Periodenlänge: $\frac{2\pi}{b}$

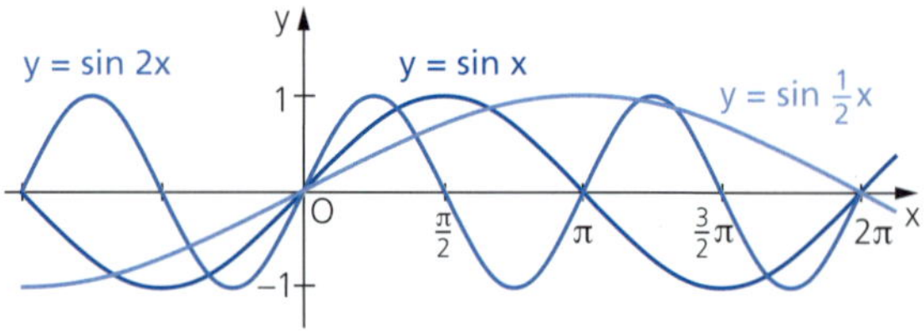

1. Gib die zugehörigen Gradmaße bzw. Bogenmaße an.
a) $\alpha = 270°$ b) $\alpha = 120°$ c) $\alpha = 450°$ d) $\alpha = 1°$ e) $\alpha = 720°$ f) $\alpha = -90°$
g) $x = \frac{3}{4}\pi$ h) $x = \frac{\pi}{3}$ i) $x = 8\pi$ j) $x = -\pi$ k) $x = 5$ l) $x = -10$

2. Zeichne den Graphen der Funktion $y = \sin x$ im Berereich $0 \le x \le 720°$.
a) Lies die Näherungswerte für $\sin 30°$; $\sin 60°$; $\sin 120°$; $\sin 330°$; $\sin 510°$ ab.
b) Gib die Nullstellen der Funktion im vorgegebenen Bereich an.
c) In welchen Bereichen ist die Funktion monoton steigend?

3. Löse folgende Gleichungen.
a) $\sin \alpha = 0{,}4$ für $90° \le \alpha \le 270°$
b) $\sin \alpha = -0{,}8$ für $-540° \le \alpha \le -180°$
c) $\sin \alpha = 0{,}5$ für $-360° \le \alpha \le 360°$
d) $\sin \alpha = -0{,}5$ für $-360° \le \alpha \le 360°$

4. Zwei Winkel weichen in ihrer Größe um 0,5° ab. Um welchen Wert weichen ihre Bogenmaße voneinander ab?

5. Gegeben sind die Winkelfunktionen $y = f(x) = a \cdot \sin x$ und $y = g(x) = \sin bx$ im Intervall von $-\pi \leq x \leq \pi$. Die Funktion $y = g(x)$ hat die Periodenlänge π, die Funktion $y = f(x)$ hat die 3 als größten Funktionswert.
a) Ermittle die Werte von a und b und stelle die zugehörigen Funktionsgleichungen auf.
b) Stelle die Funktionen im Intervall $-\pi \leq x \leq \pi$ in demselben Koordinatensystem grafisch dar.
c) Gib die Nullstellen der Funktionen für das gegebene Intervall an.
d) Welche Argumente der Funktion $y = g(x)$ haben den Funktionswert 1,5?

6. Stelle die Winkelfunktionen $y = 2 \cdot \sin 2x$ und $y = 2 \cdot \sin \frac{1}{2}x$ im Intervall $-2\pi \leq x \leq 2\pi$ im gleichen Koordinatensystem grafisch dar. Nenne Gemeinsamkeiten und Unterschiede.

7. Gib jeweils einen weiteren Winkel an, der den gleichen Funktionswert hat.
a) $\sin 45° = \sin \alpha$ b) $\sin 100° = \sin \beta$ c) $\sin 3\pi = \sin \gamma$

5.2 Kosinusfunktion

$y = \cos x$

Definitionsbereich D: $x \in \mathbb{R}$
Wertebereich W: $y \in \mathbb{R}; -1 \leq y \leq 1$
Nullstellen x_0: $x_k = \frac{\pi}{2} + k \cdot \pi;\ k \in \mathbb{Z}$
Monotonieverhalten: periodisch fallend und steigend
kleinste Periodenlänge: 2π
Besondere Punkte: $(0; 1)$; $\left(\frac{\pi}{2}; 0\right)$; $(\pi; -1)$; $\left(\frac{3}{2}\pi; 0\right)$; $(2\pi; 1)$

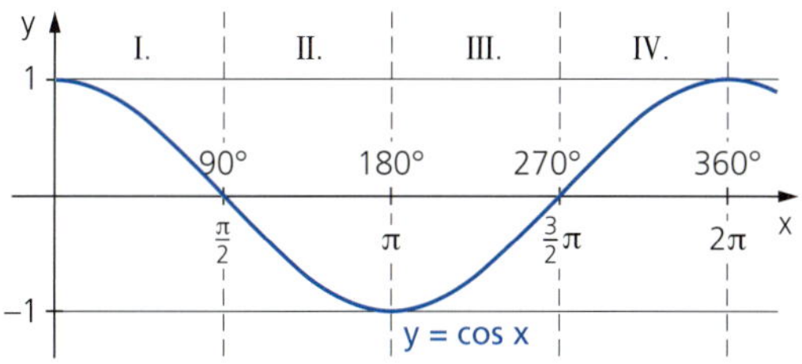

1. Löse folgende Gleichungen.
a) $\cos \alpha = 0{,}5$ für $-90° \leq \alpha \leq 180°$
b) $\cos \alpha = -0{,}5$ für $-360° \leq \alpha \leq 90°$
c) $\cos \alpha = \sqrt{2}$ für $90° \leq \alpha \leq 270°$
d) $\cos \alpha = -\frac{1}{2}\sqrt{2}$ für $-180° \leq \alpha \leq 360°$

2. Für welche Winkel gelten folgende Gleichungen?
a) $\cos \alpha = -1$ für $-360° \leq \alpha \leq 540°$
b) $\cos \alpha = \frac{1}{2}\sqrt{2}$ für $-180° \leq \alpha \leq 270°$
c) $\cos \alpha = 0$ für $-180° \leq \alpha \leq 180°$
d) $\cos \alpha = 1$ für $-360° \leq \alpha \leq 360°$

3. Prüfe für $\alpha_1 = 30°$; $\alpha_2 = 90°$; $\alpha_3 = -45°$ und $\alpha_4 = 120°$, ob die Gleichung $\cos(180° - \alpha) = -\cos \alpha$ wahr ist.

4. Zeichne den Graphen der Funktion $y = \cos x$ im Berereich $-2\pi \leq x \leq 2\pi$.
a) Lies die Näherungswerte für $\cos \frac{\pi}{4}$; $\cos \frac{5}{4}\pi$; $\cos \frac{3}{2}\pi$; $\cos\left(-\frac{\pi}{4}\right)$; $\cos\left(-\frac{3}{4}\pi\right)$ ab.
b) Gib die Nullstellen der Funktion im vorgegebenen Bereich an.
c) In welchen Bereichen ist die Funktion monoton fallend?

5. Für welche Argumente gilt:
$\sin x = \cos x$ im Intervall $-\pi \leq x \leq 2\pi$?

6. Ordne die Funktionswerte der Größe nach. Beginne mit dem kleinsten Wert.
$y_1 = \cos 180°$; $y_2 = \cos(-60°)$; $y_3 = \cos\left(-\frac{\pi}{2}\right)$; $y_4 = \cos 300°$; $y_5 = \cos 0°$

7. Gib jeweils einen weiteren Winkel an, der den gleichen Funktionswert hat.
a) $\cos 45° = \cos \alpha$ b) $\cos 100° = \cos \beta$ c) $\cos 3\pi = \cos \gamma$

8. Ermittle die folgenden Funktionswerte.
a) $y_1 = \frac{1}{2} \cdot \cos 60°$ b) $y_2 = (\cos 60°)^2$ c) $y_3 = \cos\left(\frac{1}{2} \cdot 60°\right)$

5.3 Tangensfunktion

$y = \tan x$

Definitionsbereich D: $x \in \mathbb{R}$; $x \neq (2k + 1) \cdot \frac{\pi}{2}$; $k \in \mathbb{Z}$
Wertebereich W: $y \in \mathbb{R}$
Nullstellen x_0: $x_k = k \cdot \pi$; $k \in \mathbb{Z}$
Monotonieverhalten: steigend
kleinste Periodenlänge: π
Besondere Punkte: $(0; 0)$; $(\pi; 0)$; $(2\pi; 0)$

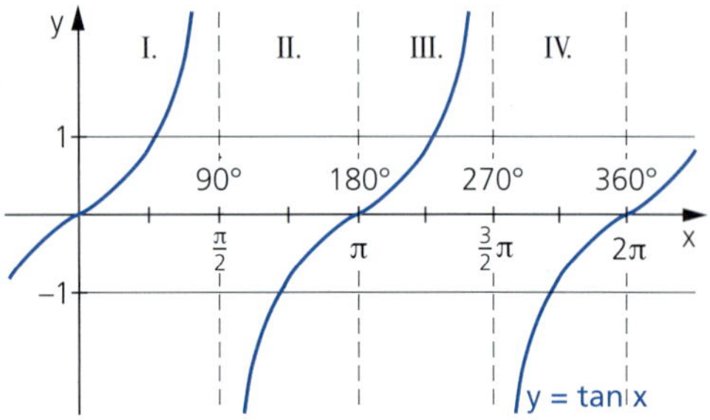

1. Ermittle mithilfe des Taschenrechners auf drei Stellen nach dem Komma.
a) $\tan 75°$ b) $\tan 90°$ c) $\tan 95°$ d) $\tan 280°$
e) $\tan \frac{\pi}{4}$ f) $\tan \frac{\pi}{3}$ g) $\tan \frac{3}{2}\pi$ h) $\tan 2{,}5\pi$

2. Vergleiche die folgenden Werte miteinander und setze das richtige Zeichen (<; =; >).
a) $\tan 45°$ und $\tan 120°$ b) $\tan 8°$ und $\tan 88°$ c) $\tan \pi$ und $\tan(-\pi)$
d) $\tan 275°$ und $\tan 2\pi$ e) $\tan(-89°)$ und $\tan 91°$ f) $\tan 0°$ und $\tan 1800°$

3. Löse folgende Gleichungen im Intervall $0° \leq \alpha \leq 180°$.
a) $\tan \alpha = 1$ b) $\tan \alpha = 2$ c) $\tan \alpha = -1$ d) $\tan \alpha = -\sqrt{3}$
e) $\tan \alpha = 0{,}5$ f) $\tan \alpha = -0{,}5$ g) $\tan \alpha = 0$ h) $\tan \alpha = \sqrt{3}$

4. Zeichne den Graphen der Funktion $y = \tan x$ im Berereich $-\pi \leq x \leq \pi$.
a) Lies die Näherungswerte für $\tan \frac{\pi}{4}$; $\tan \frac{5}{4}\pi$; $\tan \frac{3}{2}\pi$; $\tan\left(-\frac{\pi}{4}\right)$; $\tan\left(-\frac{3}{4}\pi\right)$ ab.
b) Gib die Nullstellen der Funktion im vorgegebenen Bereich an.
c) In welchen Bereichen ist die Funktion monoton fallend?
d) An welchen Stellen ist die Funktion nicht definiert?

5. Für Winkelfunktionen gelten folgende Zusammenhänge:
(1) $\sin^2 \alpha + \cos^2 \alpha = 1$
(2) $\tan \alpha = \frac{\sin \alpha}{\cos \alpha}$
a) Ermittle unter Nutzung der angegebenen Zusammenhänge die Funktionswerte $\cos \alpha$ und $\tan \alpha$, wenn $\sin \alpha = \frac{3}{5}$ gilt.
b) Gib die Funktionswerte $\cos \alpha$ und $\tan \alpha$ auf drei Stellen nach dem Komma an.
c) Ermittle unter Nutzung der angegebenen Zusammenhänge die Funktionswerte $\sin \beta$ und $\tan \beta$, wenn $\cos \beta = 0{,}6$ gilt.

5.4 Gemischte Aufgaben – Sach- und Anwendungsaufgaben

(1) Text gründlich lesen — In welchen Punkten schneiden sich die Graphen der beiden Funktionen $y = 3 \cdot \sin x$ und $y = 2 \cdot \cos x$ im Intervall $0 \le x \le \pi$?

(2) Gesuchte und gegebene Größen festlegen — Bei gegebenen Funktionsgleichungen sind die Koordinaten der Schnittpunkte $(x_k; y_k)$ beider Graphen gesucht.

(3) Graphen zeichnen und Lösungen ablesen

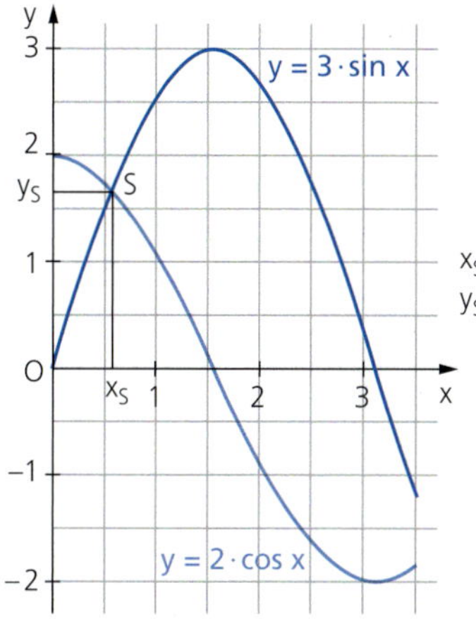

$x_S = 0{,}59$
$y_S = 1{,}66$

(4) Lösung prüfen — $3 \cdot \sin 0{,}59 = 3 \cdot \sin 33{,}8° \approx 1{,}66$
$3 \cdot \cos 0{,}59 = 3 \cdot \cos 33{,}8° \approx 1{,}66$

(5) Im Satz antworten — Die beiden Graphen haben den Schnittpunkt S(0,59; 1,66) als gemeinsamen Punkt im Intervall $0 \le x \le \pi$.

1. Gegeben sind die Winkelfunktionen $y = f(x) = 2{,}5 \cdot \sin x$ und $y = g(x) = \cos x$.
a) Stelle beide Funktionen im Intervall $-\pi \le x \le 2\pi$ im gleichen Koordinatensystem grafisch dar.
b) Gib für beide Funktionen den jeweiligen Wertebereich und die entsprechenden Nullstellen an.
c) Zum Graphen der Funktion $y = 2{,}5 \cdot \sin x$ gehört der Punkt $P(x_P; 1{,}5)$. Berechne den Wert x_P, wenn P im I. Quadranten liegen soll.
d) Begründe, warum der Punkt P kein Punkt auf $y = \cos x$ sein kann.

2. Gegeben sind die Funktionen $y = f(x) = 2 \cdot \cos x$ und $y = g(x) = \frac{1}{2}x$ im Intervall $-2\pi \le x \le 2\pi$.
a) Gib für beide Funktionen den jeweiligen Wertebereich an.
b) Gib für beide Funktionen die Nullstellen an.
c) In welchen Punkten schneiden sich die Graphen der beiden Funktionen?

3. Töne werden durch harmonische Schwingungen erzeugt. Dabei hat der Kammerton a eine Frequenz von f = 440 Hz. Zeichne das Bild dieser harmonischen Schwingung (Sinuskurve) bei einer Amplitude von 2,5 cm für drei aufeinanderfolgende volle Schwingungen.
Hinweis: Berechne zuerst die Schwingungsdauer T.

4. Harmonische Schwingungen können Töne erzeugen, die sich mathematisch durch die Funktionsgleichung $y = |a| \cdot \sin bx$ beschreiben lassen.
a) Wie ändert sich der Ton, wenn $|a|$ vergrößert bzw. verkleinert wird?
b) Welche Eigenschaft des Tones wird durch den Wert b beeinflusst?

Geometrie

1 Planimetrie

1.1 Winkel, Dreiecke, Vierecke, Kreise

Winkel an Geraden und Kreisen

Nebenwinkel ergänzen einander zu 180°.
$\alpha + \beta = 180°$

Scheitelwinkel sind gleich groß.
$\alpha = \alpha'$; $\beta = \beta'$

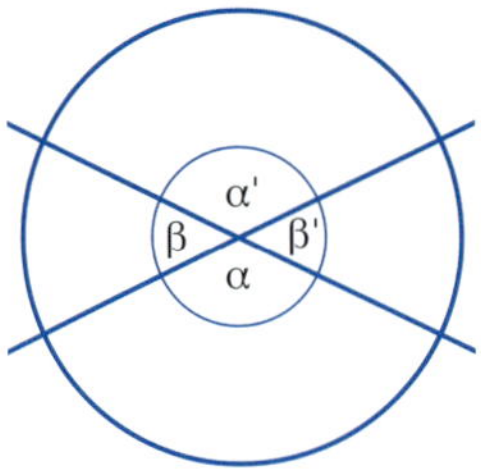

Stufenwinkel an geschnittenen Parallelen sind gleich groß.
$\alpha = \alpha'$; $\beta = \beta'$;
$\gamma = \gamma'$; $\delta = \delta'$

Wechselwinkel an geschnittenen Parallelen sind gleich groß.
$\alpha = \gamma'$; $\beta = \delta'$;
$\gamma = \alpha'$; $\delta = \beta'$

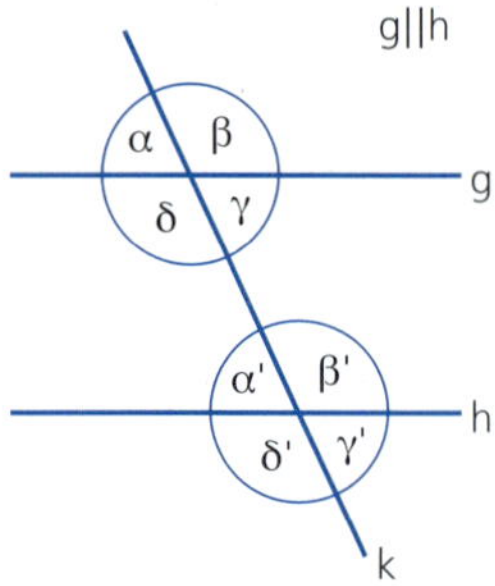

Peripheriewinkel über dem selben Bogen $\overset{\frown}{AB}$ sind gleich groß.

Der **Zentriwinkel** ist doppelt so groß wie ein Peripheriewinkel über demselben Bogen $\overset{\frown}{AB}$. Es gilt: $\varepsilon = 2\delta$

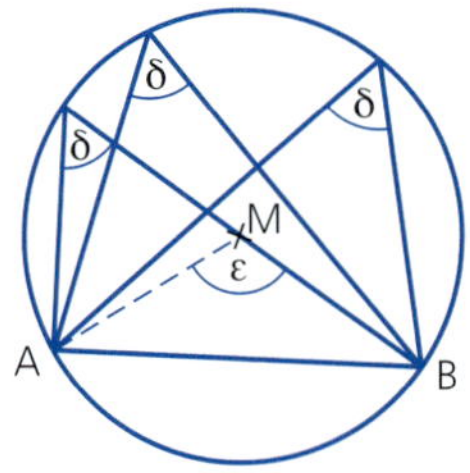

Satz des Thales:
Alle Peripheriewinkel über dem Kreisdurchmesser sind gleich 90°.
$\gamma = 90°$

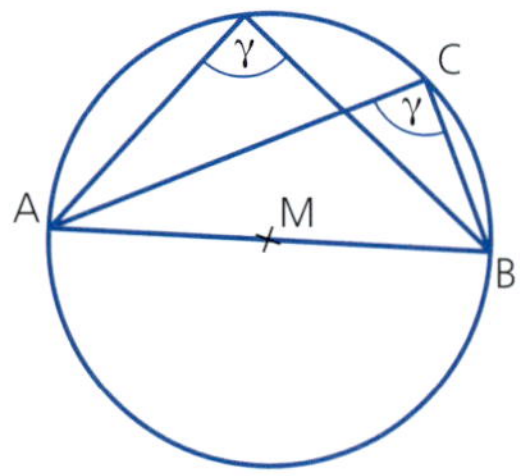

1. Wie groß sind die Winkel α, β, γ und δ? Begründe deine Aussagen.

a)

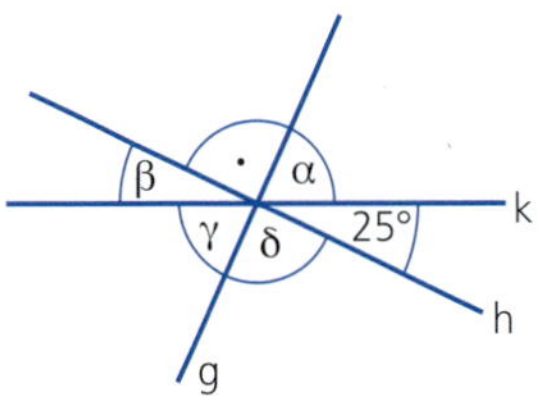

b)

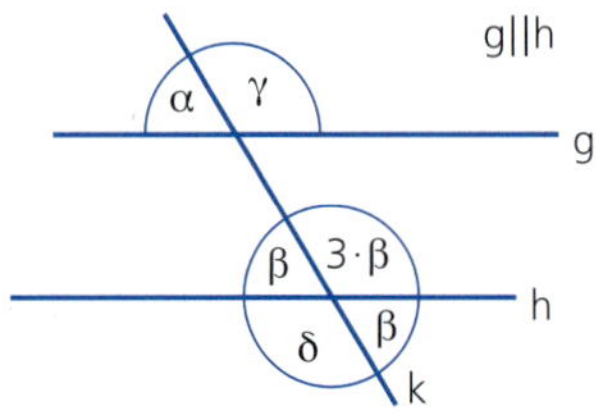

2. Begründe, dass gilt: g||h

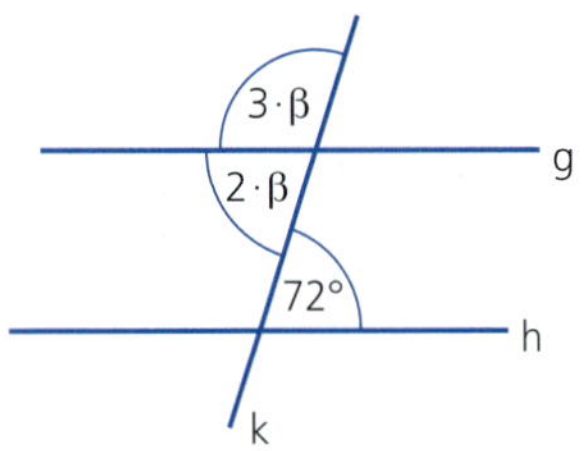

3. Wie groß ist β? Begründe deine Aussage.

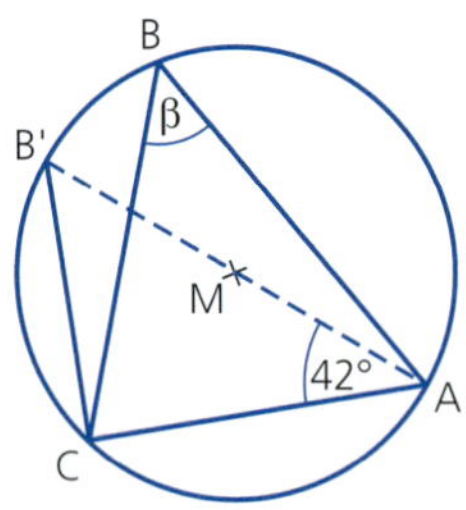

Dreiecke

(1) Die Summe der Innenwinkel im Dreieck beträgt immer 180°.

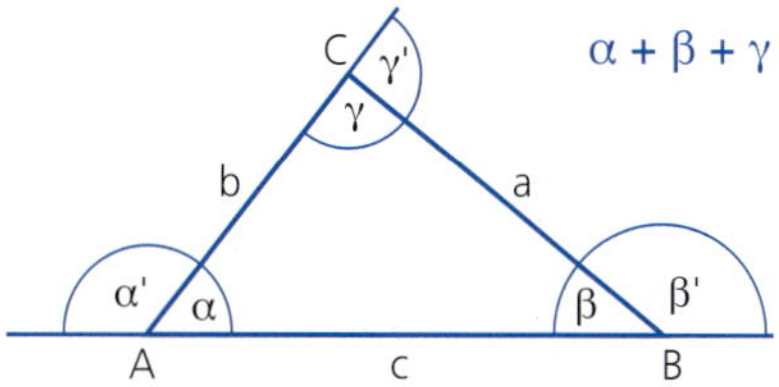

$\alpha + \beta + \gamma = 180°$

(2) Ein Außenwinkel ist so groß wie die Summe der zwei nicht anliegenden Innenwinkel.
$\alpha' = \beta + \gamma$; $\beta' = \alpha + \gamma$; $\gamma' = \alpha + \beta$

(3) **Seiten-Winkel-Beziehung:**
Wenn $\alpha > \beta$; dann $a > b$

(4) Für alle Seiten gilt die **Dreiecksungleichung:**
$a + b > c$; $b + c > a$; $a + c > b$

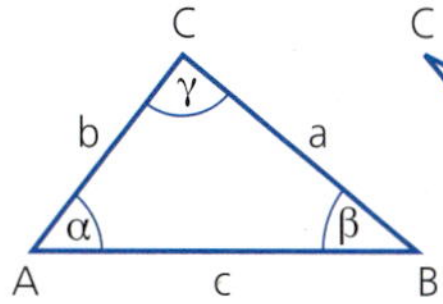

spitzwinklig: alle Winkel kleiner als 90°

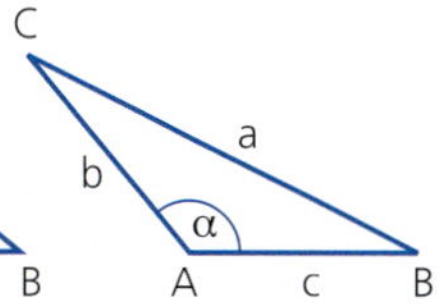

stumpfwinklig: ein Winkel größer als 90°

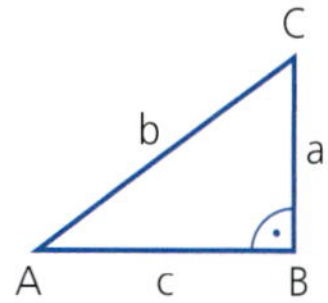

rechtwinklig: ein Winkel gleich 90°

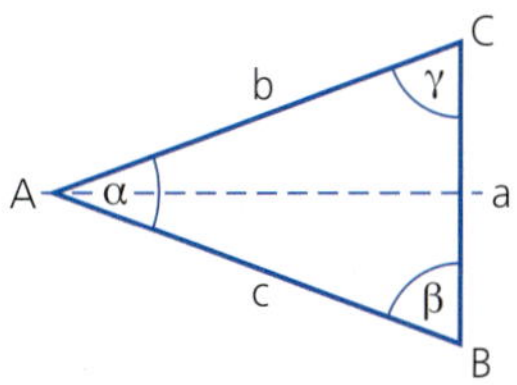

$b = c$
$\beta = \gamma$

gleichschenkliges Dreieck

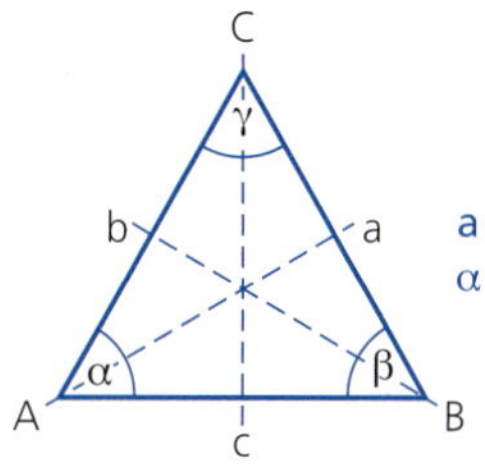

$a = b = c$
$\alpha = \beta = \gamma$

gleichseitiges Dreieck

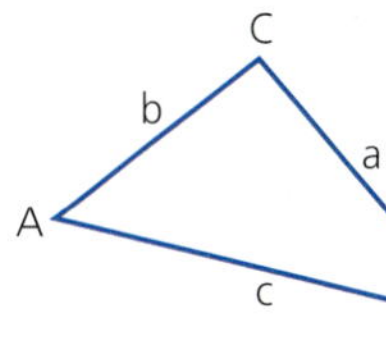

$a \neq b$
$a \neq c$
$b \neq c$

ungleichseitiges Dreieck

1. Welche verschiedenen Dreiecksarten erkennst du in den Zeichnungen? Gib jeweils ein Beispieldreieck an. Verwende zur Bezeichnung des Dreiecks die jeweiligen Eckpunkte.

a)

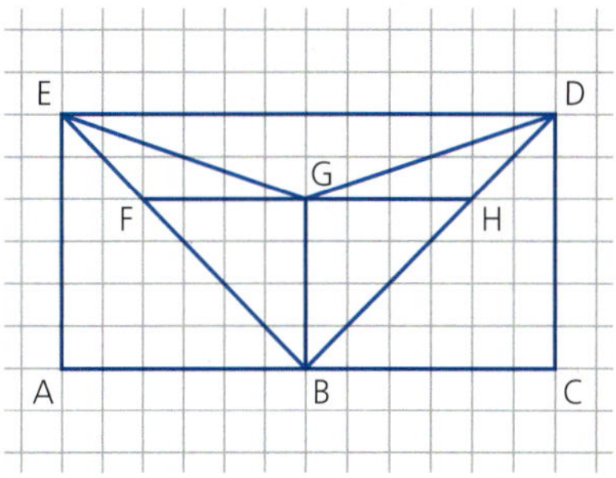

b)

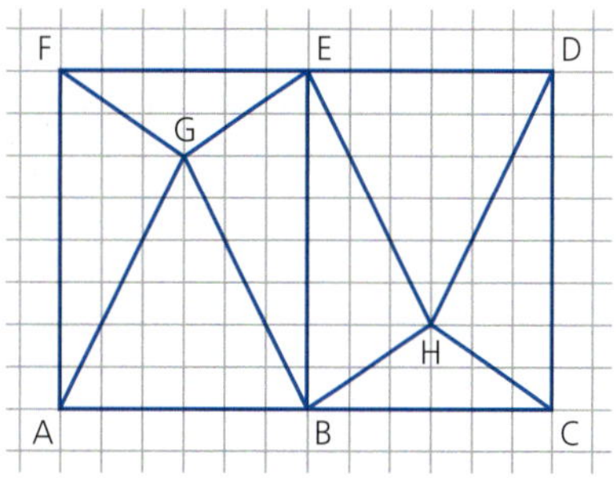

2. a) Wie lang kann in einem Dreieck die Seite c sein, wenn $a = 6{,}0$ cm und $b = 5{,}2$ cm lang sind?
b) In einem Dreieck sind $\beta = 48°$ und $\gamma = 97°$. Ordne alle drei Seiten nach ihrer Länge.

3. Von welcher Größe wird in einem rechtwinklig-gleichschenkligen Dreieck die Länge der Basis bestimmt?

4. Warum gibt es keine Dreiecke ABC mit den folgenden Eigenschaften?
a) $\overline{AC} = 4{,}8$ cm; $\alpha = 92°$; $\gamma = 88°$
b) $\overline{BC} = 4{,}5$ cm; $\overline{AC} = 5{,}2$ cm; $\alpha = 90°$

Besondere Linien im Dreieck

Winkelhalbierende
Die Winkelhalbierenden eines Dreiecks schneiden einander im Inneren des Dreiecks im Mittelpunkt M des **Inkreises.**

Seitenhalbierende
Die Seitenhalbierenden schneiden einander im Verhältnis 1:2 in einem Punkt P innerhalb des Dreiecks.

Mittelsenkrechte
Die Mittelsenkrechten eines Dreiecks schneiden einander im Mittelpunkt M des **Umkreises.** Er liegt bei stumpfwinkligen Dreiecken außerhalb des Dreiecks.

Höhen
Die Höhen eines Dreiecks schneiden einander in einem Punkt P, der bei einem stumpfwinkligen Dreieck außerhalb des Dreiecks liegt.

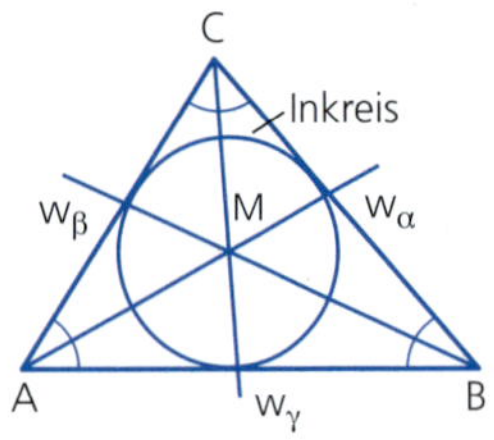

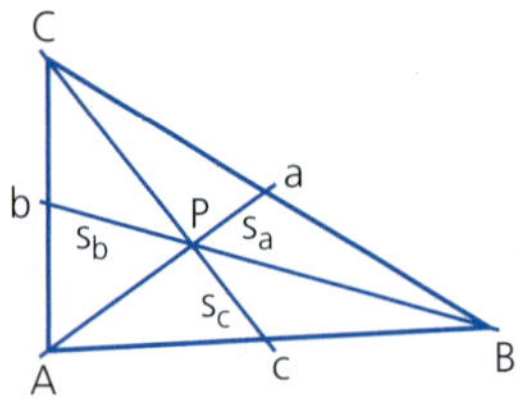

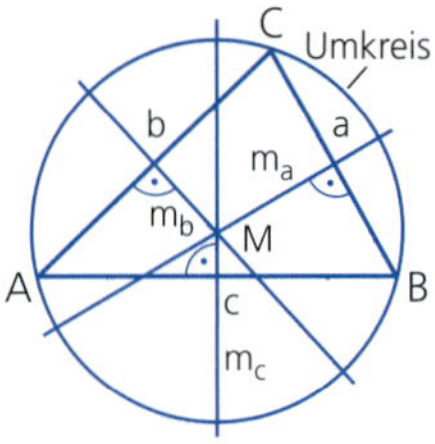

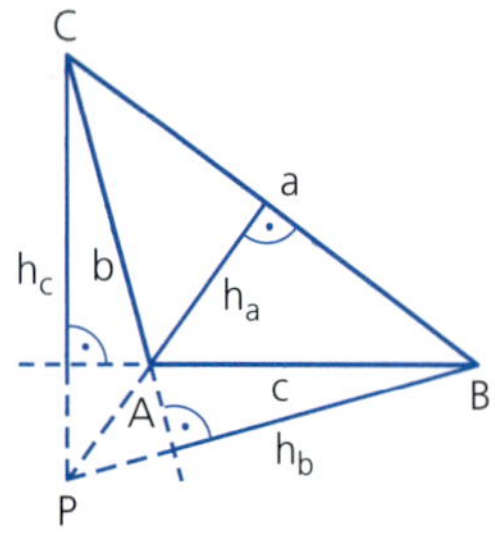

1. Zeichne einen stumpfen Winkel. Halbiere diesen durch Konstruktion. Miss und kontrolliere.

2. Konstruiere einen 45°-Winkel durch zweifaches Halbieren eines gestreckten Winkels.

3. Zeichne eine beliebige Strecke mit den beiden Endpunkten A und B. Konstruiere die Mittelsenkrechte. Miss und kontrolliere.

4. Zeichne ein beliebiges Dreieck ABC mit einem stumpfen Winkel bei B. Konstruiere die Höhe h_c.

*5. Im nebenstehenden Dreieck gilt: $\overline{AC} = \overline{CD}$
Begründe, dass dann $\beta = 30°$ ist.

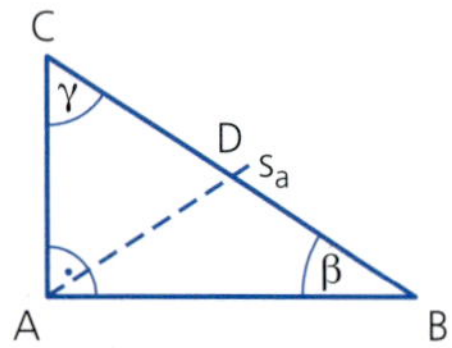

6. Zeichne ein rechtwinklig-gleichschenkliges Dreieck ABC mit $a = c = 4{,}8$ cm und $\beta = 90°$.
Konstruiere alle Seitenhalbierenden. Kontrolliere.

7. a) Warum ist das Dreieck ABC gleichschenklig?
*b) Warum gilt im Dreieck ABC die Gleichung $\overline{BC} = \overline{AC}$?
c) Weise nach, dass das Dreieck ABC gleichseitig ist.

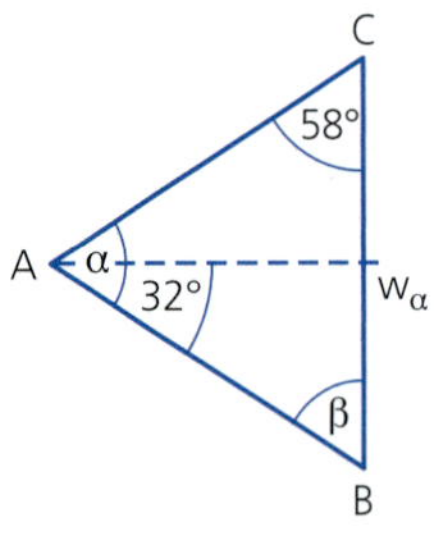

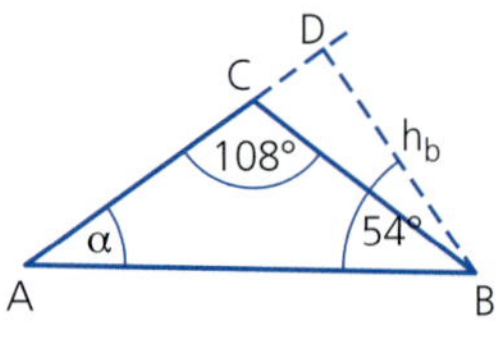

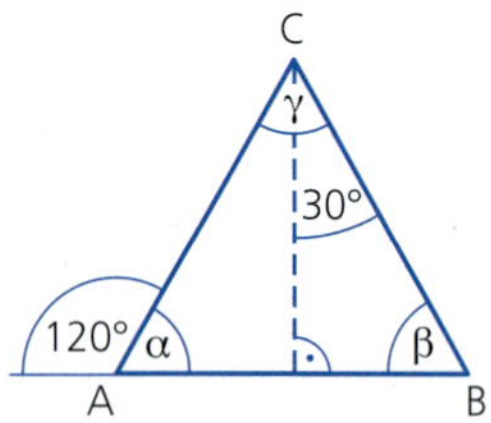

Berechnungen an Dreiecken

Für Dreiecke gilt:

$A = \frac{g \cdot h_g}{2}$

$u = a + b + c$

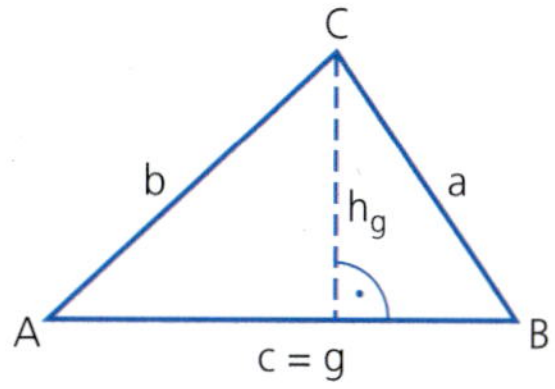

1. Berechne für das Dreieck ABC die fehlenden Größen.

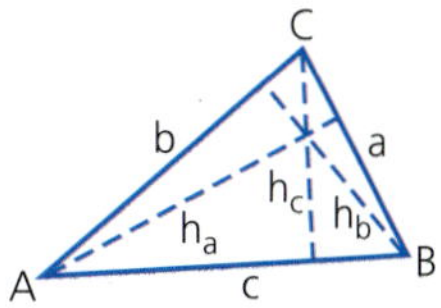

	a	h_a	b	h_b	c	h_c	A	u
a)	4 cm		7,2 cm			3,6 cm	9 cm^2	
b)	6 cm		6 cm					18 cm
c)		6 cm	8 cm	6 cm		4,8 cm		

2. Ermittle die Flächeninhalte der beiden Dreiecke.

a)

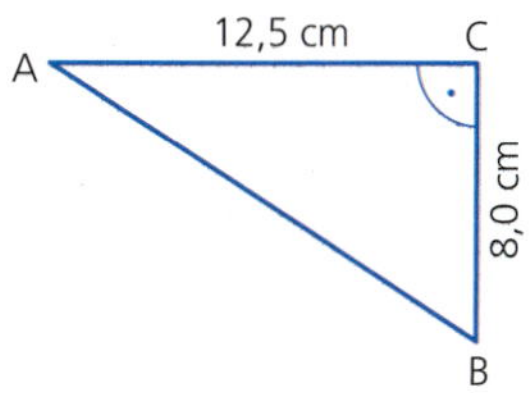

b)

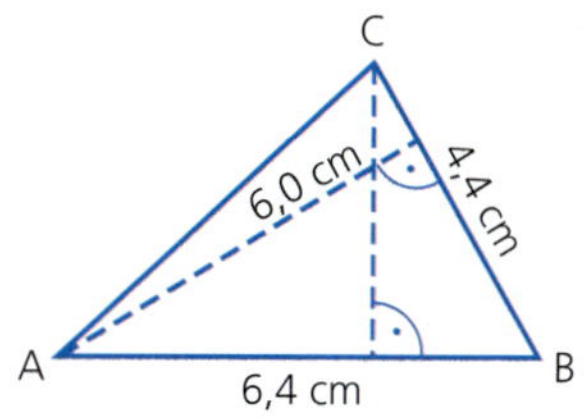

***3.** Berechne x und y.
Es gilt: $y = x + 3$ cm; $A_1 : A_2 = 3 : 5$

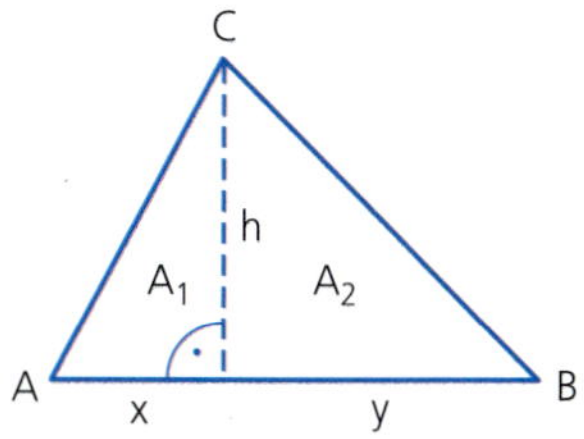

4. Berechne $\overline{CD} = x$. Es gilt:
$\overline{AC} = 7{,}2$ cm; $\overline{BC} = 3{,}0$ cm; $\overline{AB} = 7{,}8$ cm

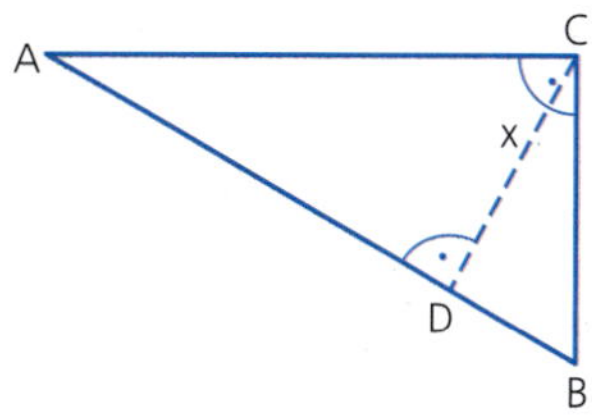

5. Berechne die Inhalte der Flächen A_1; A_2; A_3 und A_4 in nebenstehender Abbildung.

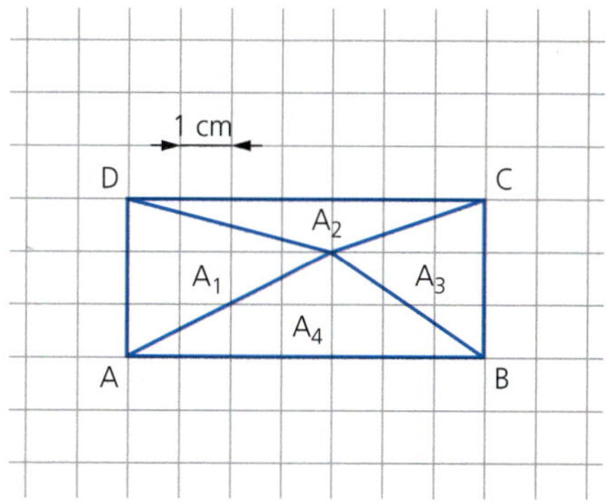

***6.** Eine Gerade g geht durch P(0; 3,5) und Q(7; 0), eine Gerade h durch U(0; 0,5) und V(–2; 0).

a) Gib die Koordinaten des Schnittpunktes S von g mit h an. Lies im Koordinatensystem ab.

b) Die Punkte U, S und P sollen auch Eckpunkte des Dreiecks USP sein. Spiegele das Dreieck USP an der Abszissenachse.

c) Gib die Gleichungen der Geraden h' und g' in der Form $y = mx + n$ an.

Vierecke

Die Summe der Innenwinkel in einem Viereck beträgt immer 360°.

Viereck	A	u
Trapez	$A = \frac{a+c}{2} \cdot h$	$u = a + b + c + d$
Parallelogramm	$A = a \cdot h_a$	$u = 2(a + b)$
Drachenviereck	$A = \frac{1}{2} \cdot e \cdot f$	$u = 2(a + b)$
Rhombus	$A = \frac{1}{2} \cdot e \cdot f$	$u = 4 \cdot a$
Rechteck	$A = a \cdot b$	$u = 2(a + b)$
Quadrat	$A = a^2$	$u = 4 \cdot a$

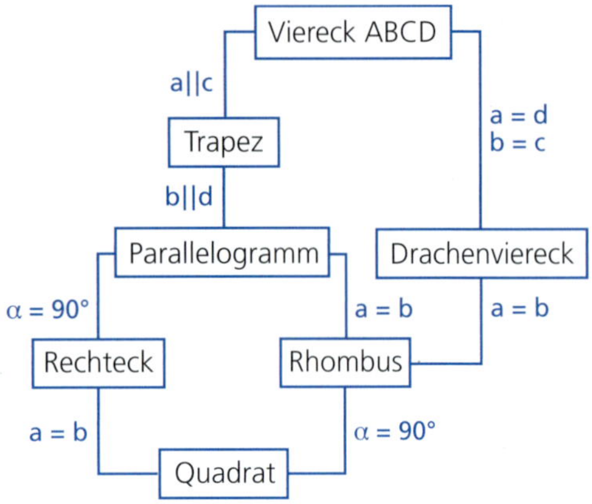

1. Systematisiere nach folgenden Gesichtspunkten.
a) Nenne alle Vierecksarten, deren Seiten gleich lang sind.
b) Nenne alle Vierecksarten, deren gegenüberliegende Seitenpaare immer gleich lang sind.
c) Nenne alle Vierecksarten, bei denen mindestens eine Diagonale Symmetrieachse ist.
d) Nenne alle Vierecksarten, deren Diagonalen aufeinander senkrecht stehen.
e) Nenne eine Vierecksart, die keine der Eigenschaften a), b), c) bzw. d) erfüllt.

2. Gib die Vierecksart an, wenn folgende Innenwinkel bekannt sind:
a) $\alpha = 90°$; $\gamma = 90°$; $\delta = 90°$
b) $\alpha = 60°$; $\beta = 120°$; $\gamma = 60°$
c) $\alpha = 35°$; $\gamma = 35°$; $\delta = 90°$
d) $\beta = 90°$; $\gamma = 90°$; $\delta = 70°$

3. Zeichne einen Rhombus ABCD mit $\alpha = 45°$ und $\overline{AB} = 4$ cm.

4. Wie groß sind die Winkel α' und γ' im nebenstehenden Parallelogramm ABCD?

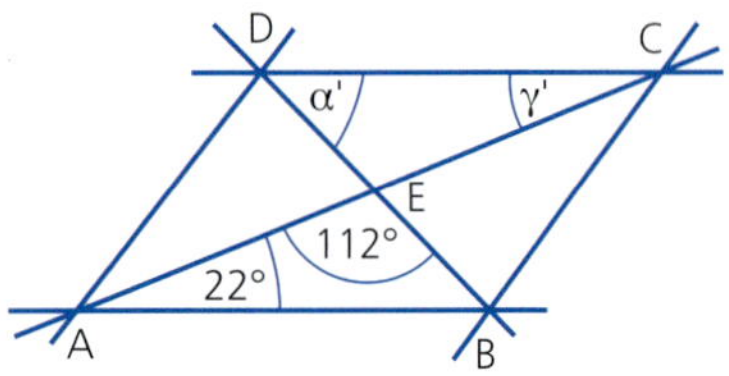

5. Zeichne ein Parallelogramm ABCD mit a > b. Skizziere, wie das Parallelogramm in ein flächengleiches Rechteck umgewandelt werden kann.

6. Berechne die Umfänge und die Flächeninhalte vom Dreieck FGH, vom Rechteck IDEF, vom Quadrat BCDK, vom Parallelogramm AIFH und vom Trapez ABKI der nebenstehenden Figur.

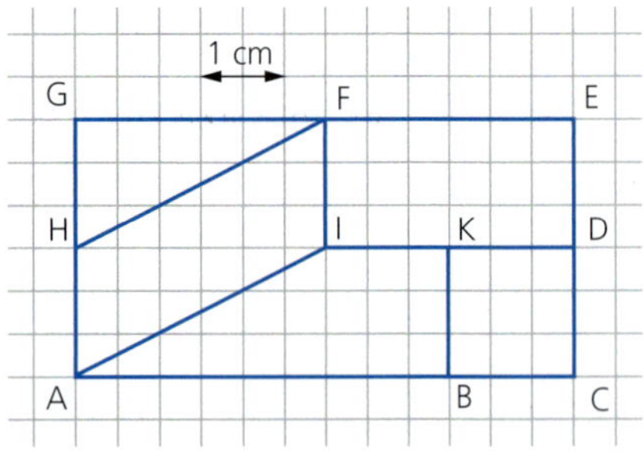

7. Für ein Viereck ABCD gilt:
(1) $a \| c$; $b \neq d$; $\beta = \delta = 106°$
(2) $a \| c$; $b \| d$; $a \neq b$; $\alpha = 78°$
Gib jeweils die Größen der fehlenden Innenwinkel an. Gib jedem Viereck einen entsprechenden Namen.

Kreis

$\overline{AB} = d$ (Durchmesser)

$r = \frac{d}{2}$

Die Tangente t und der Berührungsradius r sind senkrecht zueinander.

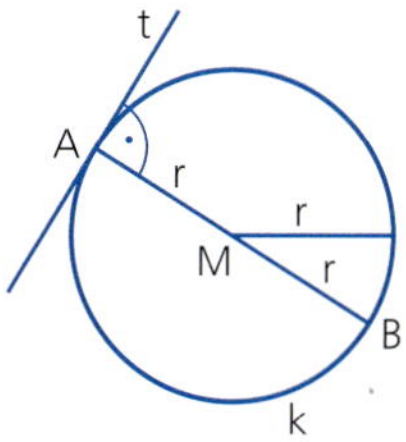

$A = \pi r^2 = \frac{1}{4}\pi d^2$

$u = 2\pi r = \pi d$

$\pi = 3{,}14159...$

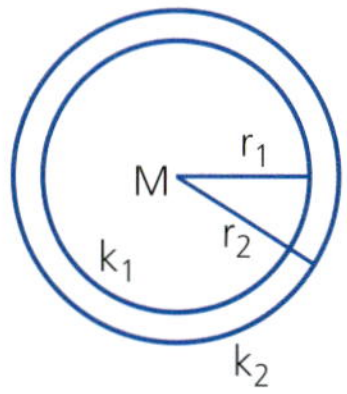

Kreisring:

$A = \pi \cdot (r_2{}^2 - r_1{}^2)$

$A = \pi \cdot (r_2 + r_1) \cdot (r_2 - r_1)$

$A = \pi r_2{}^2 - \pi r_1{}^2$

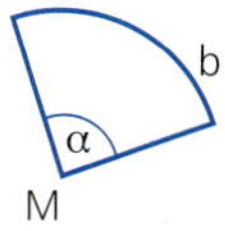

Kreissektor:

(b – Kreisbogen)

$A = \pi r^2 \cdot \frac{\alpha}{360°}$

$b = \pi r \cdot \frac{\alpha}{180°}$

1. Fülle die nebenstehende Tabelle aus. Gib die fehlenden Größen für den Kreis an. Runde in allen Fällen auf zwei Stellen nach dem Komma. Zeichne die vier Kreise in einem geeigneten Maßstab.

	r	d	u	A
a)	2,84 m			
b)		2,84 m		
c)			2,84 m	
d)				$2{,}84\ m^2$

2. Berechne den Inhalt des Kreisringes. ($r_2 > r_1$)

a) $r_1 = 380$ mm; $r_2 = 40$ cm

b) $r_2 = 2{,}4$ mm; Ringdicke: 0,5 mm

3. Wie groß ist der Winkel MPT in nebenstehender Abbildung? Begründe deine Aussage.

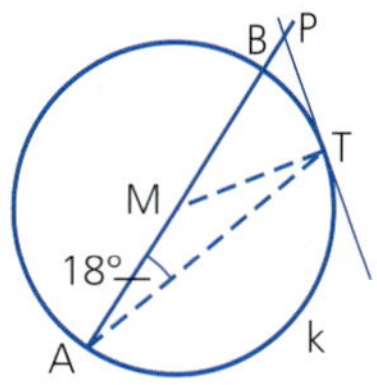

4. Berechne die Bogenlänge b.

a) r = 140 m; $\alpha = 45°$

b) r = 0,1 km; $\alpha = 120°$

***5.** Stelle eine Flächeninhaltsformel für die nebenstehende Figur auf, die nur noch r enthält. Berechne dann den Flächeninhalt, wenn r die folgenden Maße hat:

a) r = 5 cm b) r = 1,5 cm c) r = 4,8 dm

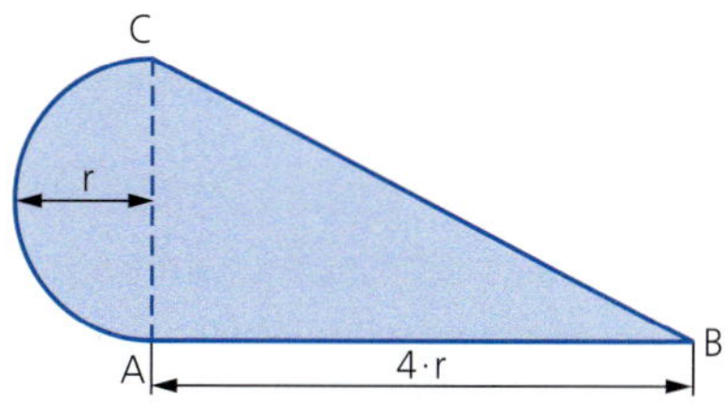

6. Die abgebildete Figur zeigt den Grundriss eines zylinderförmigen Maschinenteils aus Messing. Die Höhe des Zylinders und der Radius der Grundfläche betragen jeweils 60 mm. ($\varrho_{Messing} = 8{,}6\ \frac{g}{cm^3}$)

b) Stelle eine Volumenformel für dieses Teil auf, die nur die Variable r enthält.

a) Berechne die Masse des Teiles.

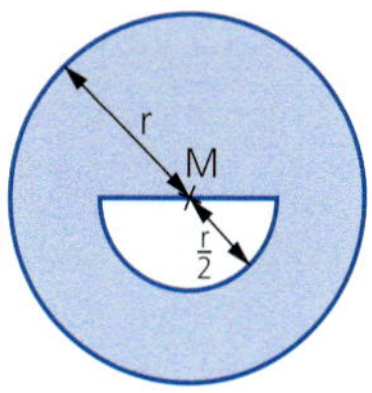

***7.** a) Gib den Umfang u der Figuren (1) und (2) als Funktion von r an.
b) Gib jeweils den kleinsten und den größten Funktionswert von u an.
c) Berechne jeweils den Umfang für r = 20 mm.
d) Gib die Flächeninhalte A der Figuren für r = 20 mm an.

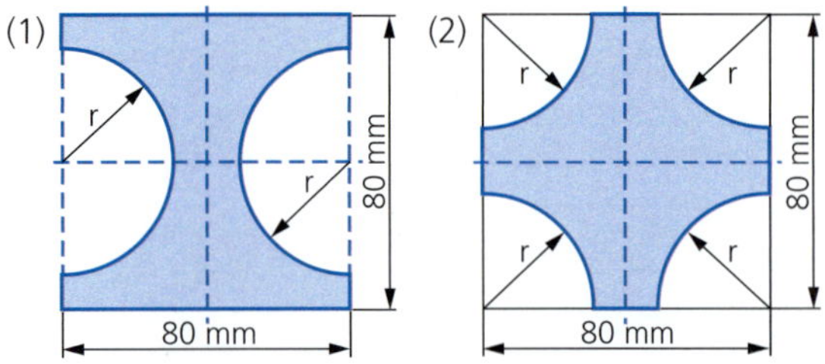

8. a) Gib bei den Figuren (1) und (2) den Flächeninhalt als Funktion von a an ($a < r$).
b) Berechne jeweils den Flächeninhalt für a = 1 cm und r = 2 cm.

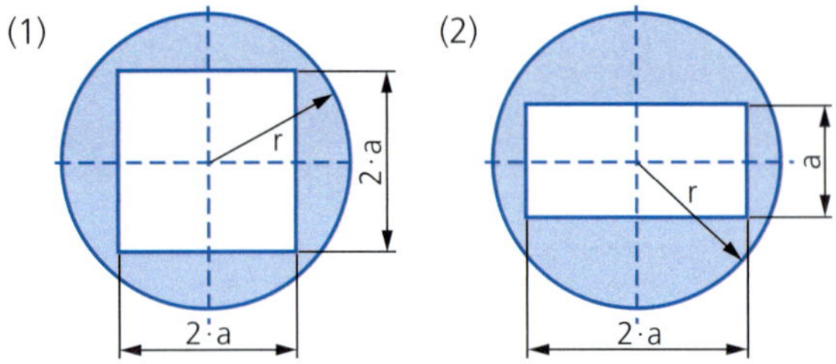

9. Berechne den Flächeninhalt A und den Umfang u der Figur für $r_2 = 2{,}0$ cm; $r_1 = 5{,}0$ cm

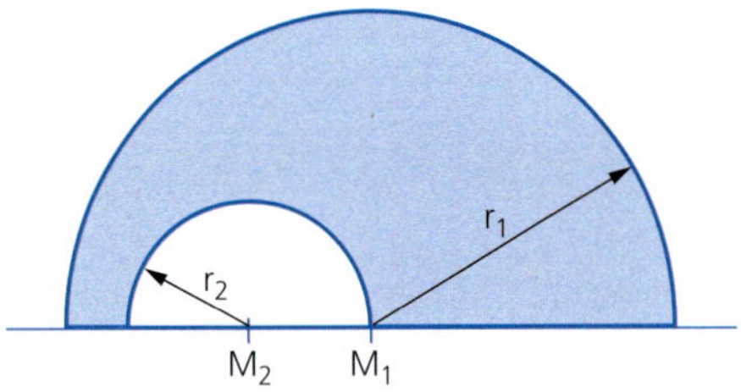

10. Berechne A und u der Figur für $r_2 = 3{,}0$ cm; $r_1 = 5{,}0$ cm

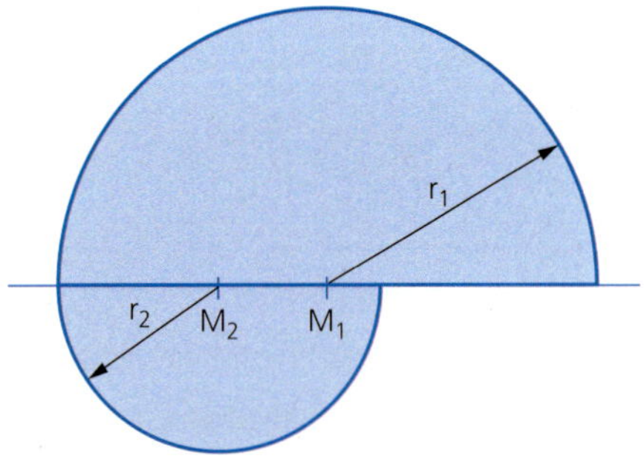

11. a) Zeige, dass für den Inhalt der blau gefärbten Fläche die Formel $A = \frac{1}{4}(2a^2 - \pi r^2)$ gilt.
b) Gib für r den Definitionsbereich an.

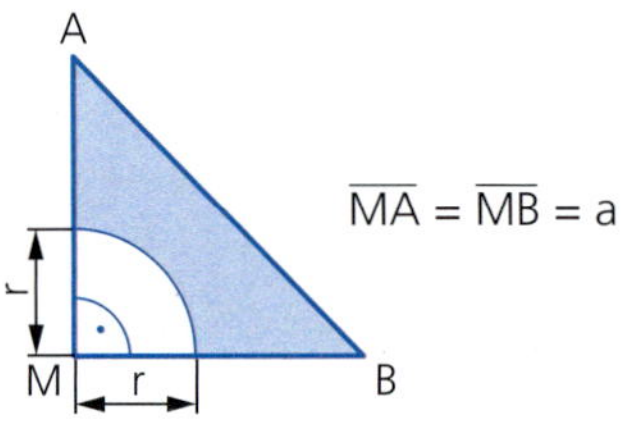

12. a) Zeige, dass für den Inhalt der blau gefärbten Fläche die Formel $A = a^2\left(\frac{\sqrt{3}}{2} - \frac{\pi}{18}\right)$ gilt.
b) Berechne den Flächeninhalt der blau gefärbten Fläche für a = 6 mm.

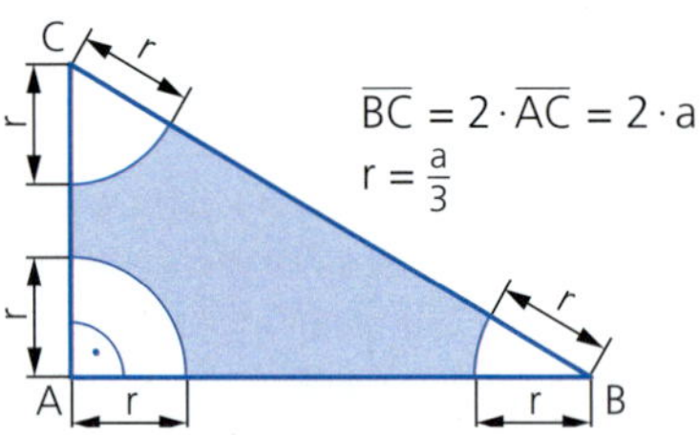

***13.** Die Radien zweier konzentrischer Kreise verhalten sich wie 4 : 3.
Gib den Flächeninhalt des Kreisringes in Abhängigkeit vom Radius des inneren Kreises an.

1.2 Kongruenz, Ähnlichkeit, Dreieckskonstruktionen

Kongruenz von Dreiecken

Dreiecke sind zueinander kongruent, wenn sie in folgenden Stücken übereinstimmen.

- in drei Seiten (sss)
- in zwei Seiten und dem eingeschlossenen Winkel (sws)
- in einer Seite und zwei Winkeln (wsw)
- in zwei Seiten und dem der größeren Seite gegenüberliegenden Winkel (SsW)

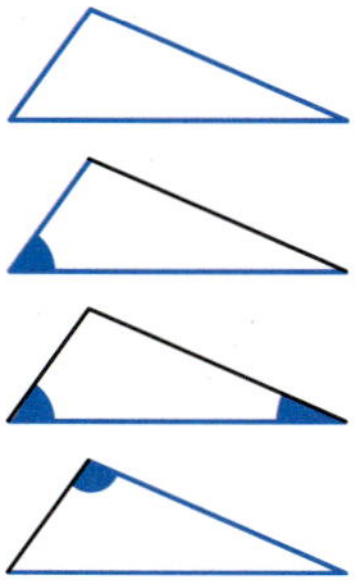

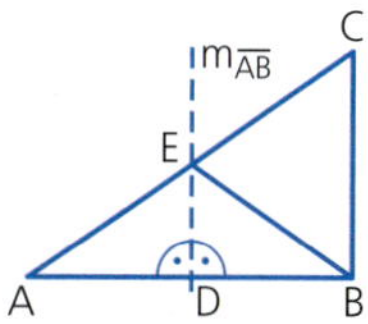

Im Dreieck ABC schneidet die Mittelsenkrechte die Seite $\overline{AC}$ in E.
Beweise, dass dann $\overline{AE} \cong \overline{BE}$ gilt.

Beh.: $\overline{AE} \cong \overline{BE}$

Bew.: (1) $\overline{AD} \cong \overline{BD}$ (Mittls. zu $\overline{AB}$)

(2) $\sphericalangle$ ADE $\cong$ $\sphericalangle$ BDE (Mittls. zu $\overline{AB}$)

(3) $\overline{ED} \cong \overline{ED}$

Δ ADE $\cong$ Δ DBE (sws)

$\Rightarrow$ $\overline{AE} \cong \overline{BE}$ w. z. b. w.

1. Entscheide, ob die farbigen Dreiecke zueinander kongruent sind. Begründe deine Entscheidung.

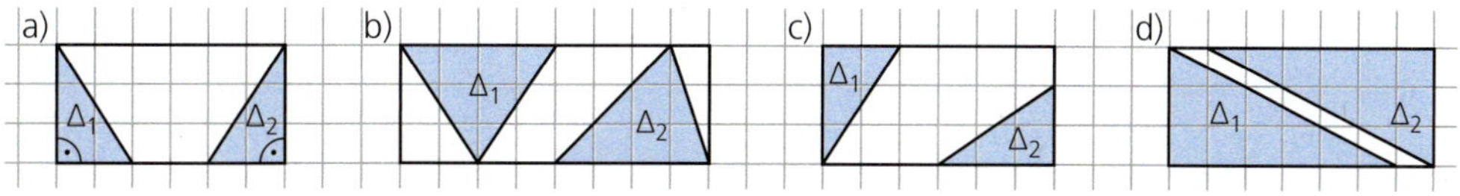

2. Gegeben ist ein rechtwinkliges Dreieck ABC (siehe Skizze). Die Halbierende des Winkels $\sphericalangle$ ABC schneidet die gegenüberliegende Seite im Punkt D. Beweise, dass das Lot von D auf AB genau so lang ist wie die Strecke $\overline{CD}$.

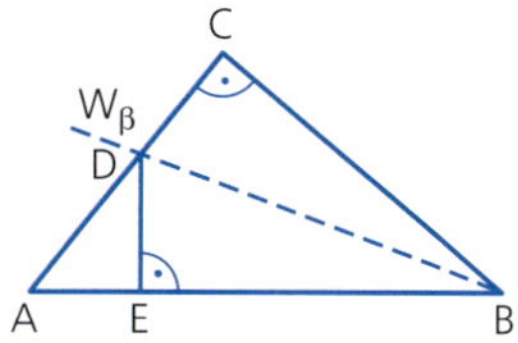

3. Verlängere die beiden Seiten a und b des Dreiecks ABC über C hinaus um sich selbst. Die Endpunkte der Strecken seien dann A' und B'.
Beweise, dass Viereck ABA'B' ein Parallelogramm ist.

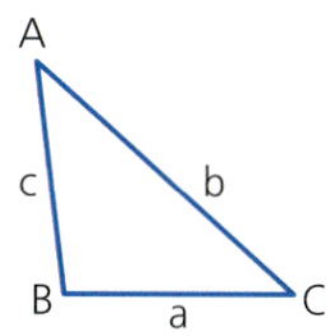

4. Das Viereck ABDE ist ein Parallelogramm und die Punkte F und C halbieren die Seiten $\overline{AE}$ bzw. $\overline{BD}$. Diese beiden Punkte werden mit den Eckpunkten A bzw. D wie in der Zeichnung durch Geraden verbunden. Es ist zu zeigen, dass die Dreiecke ABC und FDE den gleichen Flächeninhalt haben.

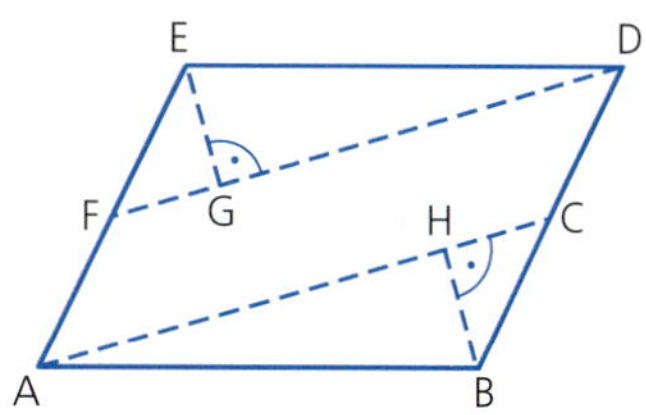

Ähnlichkeit von Dreiecken

Eine ebene Figur F_1 ist zu einer ebenen Figur F_2 ähnlich ($F_1 \sim F_2$), wenn die eine Figur aus der anderen Figur durch zentrische Streckung hervorgeht.

Für Dreiecke gilt der Hauptähnlichkeitssatz:

Zwei Dreiecke sind zueinander ähnlich, wenn die Dreiecke in zwei Winkeln übereinstimmen.

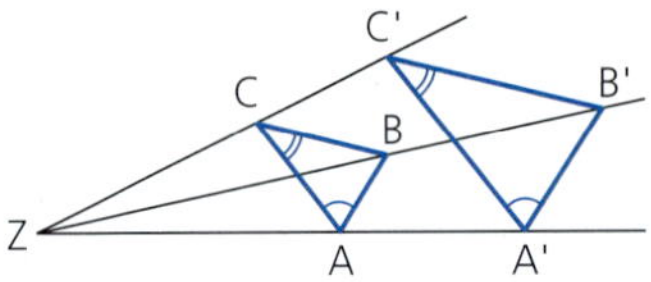

Die Flächeninhalte zueinander ähnlicher Dreiecke (Vielecke) verhalten sich wie die Quadrate einander entsprechender Seiten.

$A_1 : A_2 = (a_1)^2 : (a_2)^2$

Beweise, dass die Dreiecke ADF und FEC zueinander ähnlich sind.

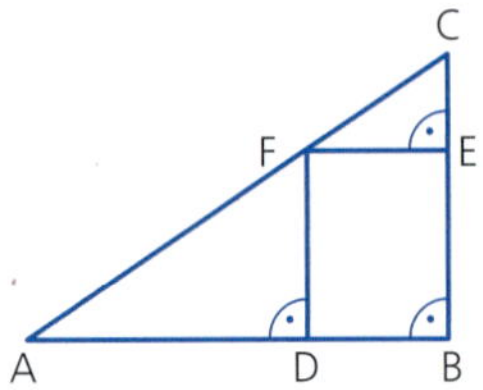

Beh.:

$\triangle ADF \sim \triangle FEC$

Bew.:

(1) $\sphericalangle FAD \cong \sphericalangle CFE$ (Stufenwinkel an geschnittenen Parallelen)

(2) $\sphericalangle ADF \cong \sphericalangle FEC$ (rechte Winkel)

$\Rightarrow \triangle ADF \sim \triangle FEC$ (Hauptähnlichkeitssatz)

1. Gilt $F_1 \sim F_2$? Begründe.

a)

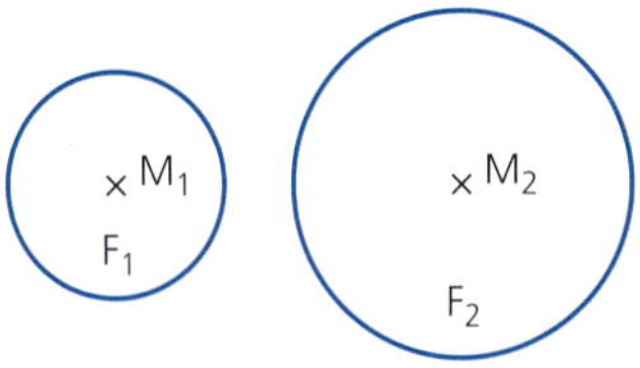

b)

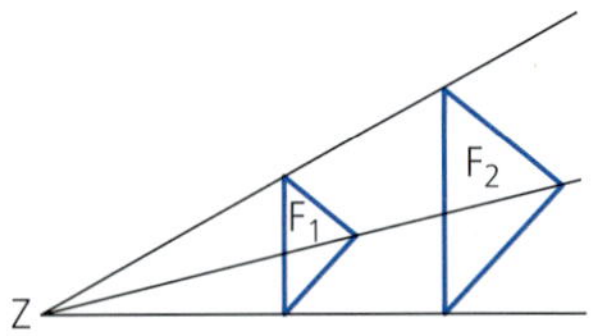

c)

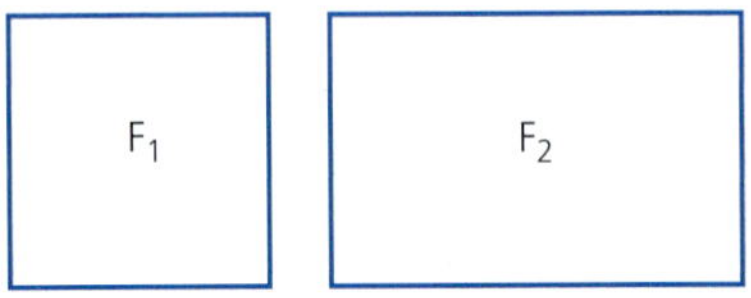

d)

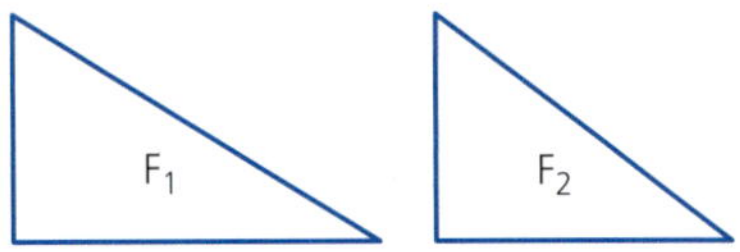

2. a) Beweise, dass die Dreiecke MTP und ABM zueinander ähnlich sind.

b) Der Winkel BMC sei 30°. Gib die Länge der Strecke $\overline{AB}$ für r = 5 cm an.

c) Gib die Länge der Strecke $\overline{MA}$ für r = 5 cm an.

*d) Wie verhalten sich die Flächeninhalte der Dreiecke MTP und ABM zueinander?

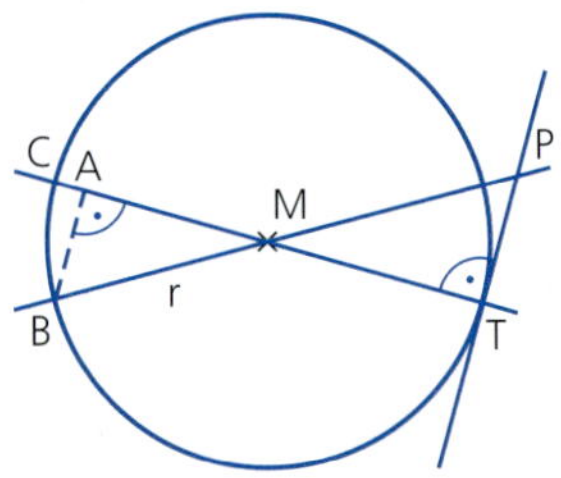

3. Eine Straße hat auf 2,4 km eine durchschnittliche Steigung von 12 %.
Das bedeutet: Auf 100 m waagerechte Entfernung steigt die Straße um 12 m.

a) Welcher Höhenunterschied wird auf der gesamten Strecke überwunden?

b) Berechne die waagerechte Entfernung bei einem Höhenunterschied von 200 m.

Strahlensätze

Werden Strahlen von Parallelen geschnitten, entstehen zueinander ähnliche Dreiecke.

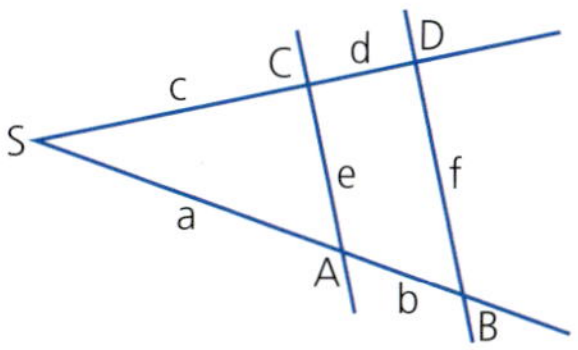

$\overline{AC} \parallel \overline{BD}$

Es gilt:

(1) $a:(a+b) = c:(c+d)$

(2) $a:(a+b) = e:f$

(3) $c:(c+d) = e:f$

(4) $a:b = c:d$

Berechne die Länge von x und y.

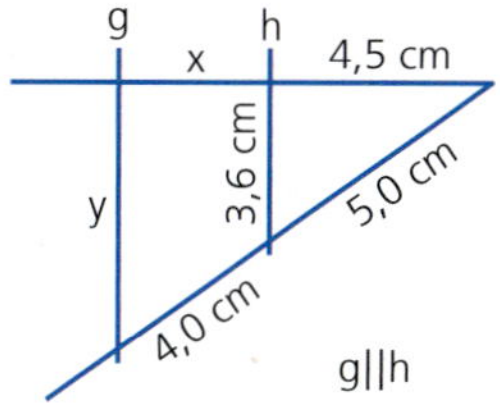

$x : 4{,}5\text{ cm} = 4{,}0\text{ cm} : 5{,}0\text{ cm}$

$$x = \frac{4{,}0 \cdot 4{,}5\text{cm}^2}{5{,}0\text{ cm}} = 3{,}6\text{ cm}$$

$3{,}6\text{ cm} : y = 5{,}0\text{ cm} : 9{,}0\text{ cm}$

$$y = \frac{3{,}6\text{ cm} \cdot 9{,}0\text{ cm}}{5{,}0\text{ m}} \approx 6{,}5\text{ cm}$$

1. Berechne a, x und y.

a)

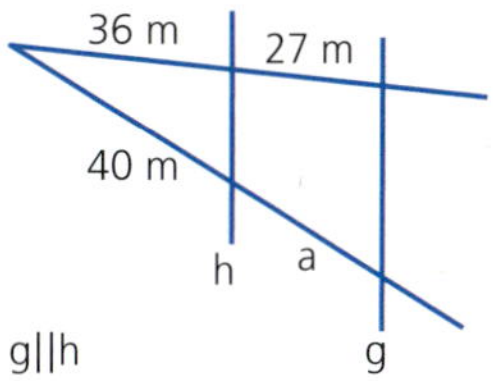

b)

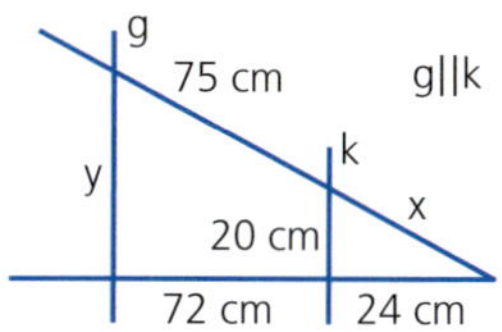

c)

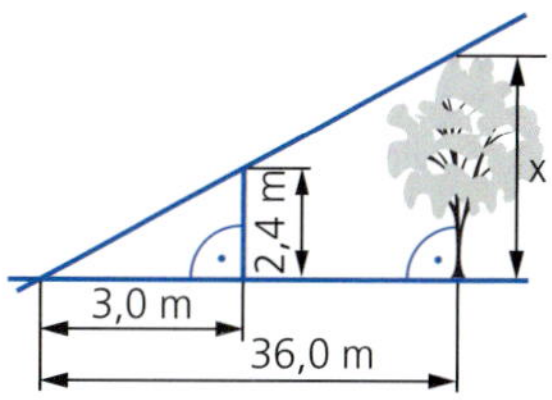

2. a) Zeichne die Figur in einem geeigneten Maßstab.

b) Berechne die Länge der Strebe $\overline{EF}$.

$\overline{BC} = \overline{BD} = 2{,}8$ m; $EF \parallel DB$

$\overline{AF} = 2{,}8$ m; $\overline{FB} = 1{,}4$ m

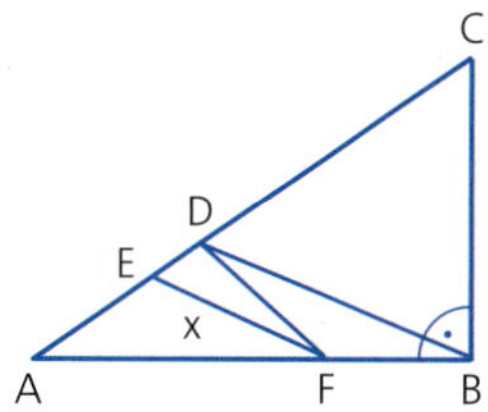

3. In einem Reservat soll ein Naturlehrpfad über ein Sumpfgebiet mithilfe einer Holzbrücke geradlinig fortgeführt werden.
Wie lang ist $\overline{ED}$, wenn $\overline{AC} = 35$ m, $\overline{EC} = 105$ und $\overline{AB} = 28$ m lang sind?

$\overline{AB} \parallel \overline{ED}$

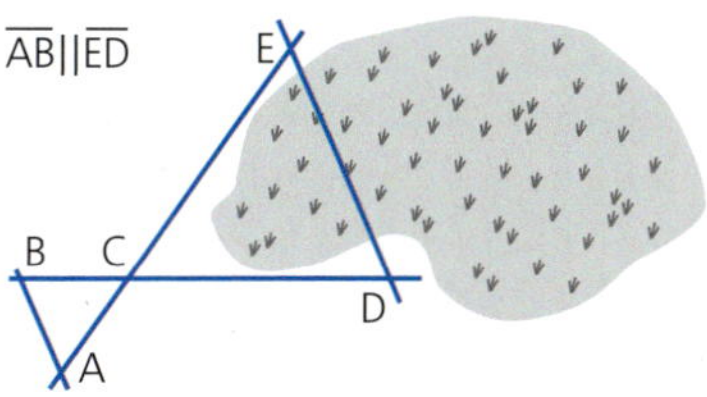

4. a) Berechne die Länge der Strecke $\overline{A_2B_2}$.

b) Gib eine Formel zur Berechnung der Strecke $\overline{A_nB_n}$ an.

$\overline{SA_1} = \overline{A_1A_2} = \overline{A_2A_3} = \ldots = a$

$\overline{A_1B_1} = \frac{a}{3}$

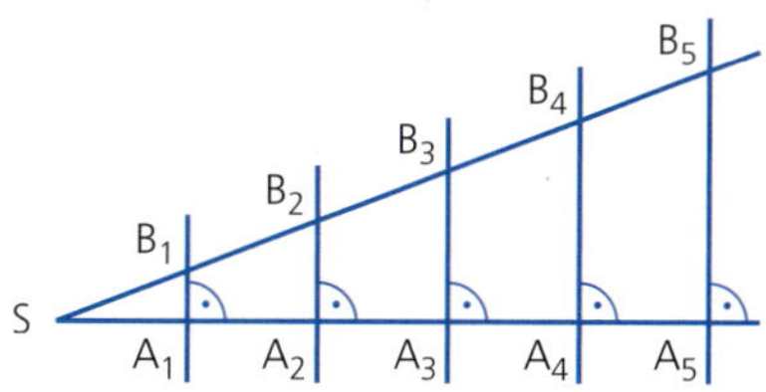

***5.** a) Beweise, dass die Dreiecke AEF und ABG im Rechteck ACEF zueinander ähnlich sind.
b) Berechne den Umfang des Rechtecks BCDG für a = 4 cm.
c) Berechne den Flächeninhalt des Dreiecks GDE für a = 4 cm.

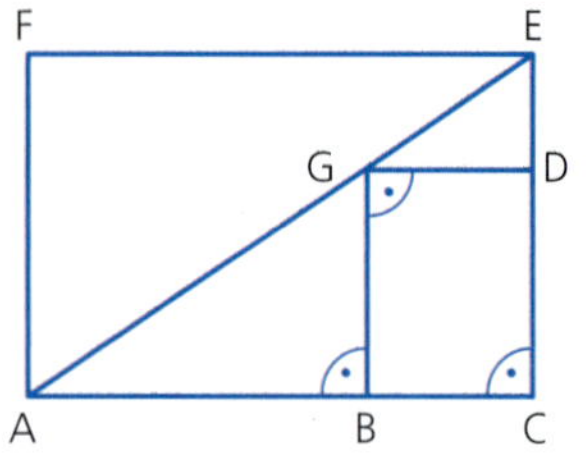

$\overline{EC} = \overline{AB} = a$ $\overline{BG} = 0{,}6 \cdot a$

***6.** a) Beweise, dass die Dreiecke ABC und ADE zueinander ähnlich sind.
b) Berechne die Flächeninhalte der Dreiecke ADE und ABC?
c) Gib den Flächeninhalt des Vierecks DBCE an.

$\overline{AB} = 2$ cm
$\overline{BC} = 1{,}2$ cm

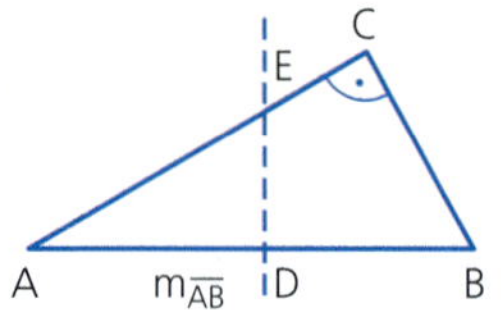

7. Das Dreieck ABC rotiere um seine Symmetrieachse.
a) Berechne das Volumen des entstehenden Rotationskörpers, der durch das Dreieck EFC zustande kommt.
b) In welchem Verhältnis stehen die Volumina der Körper, die durch Rotation der Dreiecke EFC und ABC entstehen?

$\overline{AB} = 8$ cm
$\overline{CD} = 16$ cm
$\overline{EF} = 3{,}2$ cm

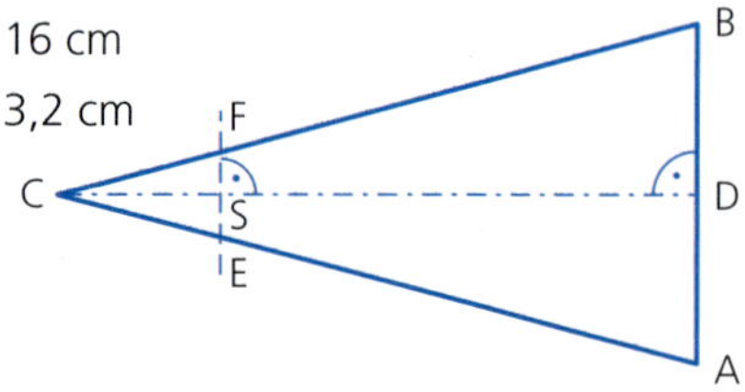

8. Der Flächeninhalt eines gleichschenkligen Trapezes ABCD (b = d und AB||CD) verhält sich zu dem eines ähnlichen Trapezes A'B'C'D' wie 25 : 49. Wie lang ist b', für b = 6,5 cm?

9. In einem rechtwinkligen Koordinatensystem (Längeneinheit 1 cm) sind die folgenden Punkte gegeben:
A(0; −2), B(2; −2), C(0; 2) und D(1; 0)
a) Gib die Gleichung der Geraden durch B und C an.
b) Berechne den Flächeninhalt des Dreiecks ABC.
c) Führe für das Dreieck ABC die zentrische Streckung (D; 2) aus.
Gib die Koordinaten der Punkte A', B' und C' an.
d) Welchen Flächeninhalt hat das Dreieck A'B'C'?
e) Gib die Gleichung der Geraden durch B' und C' an.

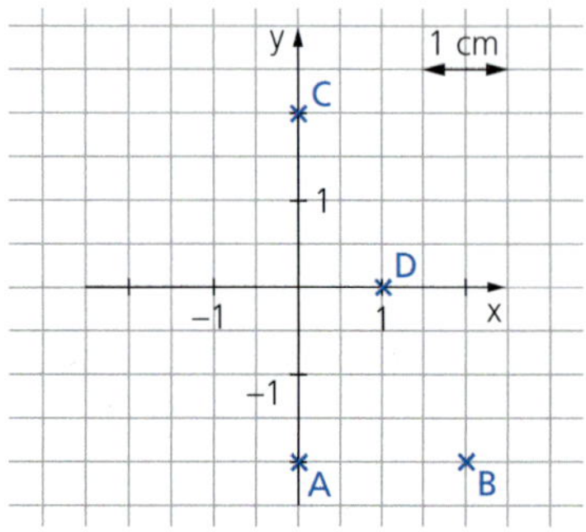

10. Das Streckenprofil einer Teilstrecke eines Radrennens ist in der Skizze dargestellt.
a) Im Punkt E gibt es ein Büfett. Wie viel Meter beträgt an dieser Stelle der Höhenunterschied zu A?
b) In F erfolgt eine erste Bergwertung. Welcher Höhenunterschied von A aus ist das?

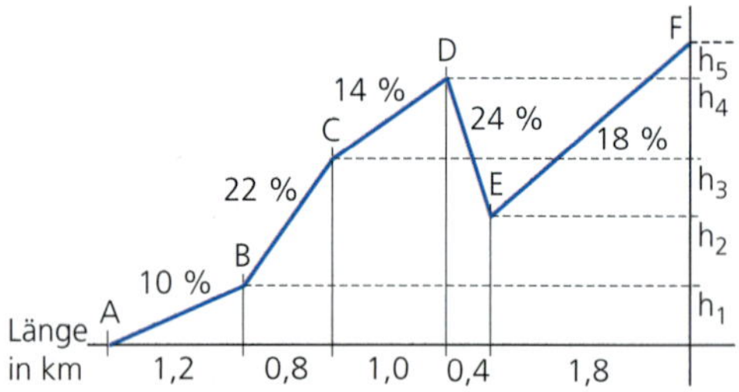

1.3 Geometrische Konstruktionen

Konstruktion von Dreiecken

Bei der Konstruktion von Dreiecken sind folgende Schritte sinnvoll:

- Gegebene Stücke in einer Planfigur kennzeichnen
- Lösungsplan aufstellen
- Konstruktion ausführen und beschreiben
- Anzahl der Lösungen prüfen und Bedingungen kontrollieren

Konstruiere ein Dreieck ABC für dessen Seiten und Winkel gilt:
$a = 4{,}5$ cm; $\alpha = 65°$; $\gamma = 55°$

Planfigur:

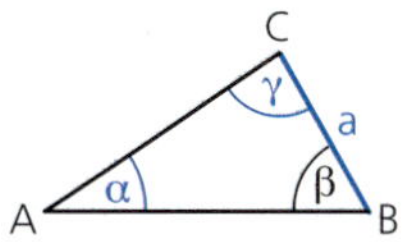

$\beta = 180° - 55° - 65°$
$\beta = 60°$

Konstruktionsbeschreibung:

- Ich zeichne $\overline{BC} = a = 4{,}5$ cm.
- Ich trage an $\overline{BC}$ in C den Winkel $\gamma = 55°$ an.
- Ich trage an $\overline{BC}$ in B den Winkel $\beta = 60°$ an.
- Ich bezeichne die Schnittpunkte der beiden Schenkel mit A und verbinde A mit B und C.

Die Konstruktion ist nach wsw eindeutig.

1. Konstruiere (wenn möglich) das Dreieck und gib jeweils eine Konstruktionsbeschreibung an.
a) $a = 7{,}2$ cm; $\alpha = 55°$; $\beta = 65°$
b) $a = 3{,}8$ cm; $b = 7{,}2$ cm; $c = 2{,}9$ cm
c) $a = 5{,}8$ cm; $b = 4{,}2$ cm; $\beta = 48°$
d) $b = 5{,}5$ cm; $c = 5{,}2$ cm; $\beta = 50°$
e) $b = c = 5{,}0$ cm; $\beta = 60°$
f) $\alpha = \beta = 65°$; $\gamma = 60°$

2. Der Umkreisradius eines Dreiecks ABC sei $r_u = 4{,}1$ cm.
Das Dreieck hat die Winkel $\alpha = 30°$ und $\gamma = 90°$.
a) Konstruiere das Dreieck ABC.
b) Gib eine Konstruktionsbeschreibung an.

3. Von einem Dreieck ABC sind gegeben: $a = 4{,}8$ cm; $b = 5{,}5$ cm; $c = 7{,}3$ cm
a) Konstruiere ein solches Dreieck ABC.
b) Ist das Dreieck rechtwinklig? Entscheide und begründe.

4. Von einem Dreieck ABC sind gegeben: $a = c = 5{,}2$ cm; $\beta = 60°$
a) Konstruiere ein solches Dreieck ABC.
b) Konstruiere den Inkreis dieses Dreiecks.

5. Von einem Dreieck ABC sind gegeben: $a = 4{,}0$ cm; $b = 7{,}5$ cm; $\gamma = 90°$
a) Konstruiere ein solches Dreieck ABC.
b) Überprüfe durch Rechnung die Länge der Seite c.

6. a) Es ist ein gleichseitiges Dreieck ABC mit einer Seitenlänge von 4,2 cm zu konstruieren.
b) Konstruiere den Umkreis k zu diesem Dreieck. Bezeichne seinen Mittelpunkt mit M.
c) Konstruiere von einem Punkt P mit $\overline{MP} = 5{,}5$ cm beide Tangenten an k.

7. Von einem Dreieck ABC sind gegeben: $a = 3{,}5$ cm; $b = 4{,}5$ cm; $\beta = 72°$
a) Konstruiere ein solches Dreieck ABC.
b) Führe die zentrische Streckung (A;1,5) aus.

Konstruktion von Vierecken

Vierecke können konstruiert werden, wenn sie aus konstruierbaren Dreiecken bestehen. Konstruiere ein Parallelogramm ABCD, für dessen Seiten und Winkel gilt:
$a = 6{,}0$ cm; $b = 3{,}5$ cm; $h_a = 3{,}0$ cm

Plan:

- A und B sind durch a bestimmt.
- C liegt auf einer Parallelen zu AB im Abstand von 3,0 cm und auf dem Kreis um B mit r = b = 3,5 cm.
- D liegt auf einer Parallelen zu AB im Abstand von 3,0 cm und auf dem Kreis um C mit r = a = 6,0 cm.

Konstruktion:

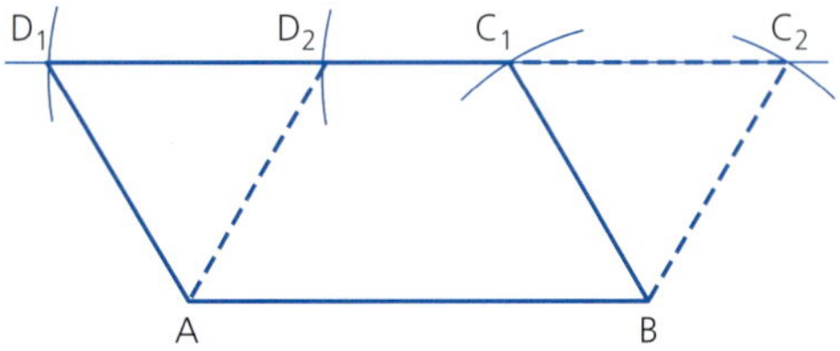

Planfigur:

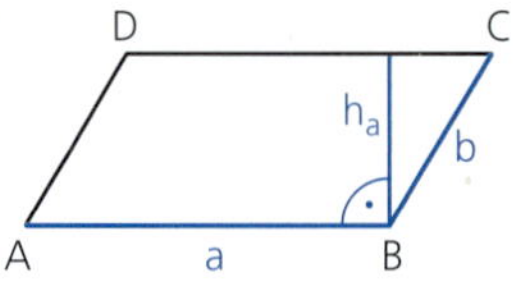

Konstruktionsbeschreibung:

(1) Ich zeichne $\overline{AB} = a = 6{,}0$ cm.

(2) Ich zeichne eine Parallele zu AB im Abstand $h_a = 3{,}0$ cm.

(3) Ich zeichne den Kreis um B mit r = b = 3,5 cm. Es entstehen die Punkte C_1 und C_2.

(4) Ich trage auf der Parallelen zu AB von C_1 und C_2 aus nach links jeweils 6,0 cm ab. Es entstehen die Punkte D_1 und D_2.

(5) Ich verbinde A mit D_1 und D_2. und B mit C_1 und C_2.

Es entstehen zwei zueinander kongruente Parallelogramme.

1. a) Konstruiere ein Rechteck ABCD aus $a = 4{,}8$ cm und $e = \overline{AC} = 5{,}0$ cm.
b) Konstruiere ein Quadrat ABCD mit einer Diagonalenlänge von $r = 7{,}0$ cm.
c) Konstruiere einen Rhombus ABCD aus $e = \overline{AC} = 4{,}4$ cm und $f = \overline{BD} = 4{,}0$ cm.

2. a) Konstruiere ein Rechteck ABCD aus $\overline{AB} = 5{,}2$ cm und $\overline{AC} = 5{,}6$ cm.
b) Konstruiere den Umkreis des Rechtecks ABCD.

3. a) Konstruiere ein Trapez ABCD (AB||CD) aus $a = 6{,}0$ cm; $b = 2{,}5$ cm; $\overline{AC} = 6{,}5$ cm und $\alpha = 75°$.
b) Welche spezielle Form eines Trapezes liegt vor?

4. a) Konstruiere ein Parallelogramm ABCD mit dem Diagonalenschnittpunkt S aus $\overline{AC} = 8{,}0$ cm; $\overline{BD} = 6{,}0$ cm und $\sphericalangle BSA = 72°$.
b) Strecke das Viereck ABCD mit (S; 0,5).

5. a) Begründe, dass ein gleichschenkliges Trapez ABCD (AB||CD; $\overline{AD} = \overline{BC}$) ein Sehnenviereck ist.
b) Konstruiere ein solches Trapez ABCD aus dem Umkreisradius $r_u = 4{,}2$ cm; $\overline{AB} = 7{,}8$ cm und $\overline{AD} = \overline{BC} = 4{,}5$ cm.

6. a) Konstruiere einen Rhombus (eine Raute) ABCD mit dem Diagonalenschnittpunkt M aus $\overline{AS} = 4{,}0$ cm; $\overline{BS} = 3{,}0$ cm.
b) Konstruiere die Punkte R, S, T und U, die durch die Lote von M auf die Seiten des Rhombus entstehen.
c) Begründe, warum das Viereck RSTU ein Parallelogramm ist.

7. Konstruiere ein Trapez ABCD (AB||CD) aus $\overline{AB} = 4{,}2$ cm; $\overline{BC} = 2{,}8$ cm; $\alpha = 70°$; $\beta = 60°$.

8. Stelle das nebenstehende Viereck ABCD in einem geeigneten Maßstab dar und gib den Maßstab an.

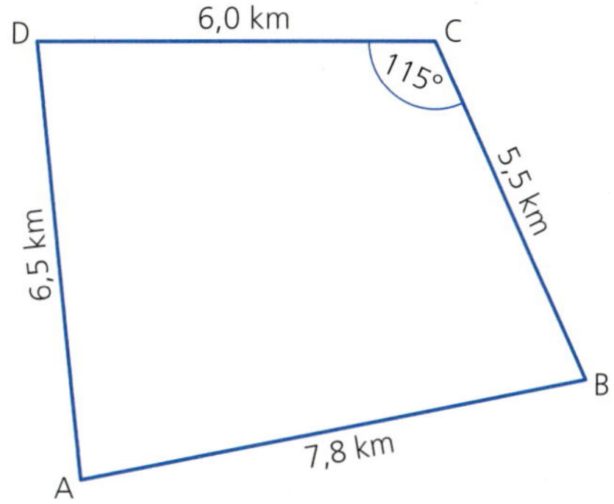

9. a) Konstruiere ein Drachenviereck ABCD mit dem Diagonalenschnittpunkt S ($\overline{AC}$ ist Symmetrieachse) aus $\overline{AS} = 2{,}5$ cm; $\overline{AC} = 5{,}5$ cm und $\alpha = 120°$.
b) Wende auf diese Figur die zentrische Streckung (S; 1,5) an.
c) Ermittle die Länge von $\overline{A'S}$ rechnerisch.

10. Im ebenen Gelände steht ein Wiesenstück zum Verkauf.
a) Zeichne dieses Viereck im Maßstab 1 : 2 000.
b) Berechne den Umfang des Wiesenstücks.

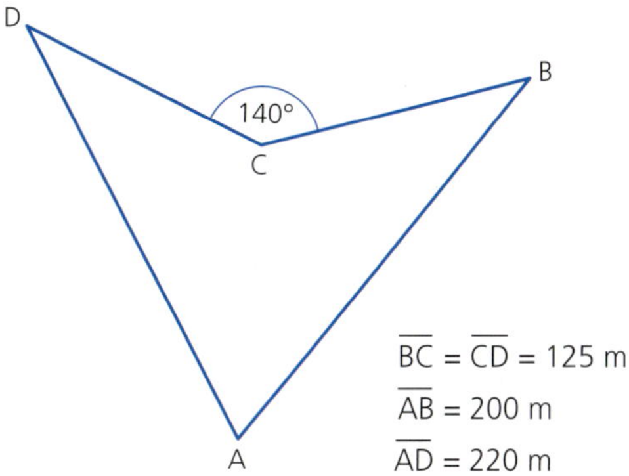

11. Einem gleichseitigen Dreieck mit a = 4,8 cm ist ein Rechteck, dessen Seitenverhältnis 1 : 2 beträgt, so einzubeschreiben, dass die kürzere Rechteckseite auf der Basis des Dreiecks und die beiden anderen Eckpunkte des Rechtecks auf den Schenkeln des Dreiecks liegen.
Hinweis: Die Aufgabe lässt sich mithilfe einer zentrischen Streckung lösen.

12. a) Gib für das nebenstehende Viereck ABCD den Umfang u und den Flächeninhalt A als Funktion von r an.
b) Berechne u und A für r = 25,6 cm.

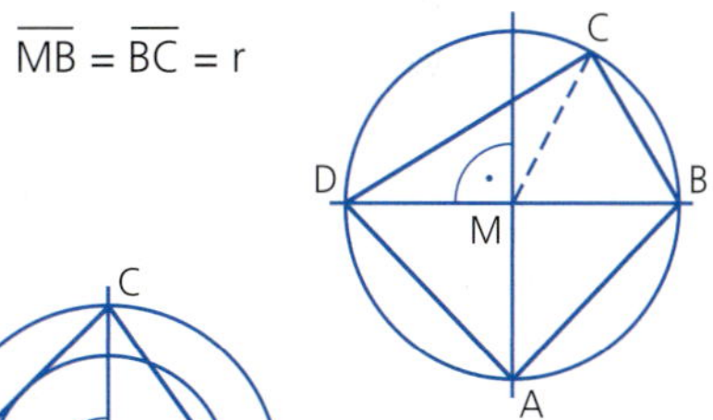

13. a) Gib für nebenstehendes Drachenviereck ABCD den Flächeninhalt A als Funktion von r_1 an.
b) Berechne den Flächeninhalt des Drachenvierecks ABCD für $r_1 = 25{,}6$ dm.

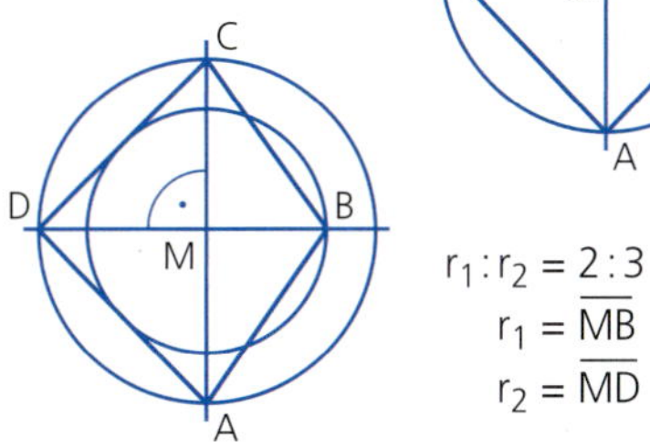

14. In einem rechtwinkligen Dreieck ABC teilt die Höhe h_c die Hypotenuse c in die Abschnitte $\overline{AD} = 3{,}6$ cm und $\overline{DB} = 1{,}6$ cm.
a) Konstruiere ein solches Dreieck ABC.
b) Gib die Länge der Strecke $\overline{CD}$ an.

15. Gegeben ist ein Dreieck ABC mit c = 7,5 cm; $h_c = 3{,}6$ cm und $\gamma = 90°$.
a) Konstruiere ein solches Dreieck ABC.
b) Gib den Flächeninhalt des Dreiecks ABC an.

1.4 Berechnen von Umfang und Flächeninhalt

Umfang und Flächeninhalt von Figuren

Gib den Umfang und den Flächeninhalt der folgenden Figur an.

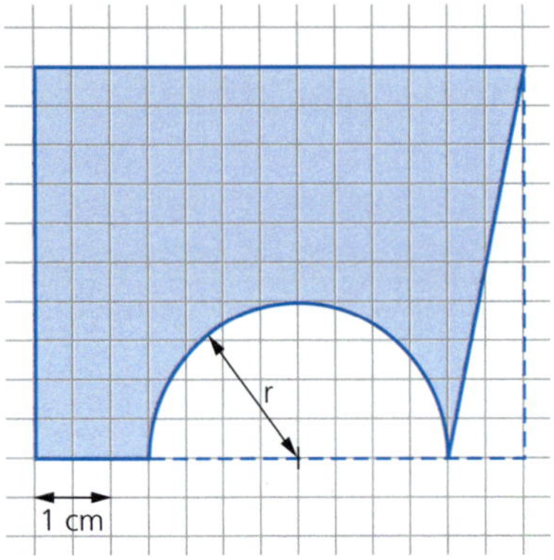

Analyse:

Aus einem Rechteck wurden ein Halbkreis und ein rechtwinkliges Dreieck herausgeschnitten.

Rechnung:

$$u = 5\text{ cm} + 6{,}5\text{ cm} + \sqrt{(1\text{ cm})^2 + (5\text{ cm})^2} + \pi \cdot 2\text{ cm} + 1{,}5\text{ cm}$$
$$\approx 11{,}5\text{ cm} + 5{,}1\text{ cm} + 6{,}3\text{ cm} + 1{,}5\text{ cm}$$
$$\approx 24{,}4\text{ cm}$$

$$A = 5\text{ cm} \cdot 6{,}5\text{ cm} - \frac{1\text{ cm} \cdot 5\text{ cm}}{2} - \frac{1}{2}\pi \cdot 4\text{ cm}^2$$
$$\approx 32{,}5\text{ cm}^2 - 2{,}5\text{ cm}^2 - 6{,}3\text{ cm}^2$$
$$\approx 23{,}7\text{ cm}^2$$

1. Gib den Umfang und den Flächeninhalt des Vierecks ABCD in nebenstehender Zeichnung an.

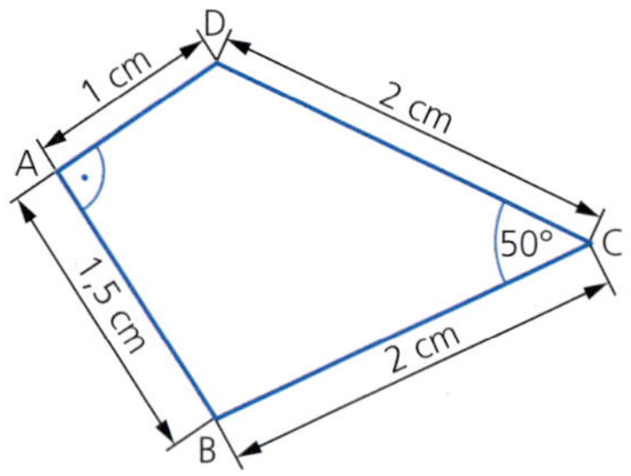

2. Aus 0,4 mm starken Stahlplatten mit einer Dichte von $7{,}85\ \frac{\text{g}}{\text{cm}^3}$ sollen 1 250 der nebenstehenden Teile hergestellt werden.

a) Welches Gewicht haben alle diese Teile zusammen?

b) Die Oberfläche der Teile wird galvanisch veredelt. Welche Gesamtfläche ist das? (Die Seitenflächen können dabei vernachlässigt werden.)

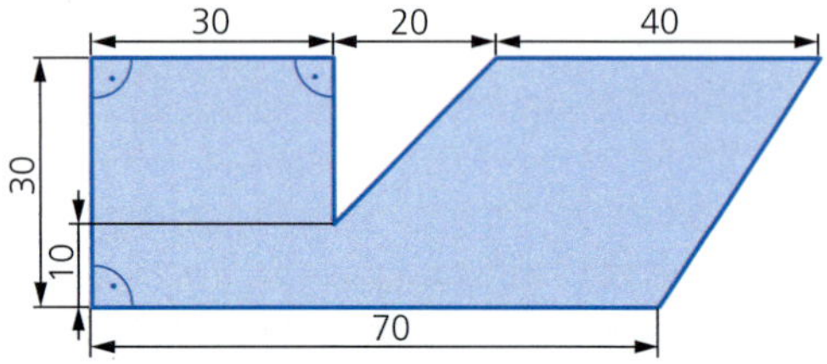

Maße in Millimeter

3. Die beiden Giebelseiten des Hauses müssen mit Fassadenfarbe gestrichen werden. Dabei braucht man für die hier nicht dargestellte Gegenseite 25 % weniger Wandfläche, weil sich dort ein Balkon und mehrere Fenster befinden. Für 17,5 m² Wandfläche wird ein Behälter mit Farbe benötigt.
Wie viele Behälter müssen gekauft werden?

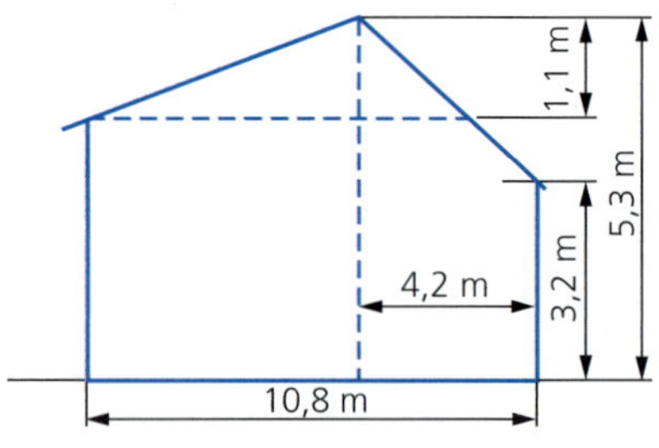

4. Die in der Skizze dargestellten Blechteile werden aus rechteckigen Messingstreifen gestanzt.

a) Berechne den Flächeninhalt des Teils.

b) Wie viel Prozent des Ausgangsmaterials gehen durch das Ausstanzen verloren?

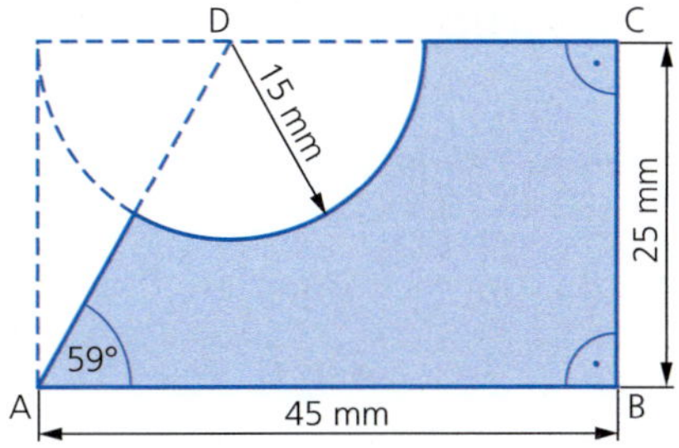

5. Berechne den Inhalt der blau gefärbten Fläche des Quadrates ABCD, wenn folgende Maße gegeben sind:

$\overline{BG} = 3{,}8$ cm

$\overline{GD} = 2{,}0$ cm

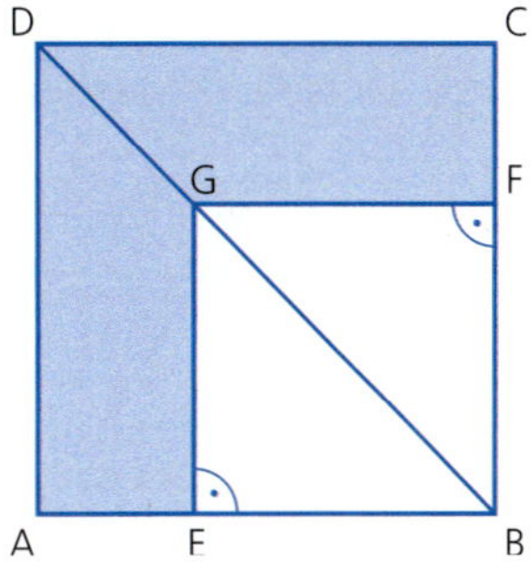

6. Berechne die Umfänge u und die Flächeninhalte A der folgenden beiden Figuren.

a)

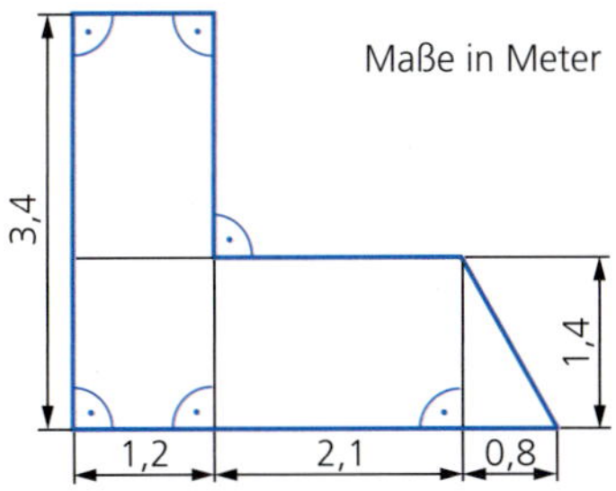

b)

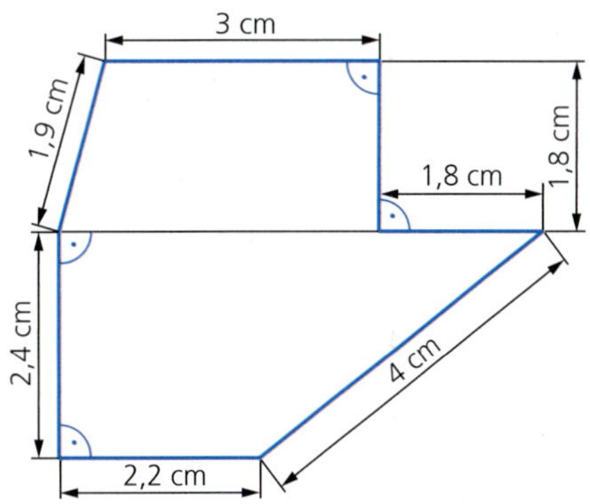

7. Das skizzierte Teilgelände ABCD ist Bestandteil eines Zoos und soll durch einen Drahtzaun, der auch durch das flache Wasser bis zur Futterstelle auf der Insel verläuft, begrenzt werden.

a) Wie viel Meter Zaun werden benötigt?

b) Zur Futterstelle auf der Insel soll ein Holzsteg geradlinig von F nach C führen. Berechne die Länge des Steges.

c) Zeichne das Viereck ABCD in einem geeigneten Maßstab. Gib den verwendeten Maßstab an. Prüfe die Länge des Steges durch Messen.

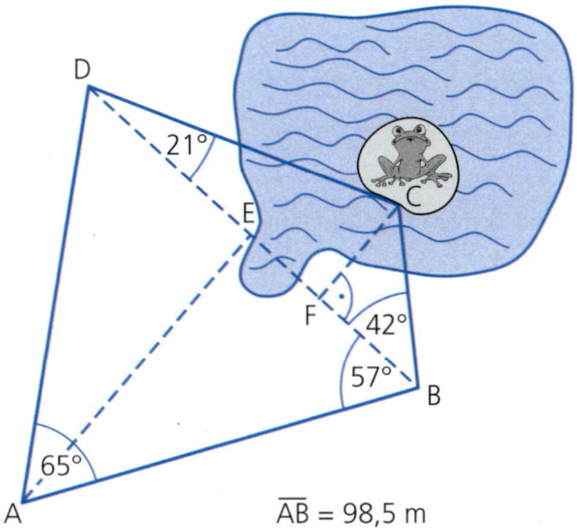

$\overline{AB} = 98{,}5$ m

$\overline{AD} = 87{,}8$ m

1.5 Satzgruppe des PYTHAGORAS

Für ein rechtwinkliges Dreieck ABC mit $\gamma = 90°$ gilt:

1. $\Delta ABC \sim \Delta ADC \sim \Delta DBC$
2. $h^2 = p \cdot q$ (Höhensatz)
3. $a^2 = p \cdot c$ (Kathetensatz)
   $b^2 = q \cdot c$
4. $a^2 + b^2 = c^2$ (Satz des PYTHAGORAS)

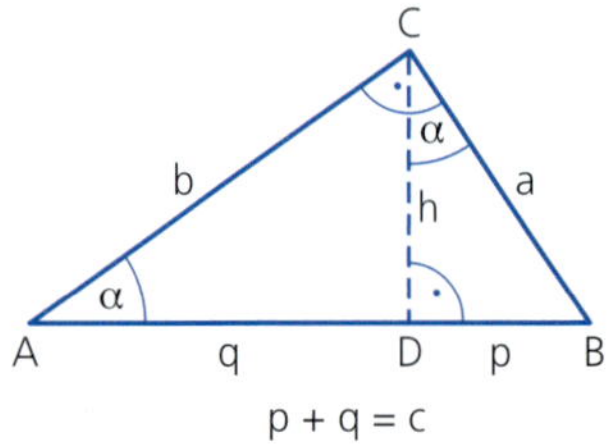

Wie weit ist der Mittelpunkt M von der Sehne $\overline{AC}$ entfernt?

geg: $r = 5$ cm
$\overline{AC} = 8$ cm

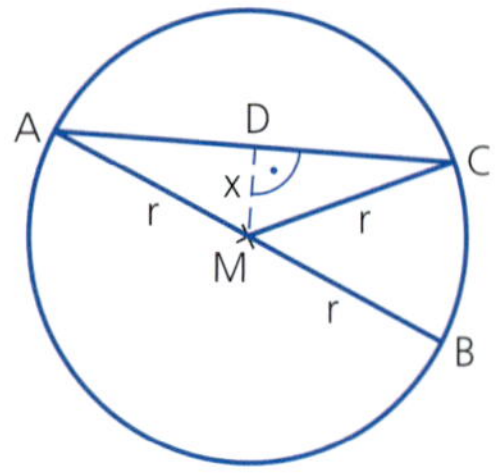

Lösung: $x^2 = r^2 - \overline{CD}^2$

$x^2 = (5\text{cm})^2 - (4\text{ cm})^2$

$x = 3$ cm

1. Berechne jeweils die Länge x, den Umfang u und den Flächeninhalt A der Dreiecke ABC.

a)

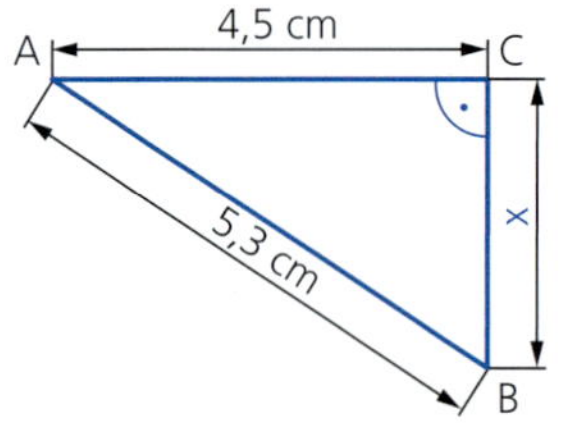

b)

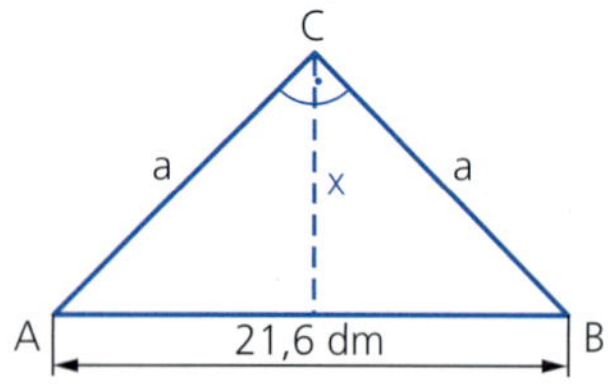

2. a) Gib den Umfang des rechtwinkligen Trapezes ABCD in Abhängigkeit von s an.
b) Überprüfe das Ergebnis durch eine Zeichnung für s = 48 mm.

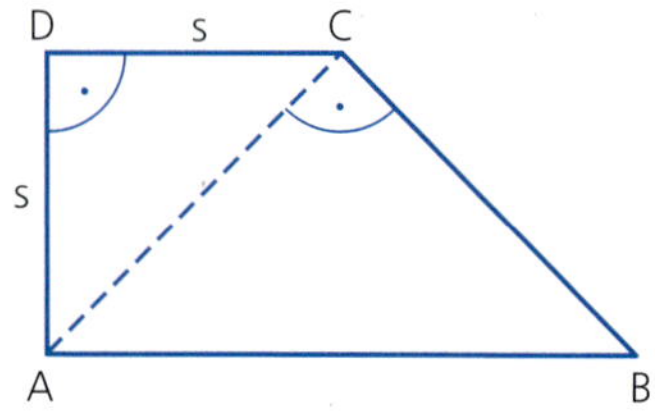

$\overline{AC} = \overline{BC}$
$\overline{AD} = \overline{CD} = s$

3. X, Y und Z seien die Mittelpunkte der Kanten eines Würfels. Durch einen ebenen Schnitt durch XYZ wird die zugehörige „Ecke“ vom Würfel abgetrennt.
a) Zeichne das Schrägbild der Figur für a = 5,0 cm.
b) Gib den Oberflächeninhalt der „Ecke“ für a = 5,0 cm an.
c) Gib das Volumen der „Ecke“ für a = 5,0 cm an.

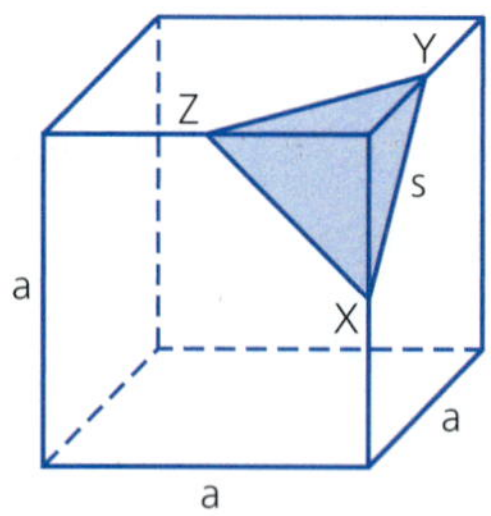

4. a) Zeichne ein gleichschenklig-rechtwinkliges Dreieck ABC mit $\overline{AC} = \overline{BC} = 48$ mm und $\sphericalangle$ BCA = 90°.

b) Berechne den Umfang u und den Flächeninhalt A dieses Dreiecks.

c) Welche Basislänge $\overline{DE}$ hat ein zweites gleichschenkliges Dreieck DEF, dessen Flächeninhalt doppelt so groß ist wie der des Dreiecks ABC, das aber die gleiche Höhe wie Dreieck ABC hat?

5. Berechne das Volumen des dargestellten Körpers.

$\overline{AB} = \overline{CD} = 24{,}0$ cm

$\overline{BC} = \overline{AD} = 18{,}0$ cm

$\overline{EF} = 16{,}0$ cm

h = 8,0 cm

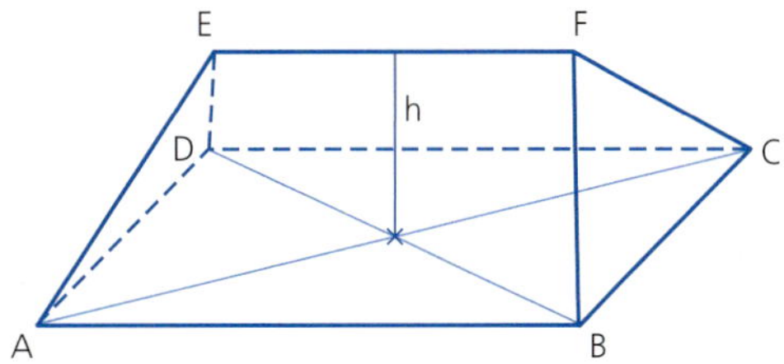

***6.** Eine Geflügelfarm, in der hauptsächlich Enten aufgezogen werden, erwirbt ein ebenes Geländestück ABCDE. Dazu gehört ein Teil eines flachen Teiches. Berechne den Umfang u (in Meter) und den Flächeninhalt A (in Ar) des Fünfecks ABCDE, wenn folgende Streckenlängen bekannt sind:
$\overline{AB} = 48{,}0$ m; $\overline{BC} = 88{,}0$ m; $\overline{CD} = 30{,}0$ m und $\overline{AE} = 72{,}0$ m
Denke an den Satz des PYTHAGORAS.

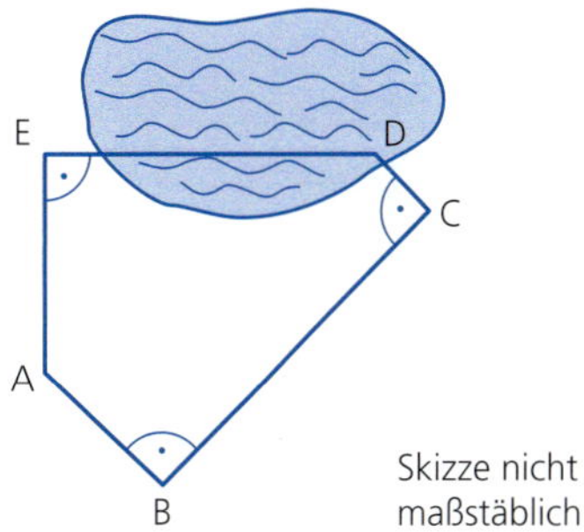

7. Das skizzierte Teil eines Fachwerkes muss ausgebessert und alle Balken müssen ersetzt werden. Für die Balken wird durchweg 20-er Holz verwendet. Jeder Balken hat dabei einen quadratischen Querschnitt mit 20 cm Seitenlänge.

a) Wie viel laufende Meter abgelagertes Kantholz werden insgesamt gebraucht?

b) Wie viel Kubikmeter Holz sind nötig, wenn man mit 15 % Verschnitt rechnen muss?

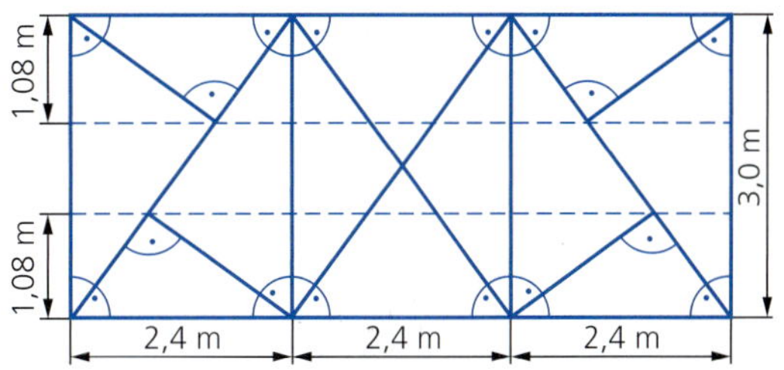

8. Der nebenstehende Stahlbolzen wurde durch Abdrehen der Spitze aus einem Rundstahl hergestellt.
Die Dichte von Stahl beträgt $7{,}85\ \frac{g}{cm^3}$

a) Wie viel Kilogramm wiegen 255 solcher Bolzen?

b) Wie viel Prozent beträgt der Abfall bei allen 255 Bolzen?

c) Die gesamte Oberfläche der Bolzen soll veredelt werden. Wie viel Quadratmeter sind insgesamt zu veredeln?

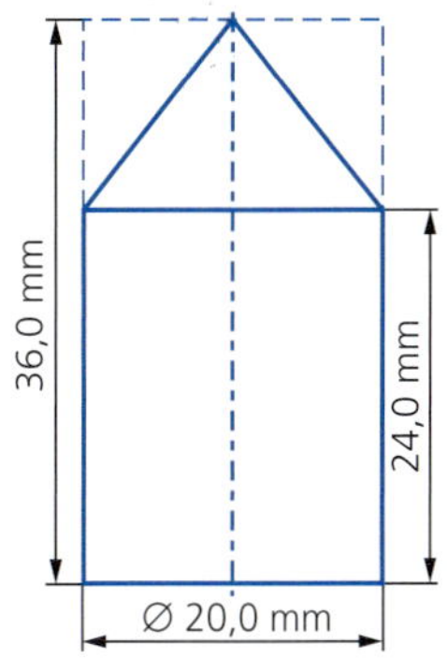

1.6 Trigonometrische Berechnungen

Für rechtwinklige Dreiecke ABC mit $\alpha = 90°$ gilt:

$\sin\beta = \frac{b}{a}$; $\sin\gamma = \frac{c}{a}$

$\cos\beta = \frac{c}{a}$; $\cos\gamma = \frac{b}{a}$

$\tan\beta = \frac{b}{c}$; $\tan\gamma = \frac{c}{b}$

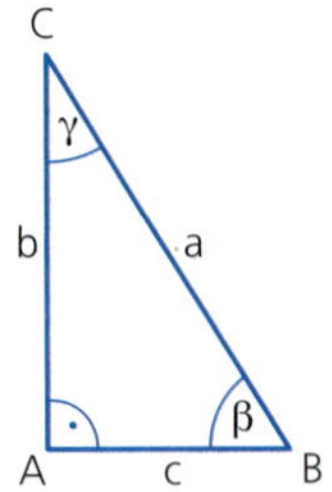

Für beliebige Dreiecke gilt:

Sinussatz

$\frac{\sin\alpha}{\sin\beta} = \frac{a}{b}$; $\frac{\sin\beta}{\sin\gamma} = \frac{b}{c}$; $\frac{\sin\alpha}{\sin\gamma} = \frac{a}{c}$

Kosinussatz

$a^2 = b^2 + c^2 - 2bc \cdot \cos\alpha$

$b^2 = a^2 + c^2 - 2ac \cdot \cos\beta$

$c^2 = a^2 + b^2 - 2ab \cdot \cos\gamma$

Flächeninhalt

$A = \frac{a \cdot b}{2} \cdot \sin\gamma$

$A = \frac{b \cdot c}{2} \cdot \sin\alpha$

$A = \frac{a \cdot c}{2} \cdot \sin\beta$

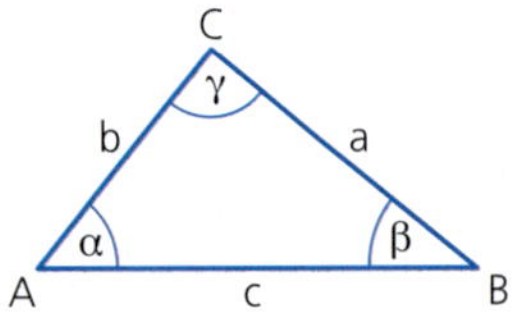

Berechne den Flächeninhalt des Dreiecks ABC.

geg.: $\overline{AB} = 4{,}5$ cm; $\alpha = 48°$

1. $\tan 48° = \frac{\overline{BC}}{4{,}5\text{ m}}$

   $\overline{BC} = \tan 48° \cdot 4{,}5\text{ m} = 4{,}998\text{ m}$
2. $\frac{4{,}5\text{ m} \cdot 4{,}998\text{ m}}{2} = 11{,}2\text{ m}^2$
3. Der Flächeninhalt beträgt $11{,}2\text{ cm}^2$.

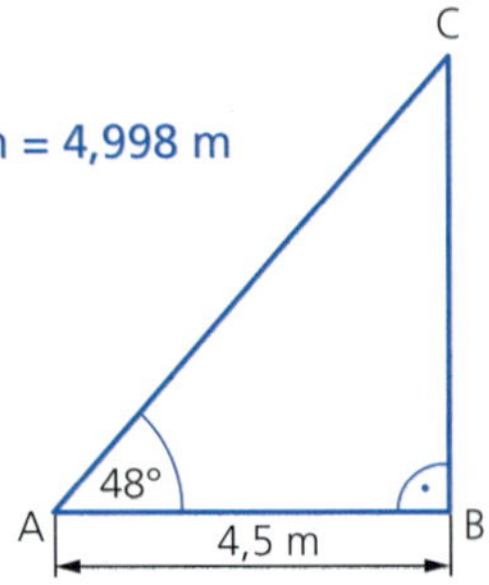

Berechne die Länge der Seite $\overline{BC}$.

geg.: $\overline{AC} = 7{,}5$ km; $\overline{AB} = 12{,}5$ km; $\alpha = 58°$

$a^2 = 12{,}5^2 + 7{,}5^2 - 2 \cdot 12{,}5 \cdot 7{,}5 \cdot \cos 58°$

$a = 10{,}6$

$\overline{BC} = 10{,}6$ km

Die Seite $\overline{BC}$ hat eine Länge von 10,6 km.

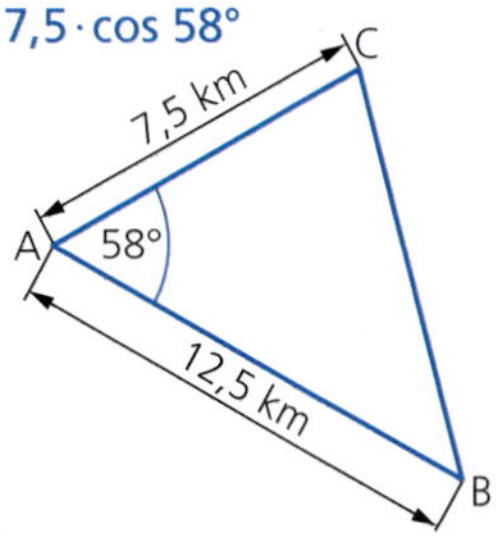

1. Ein rechtwinkliges Dreieck ABC mit dem rechten Winkel bei C hat die Seitenlänge $b = 14{,}5$ cm und den Winkel $\beta = 28°$. Berechne a; c; α und A.

2. Von einem Dreieck ABC sind folgende Größen bekannt:
$a = 8{,}05$ m; $\beta = 32°$; $\gamma = 43°$
Berechne α; b; c und A.

3. Ein Dreieck ABC hat die Seitenlängen 4,5 cm; 5,3 cm und 9,5 cm.
Berechne alle Winkelgrößen des Dreiecks und seinen Flächeninhalt.

4. a) Beweise, dass die Dreiecke ACD und ABC zueinander ähnlich sind, wenn das Viereck ABCD ein Parallelogramm ist.
b) Berechne die Länge der Strecke $\overline{DE} = x$.
c) Berechne den Flächeninhalt des Parallelogramms.

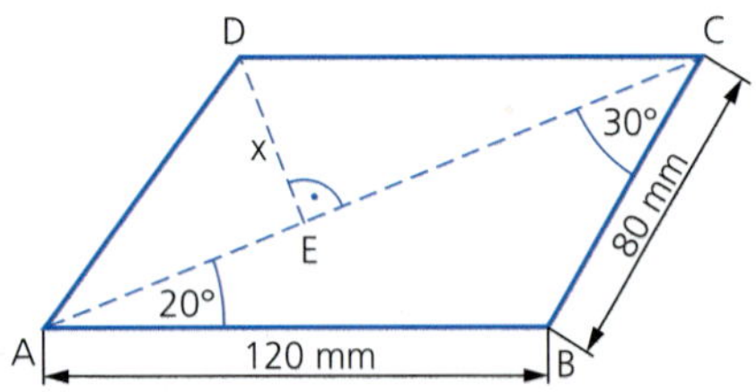

5. Berechne den Umfang u und den Flächeninhalt A eines regelmäßigen Fünfecks, wenn dessen Umkreisradius $r_u = 5{,}4$ cm beträgt.

6. Gib den Flächeninhalt A eines regelmäßigen Achtecks als Funktion von seiner Seitenlänge a an.

7. a) Berechne den Umfang u des Sehnenvierecks ABCD.
b) Berechne den Flächeninhalt A des Sehnenvierecks ABCD.

$\overline{AM} = \overline{BM} = 12{,}0$ m
$\overline{CM} = \overline{DM} = 12{,}0$ m
$\overline{DC} = 12{,}0$ cm
$\Delta ABM \cong \Delta BCM$

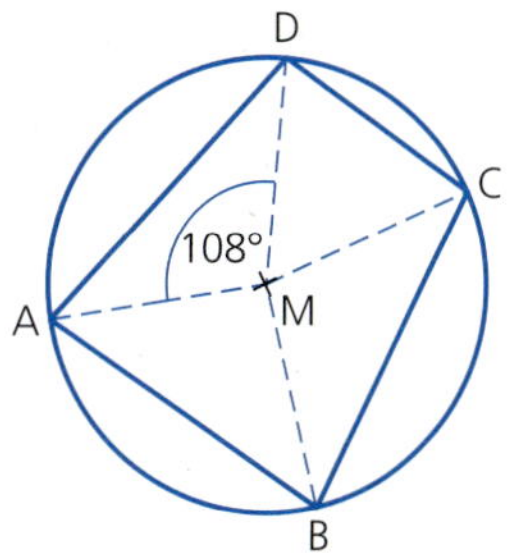

8. a) Berechne die Größe des Winkels β im nebenstehenden Werkstück.
b) Berechne den Umfang u des Werkstücks.
c) Berechne das Volumen des Werkstücks, bei einer Blechstärke von 2 mm.

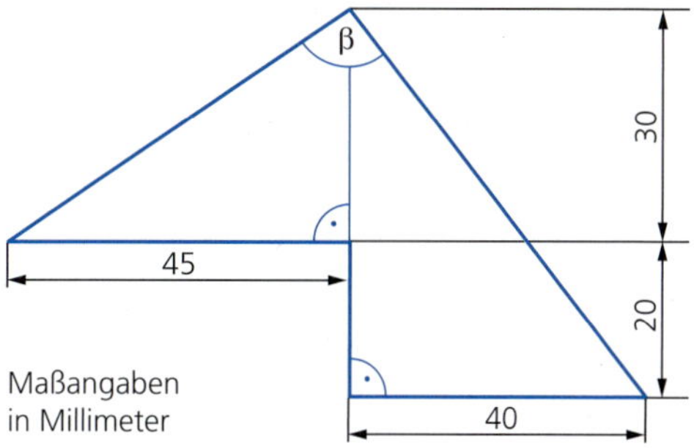

9. Von einem Dreieck ABC sind folgende Größen bekannt: $\overline{AB} = c = 78$ mm; $r_u = 44$ mm
a) Ermittle die Größe des Winkels BCA rechnerisch.
b) Entscheide, ob ein Dreieck ABC aus den Vorgaben und $\overline{AC} = 75$ mm eindeutig konstruierbar ist. Begründe.

10. In einer gebirgigen, sehr niederschlagsreichen Gegend soll ein Haus gebaut werden. Die Skizze zeigt den Dachgiebel.
Aus baustatischen Gründen muss das Dach nach beiden Seiten mindestens ein Gefälle von 40 % haben.
In welcher Höhe x sollte unter dieser Bedingung der Dachfirst mindestens liegen?

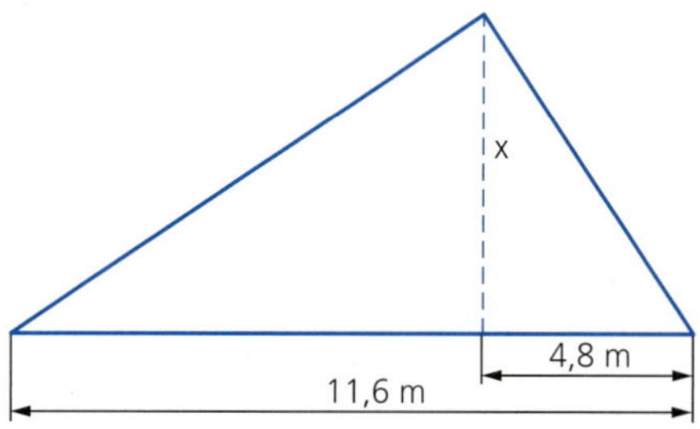

11. a) Berechne den Neigungswinkel α des stählernen Keils.
b) Berechne auch den Oberflächeninhalt des Keils.

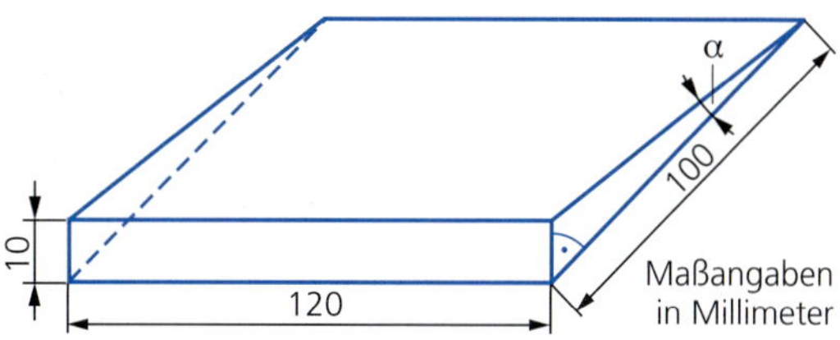

12. a) Berechne den Flächeninhalt des Trapezes ABFE.
b) Berechne die Größe des Winkels β.
c) Berechne den Umfang des Trapezes ABCD.

$\overline{AB} = 10$ cm
$\overline{EF} = \overline{FC} = \overline{CD} = \overline{DE} = 5$ cm

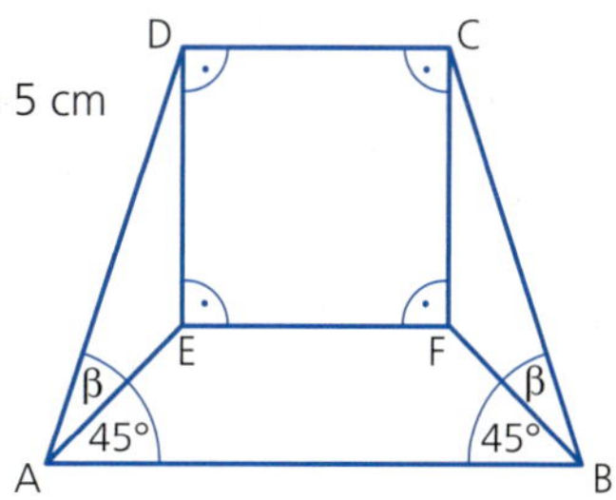

13. a) Ein Werkstück ist (so wie in nebenstehender Abbildung) in senkrechter Zweitafelprojektion dargestellt. Berechne die Winkelgrößen von α und β.
b) Berechne das Volumen dieses Werkstückes.

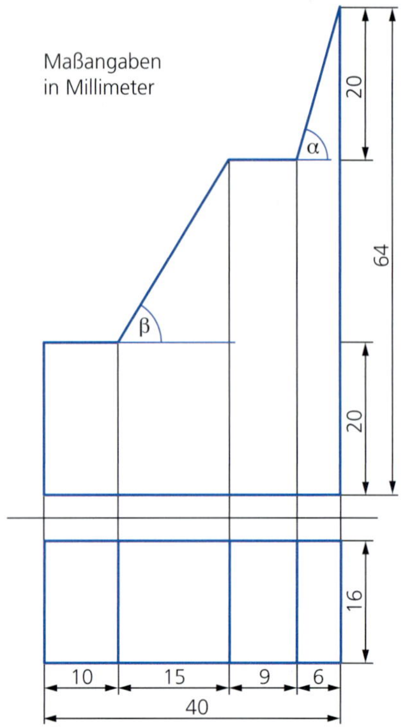

14. Die Höhe eines Berges über NN (Normalnull), der auf seiner höchsten Spitze einen Sendeturm mit einer Höhe von 56,5 m trägt, soll neu vermessen werden.
Aus einer Basishöhe von 1 567,88 m (über NN) wird die Spitze des Turmes unter einem Winkel von 56,8° und sein Fußpunkt unter einem Winkel von 53,6° zur Horizontalen gemessen.
a) Zeichne eine textgerechte Skizze.
b) Berechne die gesuchte Größe.

15. a) Berechne den Neigungswinkel der Mantellinie eines Kegelstumpfes zu seiner Grundfläche.
Der Radius r_1 der Grundfläche beträgt 455,0 mm, der Radius r_2 der Deckfläche beträgt 91,0 mm und die Körperhöhe h beträgt 45,5 mm.
b) Berechne den Inhalt der Mantelfläche des Kegelstumpfes.

***16.** a) Berechne die Körperhöhe h eines Pyramidenstumpfes mit regelmäßigen Sechsecken als Grund- und Deckfläche.
Die Seitenlänge der Grundfläche beträgt 3,6 cm, die Seitenlänge der Deckfläche beträgt 2,4 cm und der Neigungswinkel der Seitenkanten zur Grundfläche beträgt immer 72°.
b) Berechne den Inhalt der Grundfläche und den Inhalt der Deckfläche.
c) Berechne das Volumen des Pyramidenstumpfes.

***17.** Ein Werkstück hat die Form eines Prismas mit einem symmetrischen Stern als Grundfläche.
Der Radius des Inkreises beträgt 20 mm, der Radius des Umkreises 60 mm.
Die Länge *l* des Werkstückes ist 40 mm.
a) Berechne die Größe der Winkel α und β.
b) Berechne das Volumen des Werkstückes.

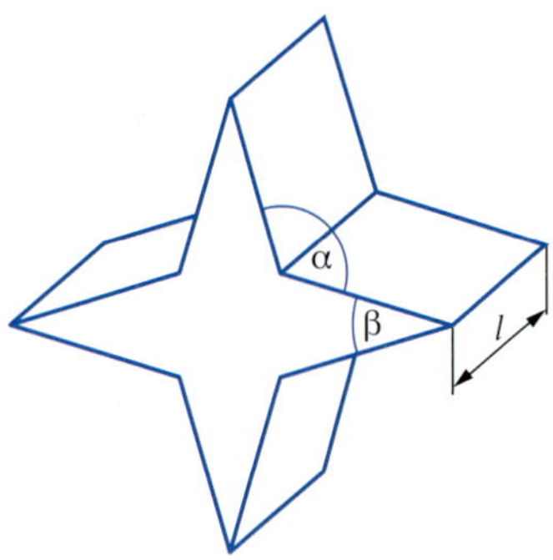

18. Berechne die Größe des Winkels zwischen zwei benachbarten Seitenkanten einer geraden Pyramide. Die Grundfläche ist ein regelmäßiges Achteck mit einer Seitenlänge von 32,0 mm. Die Höhe h_K der Pyramide beträgt 72,0 mm.

1.7 Gemischte Aufgaben

(1) Text gründlich lesen
In einem rechtwinkligen Dreieck ABC ist die längere Kathete 45,0 mm lang. Der Gegenwinkel dazu beträgt 60°. Wie lang ist die andere Kathete bzw. die Hypotenuse?

(2) Gegebene und gesuchte Größen festlegen

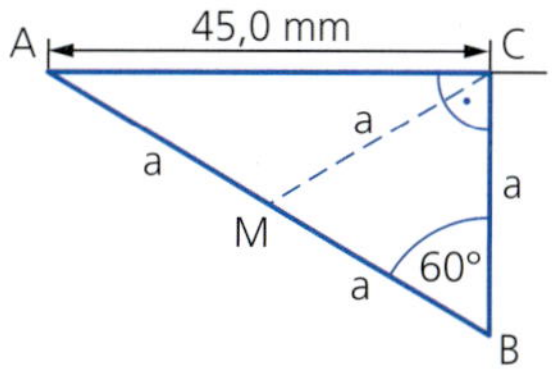

(3) Gleichung aufstellen
$(2a)^2 - a^2 = (45{,}0\ \text{mm})^2$

(4) Gleichung lösen
$a = \sqrt{\frac{2025\ \text{mm}^2}{3}} = 26{,}0\ \text{mm}$

(5) Lösung prüfen
Dreieck zeichnen und Länge abmessen.

(6) Im Satz antworten
Die andere Kathetenlänge beträgt 26,0 mm, die Länge der Hypotenuse 52,0 mm.

1. In einem rechtwinkligen Koordinatensystem sind die folgenden Punkte gegeben: A(–3; –2), B(3; 0), C(3; 4) und D(–1; 4)
a) Um welches spezielle Viereck handelt es sich bei der Figur ABCD? Begründe.
b) Ermittle die Koordinaten des Diagonalenschnittpunktes S rechnerisch.
c) Berechne die Größen aller Innenwinkel des Vierecks ABCD.
d) Führe die zentrische Streckung (D; 1,5) für das Viereck ABCD aus.
Gib die Koordinaten von A', B', C' und D' an.

2. a) Lege die beiden Dreiecke ABC und EFG in einer Ebene an ihren längsten Seiten zusammen. Konstruiere das Viereck AFGC.
$\overline{AB} = 6{,}5$ cm; $\gamma = 90°$; $\overline{AC} = 2{,}5$ cm; $\overline{EG} = 6{,}5$ cm; $\varepsilon = 90°$; $\overline{EF} = 6{,}3$ cm
b) Begründe durch die Summe der Gegenwinkel, dass dieses Viereck ein Sehnenviereck ist.
c) Berechne den Umfang u und den Flächeninhalt A des Sehnenvierecks.

3. Gegeben sind sechs zueinander kongruente rechtwinklige Dreiecke. Die Hypotenusenlänge beträgt immer 4,0 cm und die Innenwinkel betragen 30° bzw. 60°.
a) Füge alle Dreiecke zu einem Parallelogramm ABCD zusammen. Der Umfang des Parallelogramms soll dabei nicht irrational sein. Fertige dazu eine Skizze an.
b) Berechne die Länge der Diagonalen des Parallelogramms.

4. Eine Schülergruppe misst mit einfachen Mitteln die Höhe eines im Gelände frei stehenden Turmes.
Welche Höhe hat der Turm?

Zeichnung nicht maßstäblich

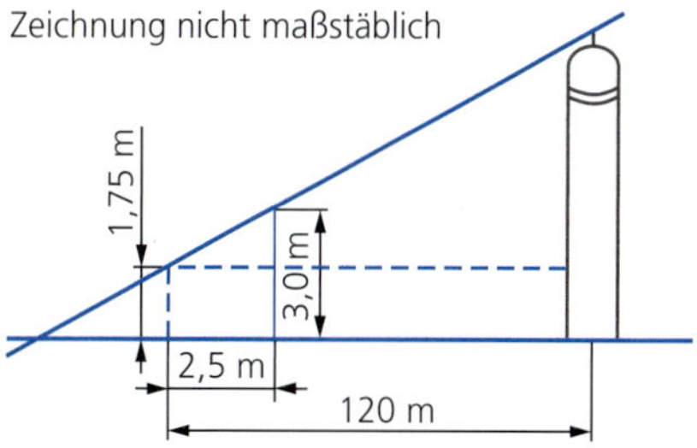

5. Von einem Dreieck ABC seien die Längen der Seiten a und b sowie eine weitere Größe gegeben. Es sollen die jeweils fehlenden Stücke des Dreiecks (Seitenlängen bzw. Winkelgrößen) berechnet werden. Gib an, welches Stück du als erstes berechnen würdest und welche Gleichung dafür geeignet ist, wenn neben den beiden Seitenlängen noch folgende Größe gegeben ist:
a) c b) α c) γ d) A

6. Da der 3,55 ha große Stadtpark oft durch Abfälle verunreinigt ist, lässt die Stadtverwaltung 28 Abfallbehälter in Form quadratischer Pyramidenstümpfe anbringen. Die Maße sind aus der Skizze ersichtlich. Die Behälter selbst werden aus jeweils vier Stahlblechen zu einem unten offenen Pyramidenstumpf zusammen geschweißt.

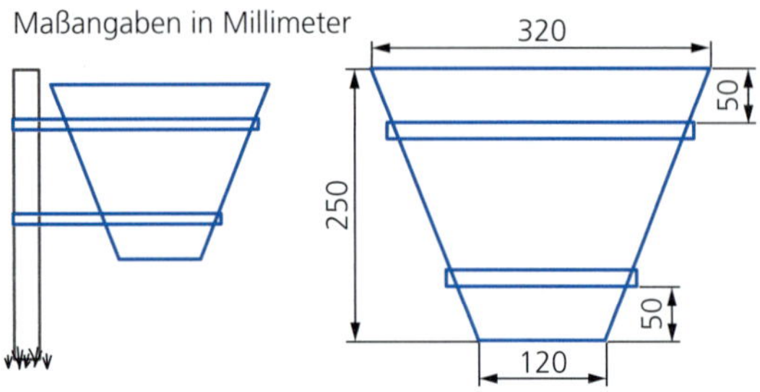

a) Welche Höhe muss ein solches Blech haben?
b) Wie viel Quadratmeter Blech werden für alle Behälter benötigt, wenn man mit 12 % Verschnitt rechnen muss?
c) Welche Seitenlängen müssen die quadratischen Halterungen um den Behälter haben? (Die Behälter werden zum Entleeren aus der Halterung genommen, sind also mit dieser nicht fest verbunden.)
d) Die untere Öffnung wird mit einer Gitterplatte verschlossen, damit etwaiges Regenwasser gleich wieder ablaufen kann. Dieses Blech wird ebenfalls angeschweißt und vorher feuerverzinkt. Wie viel Quadratmeter Gitter müssen insgesamt verzinkt werden?
e) Die Halterungen sind an Stahlrohren befestigt, die jeweils 1,8 m lang sind. Außendurchmesser: 60 mm; Wandstärke: 2,5 mm
Welches Gewicht haben alle Rohre zusammen, wenn ihre Dichte 7,85 $\frac{g}{cm^3}$ beträgt?

7. Die nebenstehende Skizze zeigt die Gesamtfläche eines Gartenbaubetriebes.
Das Viereck ABCE ist ein Trapez und das Dreieck ECD hat bei D einen rechten Winkel.
$\overline{AB}$ = 96,0 m; $\overline{BC}$ = 48,0 m; $\overline{CD}$ = 108,0 m;
$\overline{DE}$ = 66,0 m; $\overline{AE}$ = 36,0 m

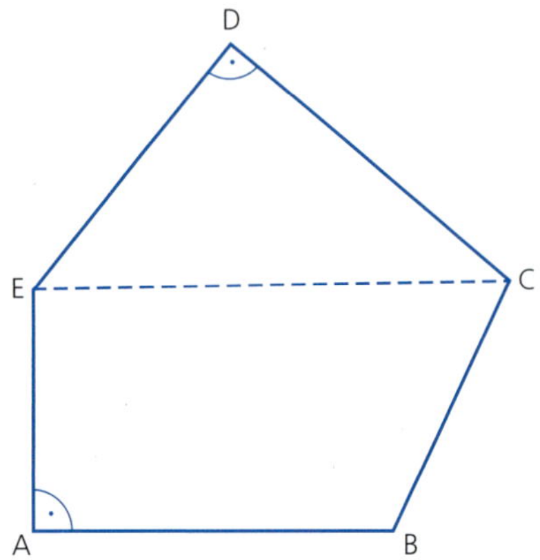

a) Konstruiere das Fünfeck im Maßstab 1 : 2000.
b) Berechne den Flächeninhalt des Geländes in Ar.
c) Entlang des Streckenzuges BCD soll eine Weißbuchenhecke das Gelände begrenzen. Man pflanzt pro Meter 5 Setzlinge. Wie viele Setzlinge werden gebraucht? Ein Setzling kostet 12,50 €. Wie viel Euro kostet die gesamte Anpflanzung?
d) 22 % des gesamten Areals entfallen auf Wirtschaftsgebäude, Autostellplätze, Wirtschaftswege u. a.
Von der verbleibenden Fläche werden 45 % für den Gemüseanbau und 15 % für die Pflanzenaufzucht genutzt. Der Rest „steht unter Glas" für Feingemüse (Salat, Gurken, Tomaten, …) und Blumen. Stelle die Flächenaufteilung in einem Diagramm dar.

2 Geometrische Körper

2.1 Eigenschaften – Grundbegriffe

Prisma

Grundfläche:
n-Eck

Seitenflächen:
Rechtecke

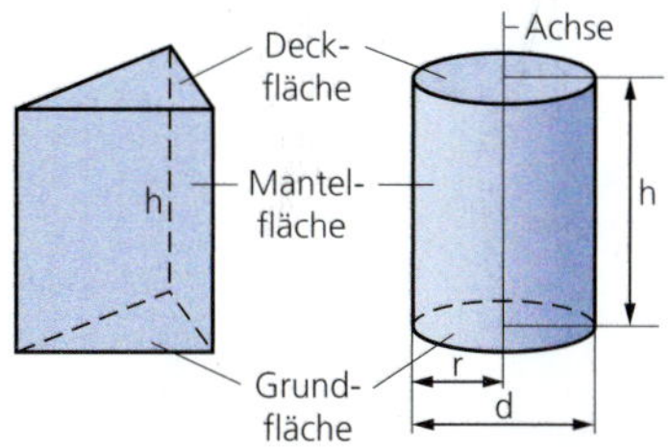

Zylinder

Grundfläche:
Kreis

Mantelfläche:
gekrümmt, ergibt abgewickelt ein Rechteck

Grund- und Deckfläche sind kongruent und parallel zueinander.

Pyramide

Grundfläche:
n-Eck

Seitenflächen:
Dreiecke

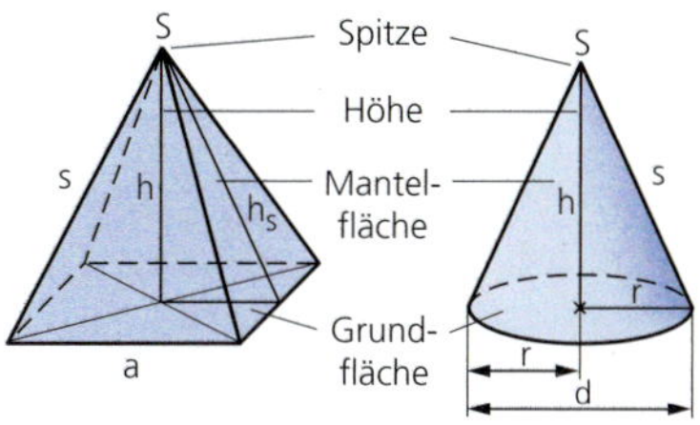

Kegel

Grundfläche:
Kreis

Mantelfläche:
gekrümmt, ergibt abgewickelt einen Kreissektor

Sie haben eine Grundfläche, keine Deckfläche, aber eine Spitze.

Pyramidenstumpf

Grundfläche:
n-Eck

Seitenflächen:
Trapeze

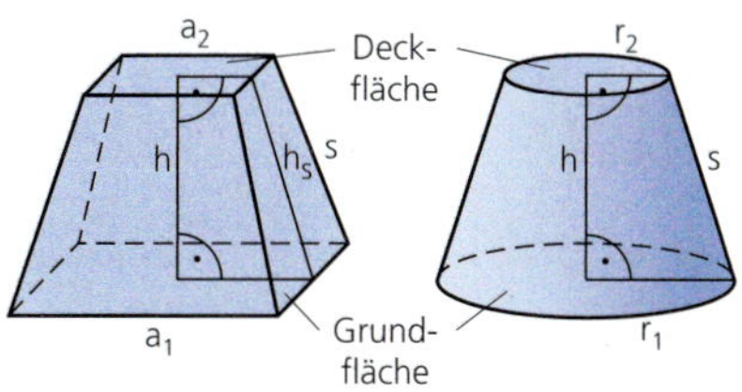

Kegelstumpf

Grundfläche:
Kreis

Mantelfläche:
gekrümmt, ergibt abgewickelt den Teil eines Kreisrings

Grund- und Deckfläche sind parallel und ähnlich, aber nicht kongruent zueinander.

Kugel

keine Ecken und Kanten

Oberfläche:
gleichmäßig gekrümmt, nicht in eine Ebene abwickelbar

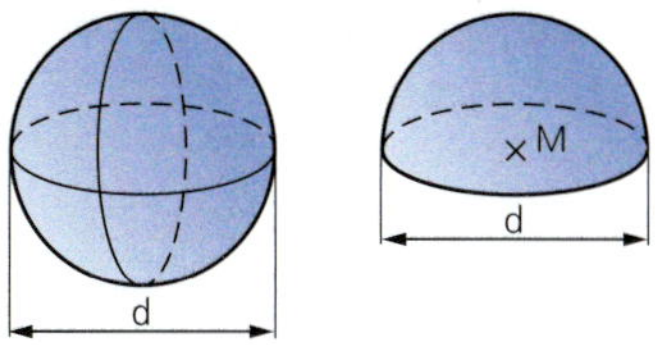

Halbkugel

Grundfläche:
Kreis

Mantelfläche:
gekrümmt, nicht in eine Ebene abwickelbar

Alle Punkte haben von einem festen Punkt (dem Mittelpunkt) den gleichen Abstand.

1. Beschreibe, aus welchen Flächen sich die Oberfläche der folgenden Körper zusammensetzt.
a) Würfel b) Quader c) dreiseitiges Prisma d) Zylinder
e) quadratische Pyramide f) Kegel g) Kegelstumpf h) Halbkugel

2. Die folgende Abbildung zeigt geometrische Körper.

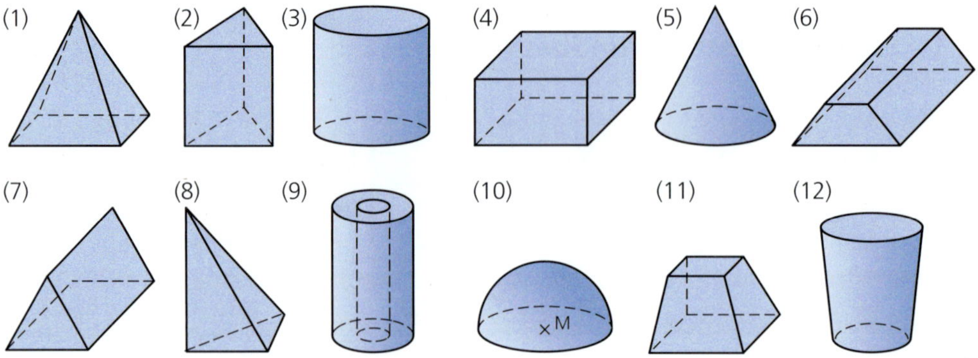

a) Welche Körper sind es? Gib ihnen jeweils einen Namen. Benenne möglichst genau. (z. B. dreiseitiges Prisma, Würfel)
b) Gib von allen Prismen die Form ihrer Grundfläche an.

3. Verteile die Namen der geometrischen Körper so auf die Gegenstände, dass eine eineindeutige Zuordnung entsteht.

a) Kegelstumpf	b) Zylinder	c) Quader	d) Prisma	e) Kegel
(1) Schuhkarton	(2) Lampenschirm	(3) Bleistiftspitze	(4) Buchstütze	(5) Dose

4. Ein geometrischer Körper hat die folgenden Flächen, Ecken und Kanten. Um welchen Körper handelt es sich jeweils?
a) 5 Flächen, 5 Ecken und 8 Kanten
b) 3 Flächen, 0 Ecken und 2 Kanten
c) 8 Flächen, 12 Ecken und 18 Kanten

5. Welchem Körper nähert sich ein quadratischer Pyramidenstumpf, wenn die folgenden Änderungen erfolgen?
a) Seine Deckfläche „wächst" so, dass sie zur Grundfläche kongruent wird.
b) Seine Deckfläche schrumpft zu einem Punkt.
c) Seine Grund- und Deckfläche werden zu regelmäßigen Vielecken mit immer höherer Eckenzahl.

6. Stelle den Zusammenhang zwischen den geometrischen Körpern Quader, Würfel und Prisma in einem Mengendiagramm dar.

7. Welche der folgenden Aussagen sind wahr? Gib bei falscher Aussage jeweils ein Gegenbeispiel an.
a) Alle Würfel sind Quader.
b) Alle Quader sind Prismen.
c) Prismen haben immer 8 Eckpunkte.
d) Gegenüberliegende Seitenflächen bei Prismen sind zueinander parallel.

8. Jens sagt zu Björn:
„Wenn du einen Körper betrachtest und sowohl von oben als auch von vorn ein Quadrat siehst, dann muss es wohl ein Würfel sein."
Björn sagt:
„Das stimmt nicht." Er zeichnet einen anderen Körper.
Was für einen Körper könnte Björn gezeichnet haben?

2.2 Körperdarstellung

Schrägbild (Kavalierperspektive)

(1) Frontstrecken (Strecken parallel zur Bildtafel) werden in wahrer Länge abgebildet.

(2) Tiefenstrecken (Strecken senkrecht zur Bildtafel) werden unter 45° und auf die Hälfte verkürzt abgetragen.

(3) Falls keine Tiefenstrecken vorhanden sind, werden Hilfsstrecken als Ersatz für Tiefenstrecken ausgewählt und eingetragen.

Prisma stehend　Prisma liegend

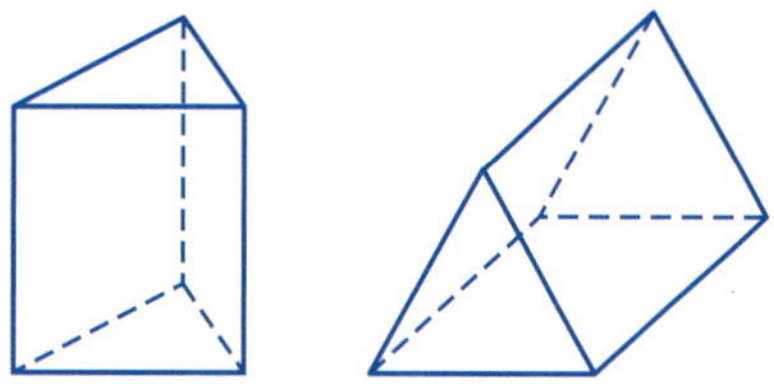

Darstellung für Grundflächen von Körpern im Schrägbild

Grundfläche in wahrer Gestalt:

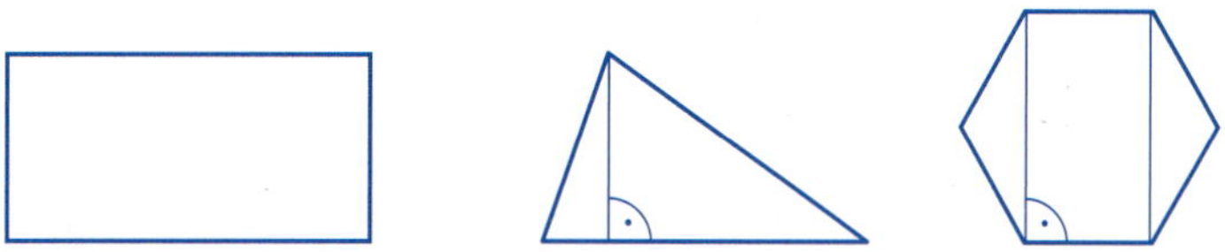

Grundfläche im Schrägbild:

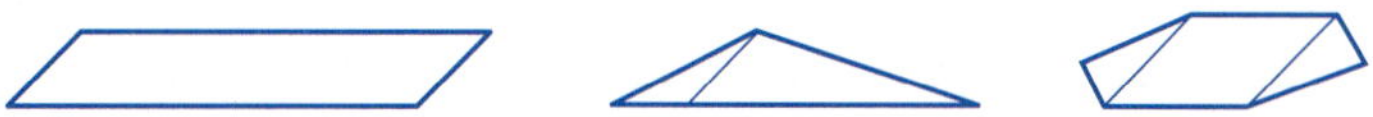

Bei kreisförmigen Grundflächen zeichnet man zunächst einen Kreis und darin zur Vereinfachung Hilfsstrecken unter einem Winkel von 90° (statt von 45°). Man erhält als Schrägbild eine Ellipse.

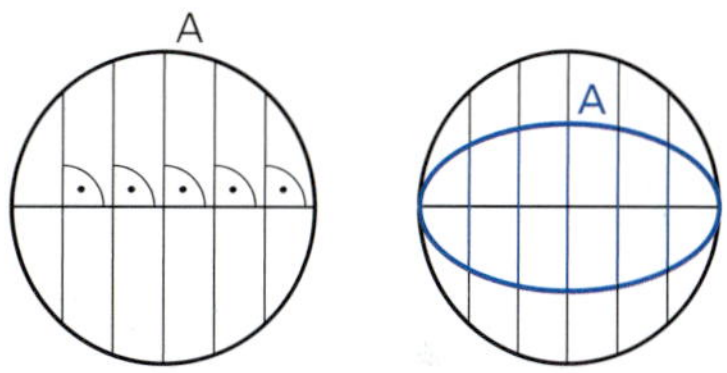

Nicht sichtbare Körperkanten werden gestrichelt gezeichnet oder auch weggelassen.

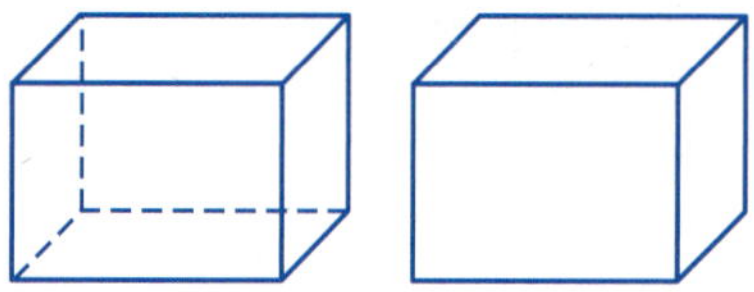

Senkrechte Zweitafelprojektion (Grundriss-Aufriss-Verfahren)

Konstruktion des Zweitafelbildes eines Quaders

(1) Grundriss　(2) Ordnungslinien　(3) Aufriss　(4) Körperkanten

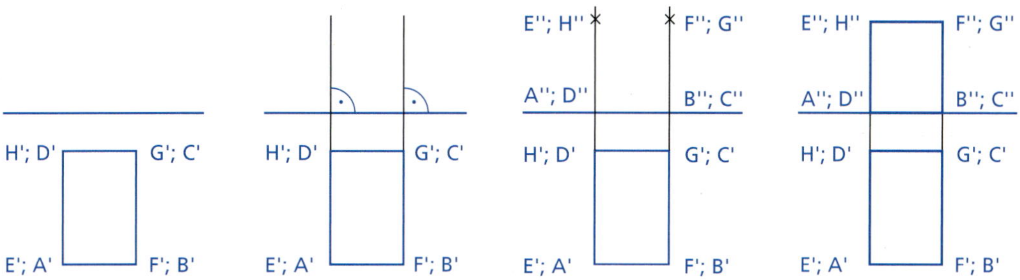

1. Zeichne Schrägbilder von folgenden Körpern.

a) Quader mit den Kantenlängen 4,0 cm; 4,0 cm und 3,0 cm

b) Prisma, das als Grundfläche ein gleichseitiges Dreieck mit der Seitenlänge 3,5 cm und eine Körperhöhe von 2,5 cm hat (liegend)

c) rechteckige 4,5 cm hohe Pyramide mit Grundkanten von 5,0 cm und 4,0 cm Länge
Hinweis: Der Fußpunkt der Höhe ist der Mittelpunkt der Grundfläche, hier also der Schnittpunkt der Diagonalen.

d) Kegel mit 3,5 cm Höhe, dessen Grundfläche einen Radius von 2,5 cm hat

2. Die nebenstehende Abbildung zeigt die Grundfläche eines Prismas.
Stelle ein solches Prisma mit einer Körperhöhe von 9,0 cm im Schrägbild dar.
Hinweis: Wähle dazu eine Lage, die ein möglichst einfaches Zeichnen erlaubt.

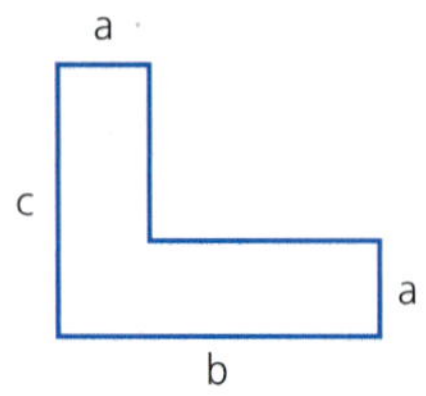

a = 2,0 cm
b = 6,0 cm
c = 4,0 cm

Abbildung nicht maßstäblich

3. Die nebenstehende Abbildung zeigt einen Damm, der als Querschnitt ein gleichschenkliges Trapez hat. Der Damm ist 12 m lang.
Zeichne ein Schrägbild dieses Dammes.
Wähle einen geeigneten Maßstab.

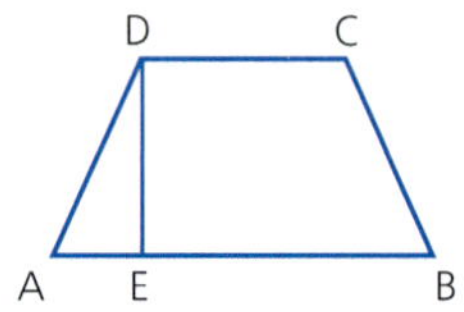

$\overline{AB}$ = 10,0 m
$\overline{DC}$ = 4,0 m
$\overline{DE}$ = 4,0 m

Abbildung nicht maßstäblich

4. Die nicht maßstäbliche Abbildung zeigt das Schrägbild eines Schwimmbeckens.

$\overline{AD} = \overline{EH}$ = 2,20 m $\overline{DC} = \overline{HG}$ = 24,00 m
$\overline{BC} = \overline{FG}$ = 1,00 m $\overline{DH} = \overline{CG}$ = 12,00 m
$\overline{BF} = \overline{AE}$ = 12,00 m

Zeichne in einem geeigneten Maßstab Schrägbild und Zweitafelbild dieses Schwimmbeckens.

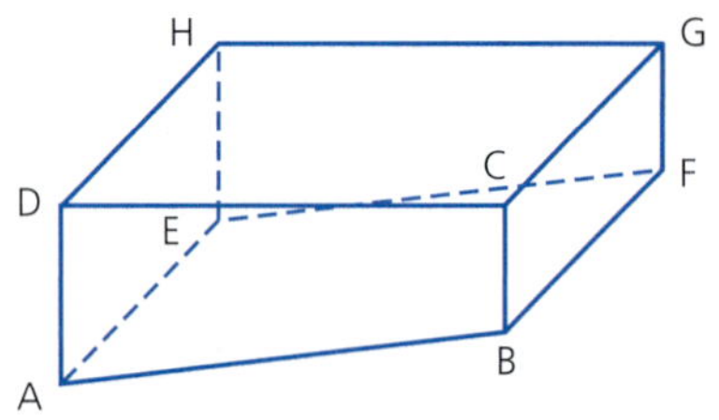

5. Eine quadratische Pyramide mit der Grundkante 6,0 cm und der Höhe 5,0 cm wird in halber Höhe parallel zur Grundfläche geschnitten.

a) Stelle die Pyramide einschließlich der Schnittfläche im Schrägbild dar.
Hinweis: Der Fußpunkt der Höhe ist der Mittelpunkt der Grundfläche.

b) Gib Seitenlänge und Inhalt der Schnittfläche an.

c) Welche Teilkörper entstehen durch den Schnitt?

6. Ein Würfel ABCDEFGH hat eine Kantenlänge von 4,0 cm. Die Mittelpunkte der in F zusammentreffenden Kanten seien R, S und T. Eine Schnittebene durch diese drei Punkte trennt von dem Würfel einen Teil ab. Stelle den Restkörper im Schrägbild dar.

7. Ein Kegelstumpf hat folgende Maße:
Durchmesser der Grundfläche: 4,0 cm
Durchmesser der Deckfläche: 3,0 cm
Körperhöhe: 2,0 cm

Zeichne ein Zweitafelbild des Körpers.

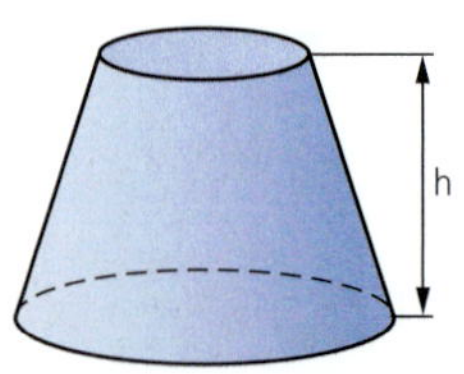

8. Entscheide, ob die folgenden Zweitafelbilder dem im Schrägbild dargestellten Körper entsprechen oder nicht. Begründe deine Entscheidung.

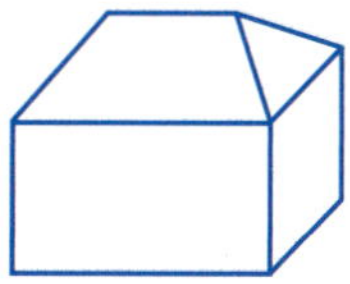

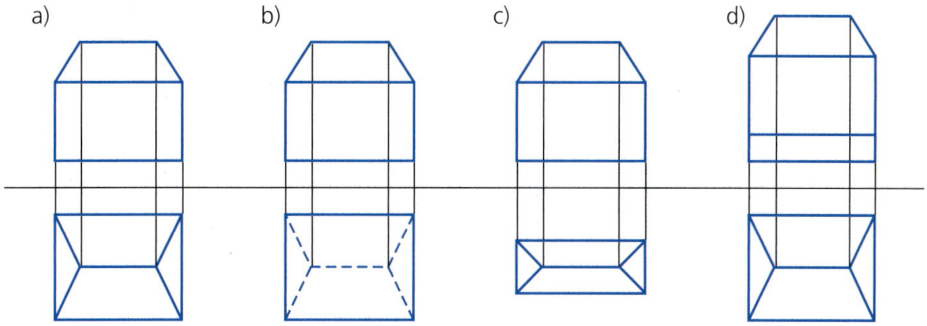

9. Bezeichne bzw. beschreibe die im Zweitafelbild dargestellten Figuren.

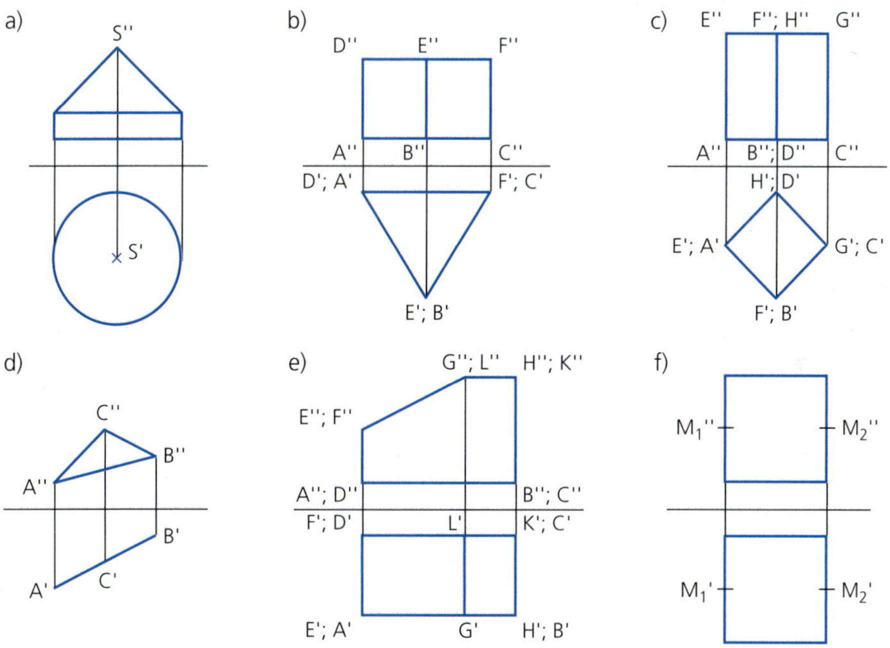

10. Entscheide für jede Abbildung, ob sie das Zweitafelbild eines Kreiszylinders sein könnte oder nicht.

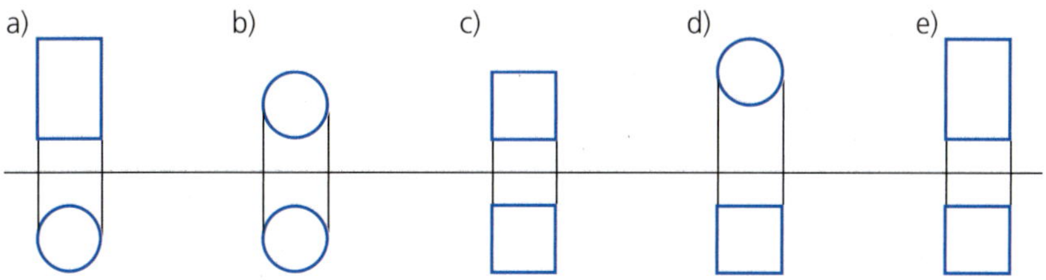

11. Die folgenden Abbildungen stellen jeweils den Grundriss eines geometrischen Körpers dar. Skizziere dazu einen möglichen Aufriss und das dazu gehörende Schrägbild.

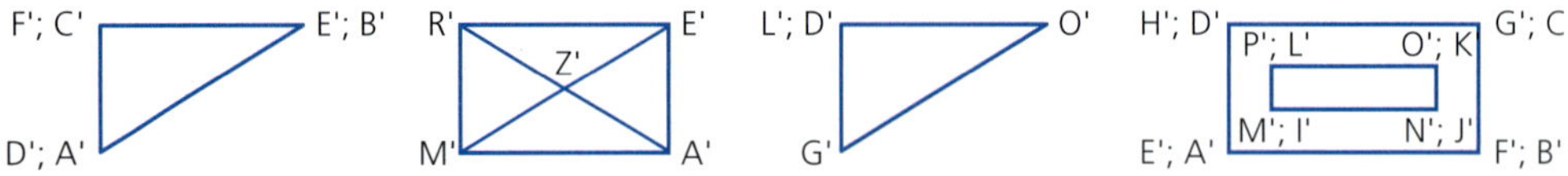

12. Stelle die im Schrägbild abgebildeten Körper im Zweitafelbild dar. Entnimm jeweils die Maße der Abbildung. Bezeichne alle Eckpunkte. (Kästchenlänge ≙ 0,5 cm)

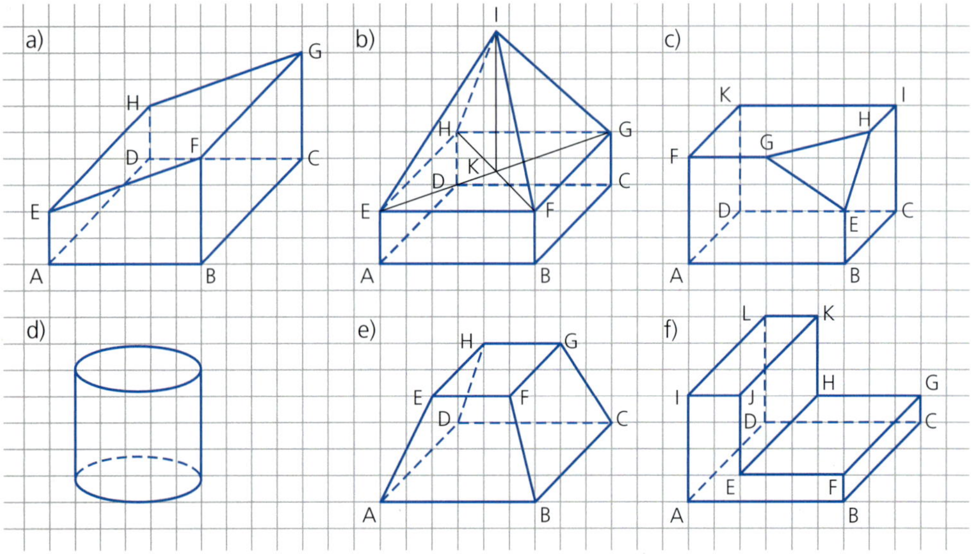

13. Ein Kegel mit dem Grundkreisradius von 3,0 cm und der Körperhöhe von 5,0 cm wird parallel zur Grundfläche im Abstand von 2,0 cm von der Grundfläche geschnitten.

a) Stelle den Kegel einschließlich der Schnittfläche im Zweitafelbild dar.

b) Miss und berechne den Radius der Schnittfläche.

14. Der nebenstehende Körper ist aus einem Würfel mit einer Kantenlänge von 4,0 cm und einer 4,0 cm hohen Pyramide zusammengesetzt. Stelle den Körper im Zweitafelbild dar. Bezeichne die Eckpunkte entsprechend der Abbildung.

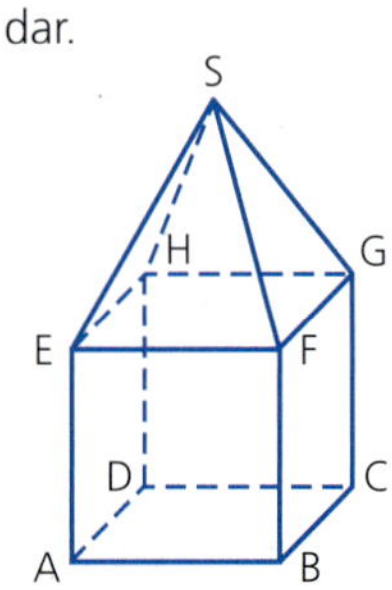

15. Ein Würfel ABCDEFGH wird von einer Ebene, wie in der Abbildung, in den Punkten S, P, Q und R geschnitten.

$\overline{AB} = \overline{BC} = \overline{BF} = 3{,}0$ m

$\overline{SE} = \overline{RH} = \overline{BP} = \overline{CQ} = 1{,}0$ m

Stelle diesen Körper einschließlich der Schnittebene im Zweitafelbild dar. Verwende einen geeigneten Maßstab.

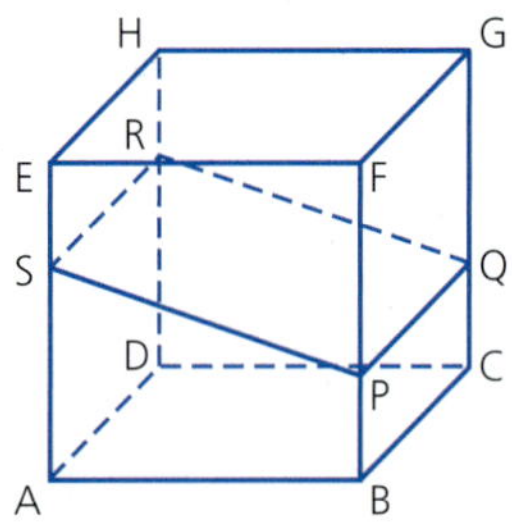

2.3 Netze, Oberflächeninhalte und Rauminhalte

Quader | dreiseitiges Prisma | quadratische Pyramide | Zylinder | Kegel

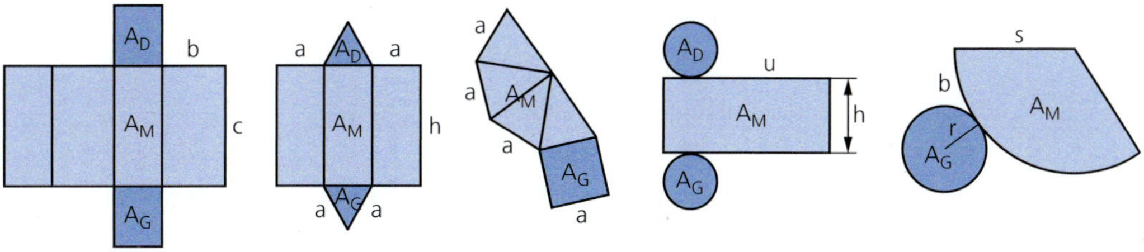

Bezeichnungen:

A_O Oberfläche
A_G Grundfläche
A_D Deckfläche
A_M Mantelfläche
h Höhe
u Umfang
a, b, c Seitenkante
s Mantellinie

Zur Berechnung des Oberflächeninhalts bzw. der Mantelfläche dienen u. a. folgende Formeln:

Quader: $A_O = 2 \cdot (ab + ac + bc)$

Zylinder: $A_O = 2 \cdot \pi r^2 + 2\pi rh = 2\pi r(r + h)$

Pyramide mit quadratischer Grundfläche:

$A_O = a^2 + 4 \cdot \frac{a}{2} \cdot h_s$

$h_s^2 = \left(\frac{a}{2}\right)^2 + h^2$

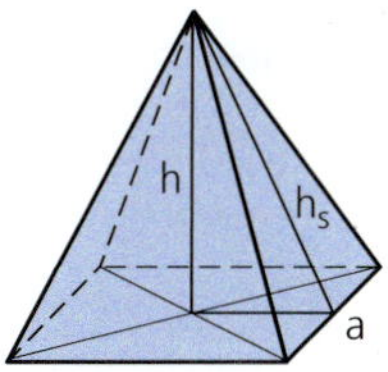

Würfel: $A_O = 6a^2$

Kugel: $A_O = 4 \cdot \pi r^2 = \pi d^2$

Kegel: $A_M = \pi rs$; $A_O = \pi r \cdot (r + s)$

$s^2 = r^2 + h^2$

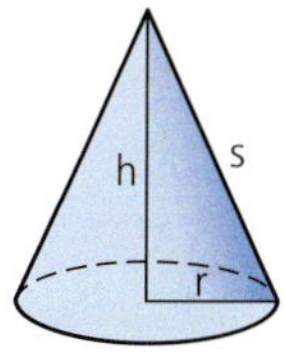

Maßeinheiten für Flächeninhalte:

1 km² —100— 1 ha —100— 1 a —100— 1 m² —100— 1 dm² —100— 1 cm² —100— 1 mm²

Zur Berechnung des Volumens dienen u. a. folgende Formeln:

Würfel: $V = a^3$

Quader: $V = abc$

Prisma: $V = A_G h$

Pyramide: $V = \frac{1}{3} A_G h$

Pyramidenstumpf: $V = \frac{1}{3} h\left(A_G + \sqrt{A_G A_D} + A_D\right)$

Zylinder: $V = \pi r^2 h = \frac{\pi}{4} d^2 h$

Kegel: $V = \frac{\pi}{3} r^2 h = \frac{\pi}{12} d^2 h$

Kugel: $V = \frac{4}{3} \pi r^3 = \frac{\pi}{6} d^3$

Kegelstumpf: $V = \frac{1}{3} \pi h(r_G^2 + r_G r_D + r_D^2)$

Maßeinheiten für Rauminhalte:

1 m³ —1000— 1 dm³ —1000— 1 cm³ —1000— 1 mm³

1 hl —100— 1 l —1000— 1 ml

(1 dm³ = 1 l)

1. Rechne in die angegebenen Einheiten um.

a) 15 cm^2 (mm^2) b) 40 cm^2 (dm^2) c) 35 dm^2 (m^2) d) 12 km^2 (ha)

e) 9 m^2 (a) f) 3 m^2 (cm^2) g) 1 750 ha (km^2) h) 350 mm^2 (cm^2)

2. Rechne in die angegebenen Einheiten um.

a) 15 cm^3 (mm^3) b) 3 m^3 (dm^3) c) 500 mm^3 (cm^3) d) 20 dm^3 (Liter)

e) 3,6 hl (Liter) f) 0,7 m^3 (Liter) g) 60 Liter (ml) h) 2 300 mm^3 (cm^3)

3. Welche der folgenden Angaben sind gleichbedeutend mit 500 ml?

a) 50 000 mm^3 b) 0,05 Liter c) 500 cm^3 d) 0,5 dm^3

4. Drücke die folgenden Angaben zunächst in der nächstkleineren, dann in der nächstgrößeren Einheit aus.

a) 650 cm^2 b) 930 dm^3 c) 1 600 Liter d) 732 cm^3

5. Berechne das Volumen folgender Körper.

a) Quader mit den Kantenlängen 3,6 cm; 2,5 cm und 5,0 cm

b) Prisma, dessen Grundfläche ein rechtwinkliges Dreieck mit 1,5 cm und 6,0 cm langen Katheten ist und dessen Körperhöhe 10,0 cm beträgt

c) Quadratische Pyramide, die 15,0 cm hoch ist und deren Grundfläche eine Seitenlänge von 3,0 cm hat

d) Kegel mit einem Durchmesser von 7,2 cm und einer Körperhöhe von 3,3 cm

e) Kugel mit einem Radius von 2,2 cm

6. Berechne die Oberflächeninhalte der Körper aus Aufgabe 5.

7. Ein quaderförmges Stück Aluminium soll in einen Würfel mit der Kantenlänge x cm umgeschmolzen werden. Wie lang muss die Kante der Gussform werden, wenn die Kantenlängen des Quaders 12,0 cm; 9,0 cm und 2,0 cm betragen?

8. Die folgenden vier (nicht maßstabsgerechten) Abbildungen zeigen Körper im Schrägbild. Berechne deren Rauminhalte.

a)

$\overline{AB} = \overline{AI} = 25$ mm
$\overline{BF} = \overline{IK} = 10$ mm
$\overline{EF} = \overline{EK} = 15$ mm
$\overline{BC} = \overline{EH} = 20$ mm

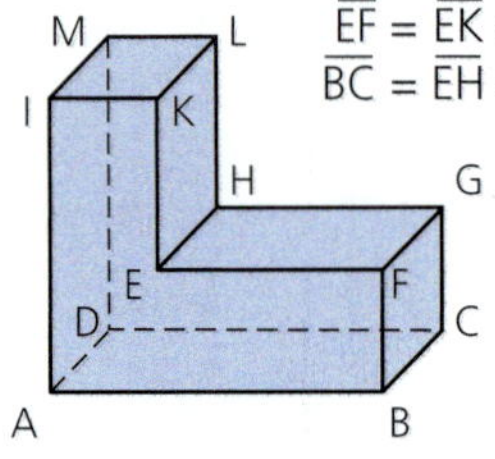

b)

$\overline{AB} = \overline{BC} = \overline{CG} = 4{,}5$ cm
$\overline{ST} = h_p = 5{,}4$ cm

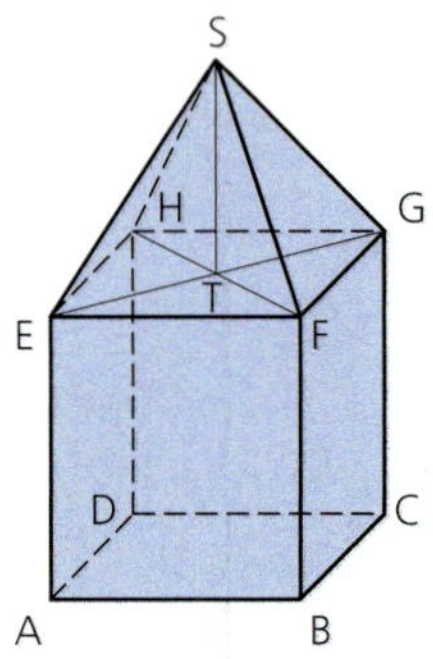

c)

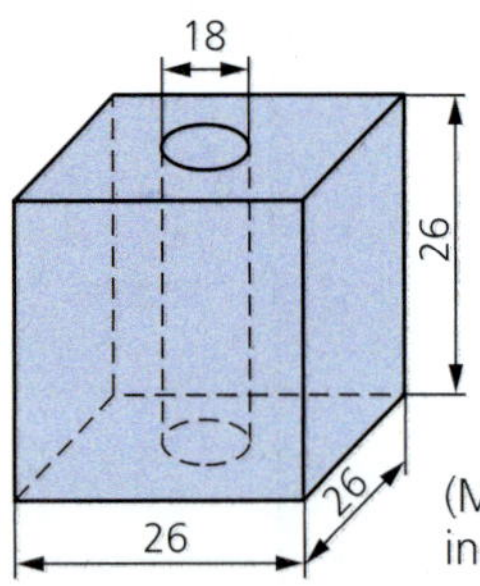

(Maßangaben in Millimeter)

d)

$\overline{AB} = \overline{BC} = 8{,}0$ cm
$\overline{DC} = \overline{AD} = 8{,}0$ cm
$\overline{EF} = \overline{FG} = 4{,}0$ cm
$\overline{GH} = \overline{EH} = 4{,}0$ cm
$\overline{KL} = 3{,}6$ cm

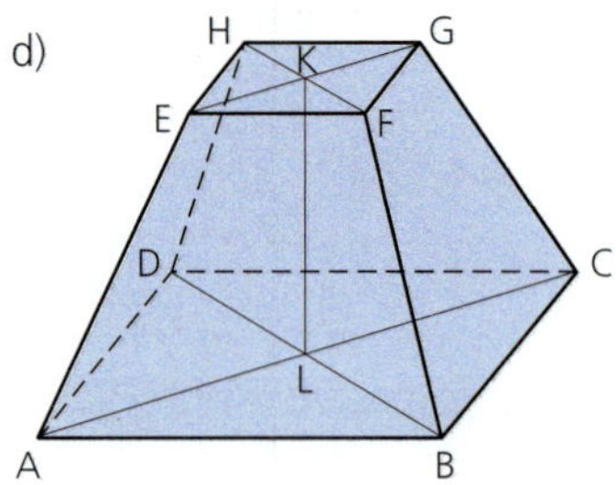

2.4 Gemischte Aufgaben – Sachaufgaben

1. Berechne.

a) $5\ cm^3 + 300\ mm^3$ b) 9 Liter – 2 000 ml c) $800\ dm^3 + 1\ m^3$

d) $4{,}5\ km^2 + 50\ ha$ e) $19\ cm^2 - 1800\ mm^2$ f) $1\ dm^2 + 10\ cm^2 + 100\ mm^2$

2. Zeichne die nebenstehende Figur ab und vervollständige sie dann zum Netz einer quadratischen Pyramide.

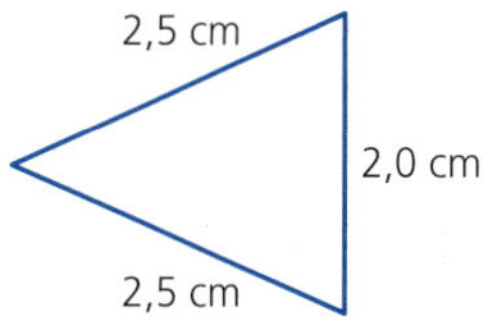

3. Die nebenstehende (nicht maßstabsgerechte) Abbildung zeigt die Giebelseite eines 8,0 m langen Schuppens.

a) Stelle diesen Schuppen in einem geeigneten Maßstab im Schrägbild dar.

b) Gib den Flächeninhalt einer Giebelseite an.

c) Wie groß ist die Dachfläche?

d) Wie groß sind die Seitenflächen, die keine Giebelseiten sind?

e) Gib den Flächeninhalt aller Wände des Schuppens (einschließlich der Giebelseiten) an.

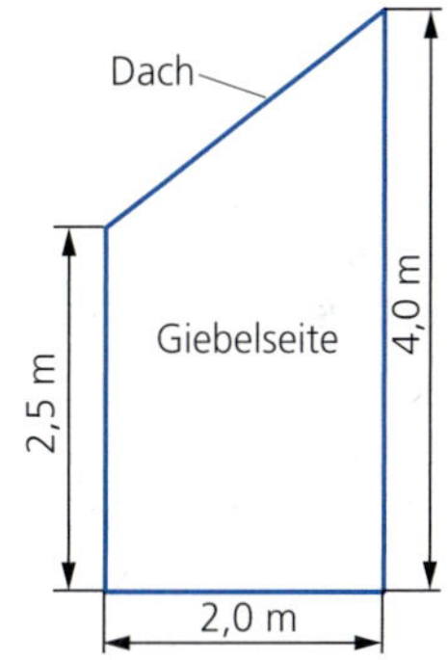

4. Die Abbildung zeigt zwei Werkstücke mit jeweils einer Dichte von $7{,}86\ \frac{g}{cm^3}$.

Das erste Werkstück besteht aus einer Halbkugel und einem Kegel.
Das zweite Werkstück ist zylindrisch.

Welches der beiden Werkstücke ist schwerer?

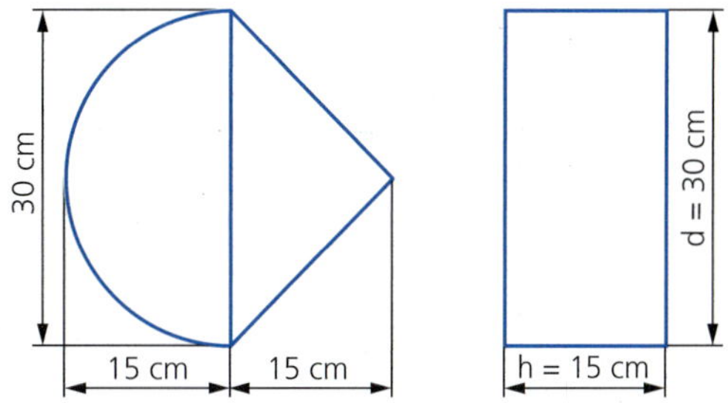

5. Eine regelmäßge sechsseitige Pyramide mit der Spitze S ist 3,0 cm hoch. Die Seitenkanten der Grundfläche ABCDEF sind 2,5 cm lang.

a) Zeichne ein Zweitafelbild dieser Pyramide. Bezeichne alle Eckpunkte.

b) Wie groß ist der Rauminhalt dieses Körpers?

6. Frau Bernhard besitzt ein zylindrisches Gefäß mit einem Innendurchmesser von 10,0 cm und einer Höhe von 7,5 cm.

a) Wie viel Liter fasst dieses Gefäß?

b) In welcher Höhe müsste sie einen Eichstrich anbringen, um die Füllmenge $\frac{1}{4}$ Liter anzuzeigen?

7. Ein dünnes rechteckförmiges Stahlblech mit den Seitenlängen 9,0 cm und 12,0 cm soll zu einem Zylindermantel gebogen und mit einer Überlappung von 0,3 cm verschweißt werden.
Dafür gibt es zwei Möglichkeiten. Bei welcher Möglichkeit hat der vom Mantel umschlossene Zylinder das größere Volumen?

8. Gegeben ist das nebenstehende Zweitafelbild eines Körpers. Ermittle die Maße des Körpers durch Abmessen aus der Zeichnung.
a) Berechne das Volumen des Körpers.
b) Berechne seinen Oberflächeninhalt.
c) Zeichne ein Schrägbild des Körpers.

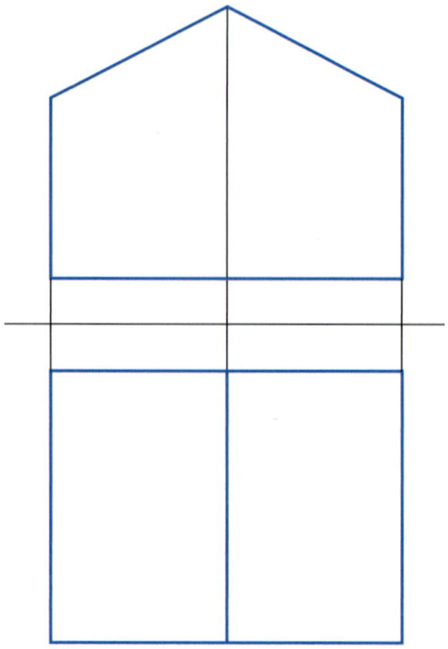

9. Um einen groben Näherungswert für die Holzmenge eines Baumes zu erhalten, kann man wie folgt verfahren:
Man misst den Umfang u in Schulterhöhe und ermittelt die Höhe des Baumes durch Peilung. Dann berechnet man das Volumen des Baumes als halbes Volumen eines Zylinders mit dem Umfang u und der Höhe h.
Führe eine solche Rechnung für u = 2,1 m und h = 28 m durch.

10. Die Abbildungen zeigen die Netze zweier Körper. Ermittle die Rauminhalte und die Oberflächeninhalte dieser beiden Körper.

a)

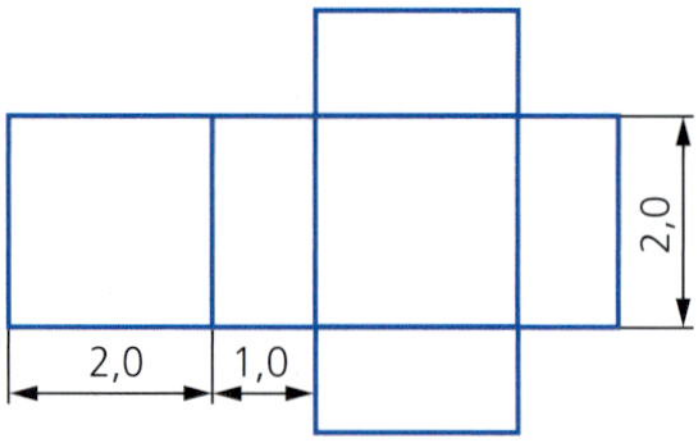

*b)

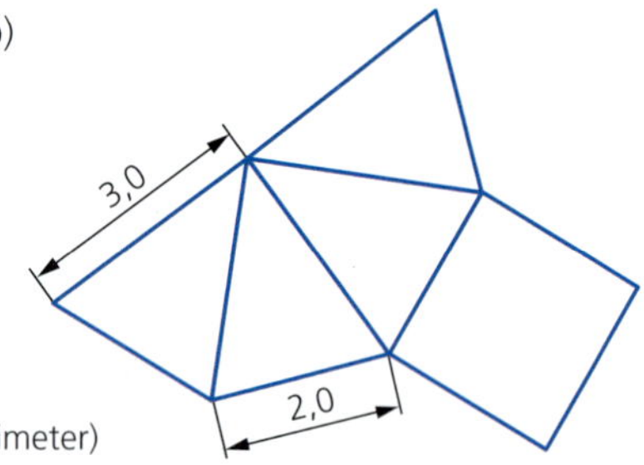

(Maßangaben in Zentimeter)

11. Rohre haben die Form von Hohlzylindern. Ein Stahlrohr sei 1,50 m lang, habe einen äußeren Durchmesser von 3,0 cm und eine Wandstärke von 3,0 mm.
Wie schwer ist dieses Rohr? Die Dichte von Stahl beträgt $7{,}86\ \frac{g}{cm^3}$.

12. Aus einem Stahlwürfel soll die größtmögliche Kugel herausgefräst werden.
a) Wie groß ist der prozentuale Abfall, wenn die Kantenlänge des Würfels 6,15 cm beträgt?
b) Zeige, dass dieser Prozentsatz unabhängig von der Größe des Würfels ist.

13. Gegeben ist eine Pyramide, deren Grundfläche ein regelmäßiges Sechseck mit der Seitenlänge r = 2,5 cm ist und deren Körperhöhe h = 4,0 cm beträgt.
a) Skizziere diese Pyramide.
b) Berechne die Länge s einer Seitenkante.
c) Berechne die Höhe h_D einer der dreiseitigen Seitenflächen.
d) Berechne den Winkel α, den jede der Seitenkanten mit der Grundfläche bildet.

14. Wie sind die folgenden sechs Kugeln (aus gleichem Material) auf zwei Schalen einer Waage zu verteilen, damit Gleichgewicht entsteht?
Eine Kugel mit 4 cm Durchmesser, zwei Kugeln mit je 3 cm Durchmesser, eine Kugel mit 2 cm Durchmesser und zwei Kugeln mit je 1 cm Durchmesser.

15. Gegeben ist das nebenstehende Zweitafelbild eines Körpers.
Stelle diesen Körper im Schrägbild dar.
Verwende den Maßstab 2 : 1.
Entnimm die benötigten Maße der Abbildung.

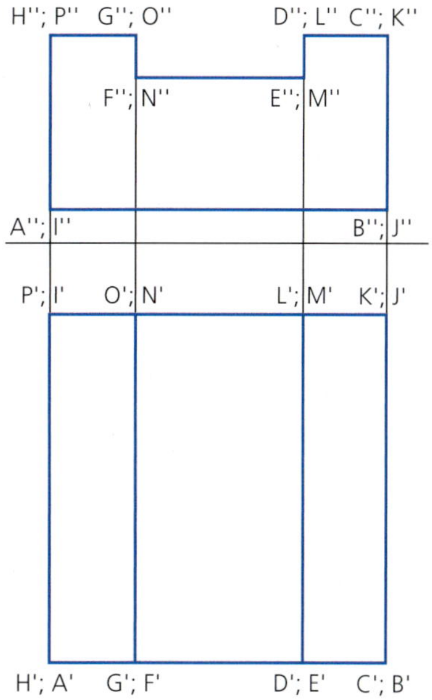

16. Ein kegelförmiger Trichter hat einen Grundkreisradius von 8,0 cm und eine Höhe von 10,0 cm.
a) Wie viel Liter Flüssigkeit fasst dieses Gefäß?
b) Bis zu welcher Höhe füllt ein halber Liter Flüssigkeit diesen Trichter?

17. Wie lang ist die Kante eines 1 kg schweren Stahlwürfels? Die Dichte von Stahl beträgt 7,86 $\frac{g}{cm^3}$.

18. Eine Kugel hat ein Volumen von x cm^3 und einen Oberflächeninhalt von x cm^2.
Wie groß ist der Radius r der Kugel?

19. Zeichne den Grund- und Aufriss eines Kreiszylinders mit einem Durchmesser der Grundfläche von 4 cm und einer Körperhöhe von 4 cm.

20. Ein Quader ABCDEFGH hat die Kantenlängen $\overline{AB} = 6{,}0$ cm; $\overline{BC} = 4{,}0$ cm und $\overline{BF} = 3{,}0$ cm.
a) Wie lang ist die Raumdiagonale $\overline{AG}$ dieses Quaders?
b) Wie lang wäre der kürzeste Weg von A nach G über die Kanten der Quader?
c) Zeige, dass es einen Weg von A nach G über die Seitenflächen des Quaders gibt, der kürzer als 9,5 cm ist.
Hinweis: Skizziere das Netz des Quaders.

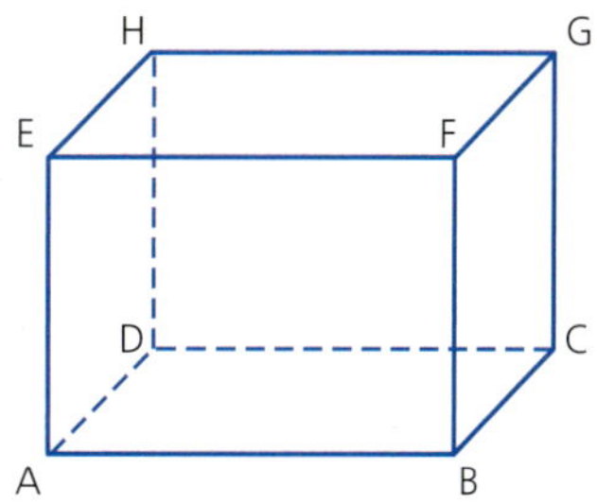

21. Wie ändern sich das Volumen und der Oberflächeninhalt eines Würfels, wenn seine Kantenlänge verdoppelt wird?

22. Wie ändert sich das Volumen eines Kreiskegels, wenn seine Höhe gleich bleibt, aber der Grundkreisradius verdoppelt wird?

23. In welchem Verhältnis stehen die Oberflächeninhalte zweier Kugeln zueinander, deren Radien sich wie 2 : 1 verhalten?

24. Ein rechtwinkliges Dreieck mit den Seitenlängen 3 cm; 4 cm und 5 cm wird jeweils um eine Kathete gedreht.
a) Was für ein Körper entsteht bei solch einer Drehung?
b) Berechne, wie groß das Volumen dieses Körpers sein kann.

25. Aus 10 Kilogramm Blei mit einer Dichte von 11,3 $\frac{g}{cm^3}$ sollen Kugeln mit einem Durchmesser von 2 mm gegossen werden.
Wie viele Kugeln lassen sich ohne Abfall herstellen?

Wahrscheinlichkeitsrechnung – Statistik

1 Statistische Kenngrößen

Lagemaße:

Das **arithmetische Mittel** $\bar{x}$ (gesprochen: x quer) ist gleich dem Quotienten aus der Summe aller Werte und deren Anzahl.

$$\bar{x} = \frac{x_1 + x_2 + \ldots + x_n}{n}$$

Der **Zentralwert** $\tilde{x}$ (gesprochen: x Schlange), auch **Median** oder **50%-Wert** genannt, liegt in der Mitte der Werte, wenn diese der Größe nach geordnet sind. Bei einer geraden Anzahl von Werten ist der Zentralwert das arithmetische Mittel der zwei Werte in der Mitte.

Punkte:
15; 19; 21; 21; 26; 27; 19; 19; 31; 16; 25; 25; 26; 14; 27; 19; 15; 20; 21; 24; 32; 26; 25; 25

Zensuren:
5; 4; 3; 3; 2; 2; 4; 4; 1; 4; 3; 3; 2 ;5; 2; 4; 5; 4; 3; 3; 1; 2; 3; 3

$\bar{x}_{Punkte} = \frac{538}{24} = 22{,}4$

$\bar{x}_{Zensuren} = \frac{75}{24} = 3{,}1$

Der **25%-Wert v_1** ist der Zentralwert der ersten Hälfte, der **75%-Wert v_2** ist der Zentralwert der zweiten Hälfte der geordneten Werte.

Punkte:
14; 15; 15; 16; 19; 19; 19; 19; 20; 21; 21; 21 24; 25; 25; 25; 25; 26; 26; 26; 27; 27; 31; 32

$\tilde{x} = \frac{21 + 24}{2} = 22{,}5;\quad v_1 = 19;\quad v_2 = 26$

Zensuren:
1; 1; 2; 2; 2; 2; 2; 3; 3; 3; 3; 3; 3; 3; 3; 4; 4; 4; 4; 4; 4; 5; 5; 5

$\tilde{x} = 3;\quad v_1 = 2;\quad v_2 = 4$

Streuungsmaße:

Die **Spannweite R (Variationsweite)** ist die Differenz aus dem größten und dem kleinsten Wert.

$R = x_{max} - x_{min}$

$R_{Punkte} = 32 - 14 = 18$

$R_{Zensuren} = 5 - 1 = 4$

Die mittlere Abweichung a von $\bar{x}$ ist das arithmetische Mittel aller Abstände der Werte x_i vom arithmetischen Mittel $\bar{x}$.

$$a = \frac{|x_1 - \bar{x}| + |x_2 - \bar{x}| + \ldots + |x_n - \bar{x}|}{n}$$

$a_{Punkte} = \frac{100}{24} \approx 4{,}2$

$a_{Zensuren} = \frac{21{,}6}{24} = 0{,}9$

Die **Vierteldifferenz v_d** ist die Differenz aus dem 75%-Wert v_2 und dem 25%-Wert v_1.

$v_d = v_2 - v_1$

$v_{dPunkte} = 7$

$v_{dZensuren} = 2$

1. Berechne jeweils das arithmetische Mittel der folgenden Werte.
a) 6; 8; 16 b) 18,4; 18,9; 20,9 c) 5; 17; 29; 19
d) 2,24; 1,87; 5,66 e) −2; −5; −9 f) 1,5; −2,5; −3,5; 4,5

2. Gib zu den Angaben aus Aufgabe 1 jeweils den Zentralwert an.

3. Gib jeweils zwei Zahlen an, deren arithmetisches Mittel den folgenden Wert hat.
a) 10 b) 1,2 c) 0 d) −1,5

4. Gib jeweils drei Zahlen an, deren Zentralwert den folgende Wert hat.
a) 10 b) 1,2 c) 0 d) −1,5

5. Gib zu den Zahlen 15; 21 und 36 eine weitere Zahl an, sodass das arithmetische Mittel 28 ist.

6. Wie ändert sich das arithmetische Mittel von fünf Zahlen, wenn jede der Zahlen um 1 vergrößert wird?

7. Andre, Bernd, Dora und Chris springen fünfmal hintereinander so weit sie können. Sie kommen auf folgende Weiten:

	1. Sprung	2. Sprung	3. Sprung	4. Sprung	5. Sprung
Andre	5,08 m	4,99 m	5,00 m	5,13 m	5,11 m
Bernd	5,06 m	4,78 m	5,18 m	4,82 m	4,46 m
Dora	4,22 m	4,58 m	4,36 m	4,40 m	4,52 m
Chris	3,98 m	4,66 m	4,05 m	4,56 m	4,28 m

a) Berechne jeweils die durchschnittliche Sprungweite der vier Personen.
b) Berechne die durchschnittliche Sprungweite aus allen 20 Messwerten.
c) Berechne das arithmetische Mittel aus den Ergebnissen der Aufgabe a).
d) Vergleiche die Ergebnisse von b) und c) miteinander.

8. Einhundert Kinobesucher wurden nach ihrem Alter befragt.

Alter	9	10	11	12	13	14	15	16	17
Anzahl	8	5	14	23	32	12	3	2	1

a) Wie groß ist das Durchschnittsalter der Kinobesucher?
b) Gib den Zentralwert und die mittlere Abweichung vom Durchschnittsalter an.

9. Bei einer Klassenarbeit konnten maximal 34 Punkte erreicht werden. Die Arbeit von 22 Schülern wurde mit folgenden Punktzahlen bewertet:

Punkte	4	5	6	8	9	12	14	16	18	19	21	22	23	28	29	32	34
Anzahl	1	1	1	1	1	2	1	1	3	1	1	1	2	1	1	2	1

a) Gib die Minimal- und die Maximalpunktzahl sowie den Zentralwert an.
b) Berechne die durchschnittlich erreichte Punktzahl.
c) Gib die Spannweite, die mittlere Abweichung vom arithmetischen Mittel und die Vierteldifferenz an.

10. In einer Spielsaison der Bundesliga wurden an 34 Spieltagen der Hin- und Rückrunde jeweils die folgenden Anzahlen von Toren geschossen:

Hinr.	23	24	27	35	26	28	24	30	30	32	23	30	32	20	30	30	23
Rückr.	25	21	35	32	30	12	30	14	27	18	19	28	33	30	25	26	25

a) Ermittle jeweils das arithmetische Mittel der geschossenen Tore in jeder der beiden Runden.
b) Berechne die mittleren Abweichungen von den arithmetischen Mitteln und die Zentralwerte.
c) Vergleiche die Ergebnisse der beiden Runden miteinander.

2 Grafische Darstellung statistischer Daten

Die **absolute Häufigkeit H(E)** gibt an, wie oft ein bestimmtes Ereignis E bei n Versuchen oder Beobachtungen eintritt.

Zensur	1	2	3	4	5	6
H (E)	2	5	8	6	3	0

n = 24

Die **relative Häufigkeit h(E)** lässt sich als Quotient aus der absoluten Häufigkeit H(E) und der Anzahl n der Versuche oder Beobachtungen berechnen.
Relative Häufigkeiten werden oft in Prozent angegeben.

$h(E) = \frac{H(E)}{n}$

Zensur	1	2	3	4	5	6
h (E)	$0{,}08\overline{3}$	$0{,}208\overline{3}$	$0{,}\overline{3}$	0,25	0,125	0
h (E)/%	$8{,}\overline{3}$	$20{,}8\overline{3}$	$33{,}\overline{3}$	25	12,5	0

Häufigkeitsverteilungen entstehen, wenn absolute bzw. relative Häufigkeiten den Ergebnissen zugeordnet werden.

Um absolute Häufigkeiten grafisch darzustellen sind **Streckendiagramme** oder **Streifendiagramme** (Balkendiagramme, Säulendiagramme) geeignet.

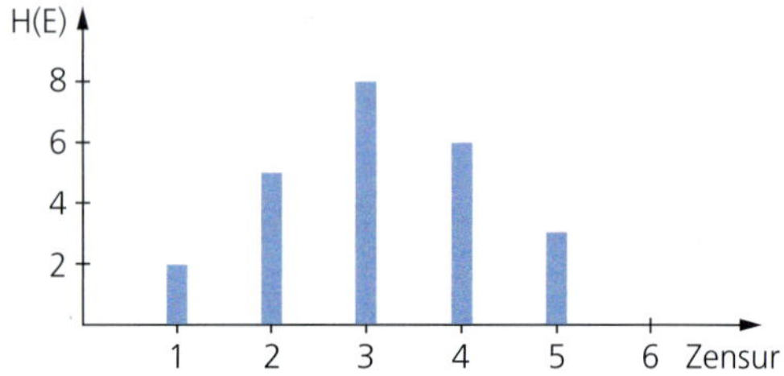

Zur grafischen Darstellung relativer Häufigkeiten sind **Prozentstreifen** bzw. **Kreisdiagramme** geeignet, bei denen die Aufteilung eines Rechtecks (100 %) oder Kreises (100 %) erfolgt. Beim Kreisdiagramm entsprechen die Zentriwinkel α der Kreissektoren den Prozentpunkten:

$\alpha = \text{Prozentpunkt} \cdot 3{,}6°$

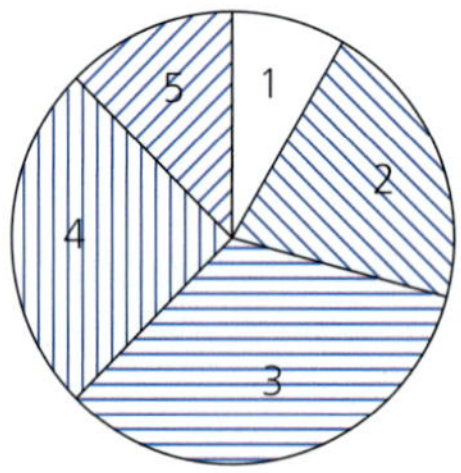

Zur grafischen Darstellung mehrerer Kenngrößen von Häufigkeitsverteilungen sind **Kastenschaubilder** (Boxplots) geeignet.

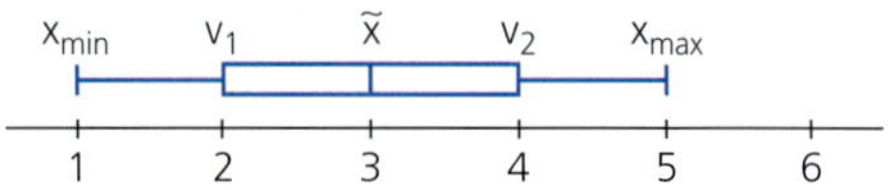

1. In der Tabelle ist der Energieverbrauch der BRD für zwei Jahre erfasst. ($1 EJ = 10^{18} J$)

a) Zeichne für beide Jahre jeweils Kreisdiagramme und vergleiche den Verbrauch der einzelnen Energieträger.

b) Zeichne ein Streckendiagramm, in dem alle Angaben für beide Jahre enthalten sind.

Verbrauch in EJ	2001	2004
Feste Brennstoffe	3,56	3,55
Flüssige Brennstoffe	5,58	5,97
Gasförmige Brennst.	3,12	3,42
Kernenergie	1,87	1,65
Wasser/Wind	0,11	0,19
Sonstige	0,35	0,39

2. Die beiden Diagramme zeigen die Anteile am Wasserverbrauch einer Großfamilie in den Jahren 2004 und 2005.

Verbrauch 2004: 222 m^3

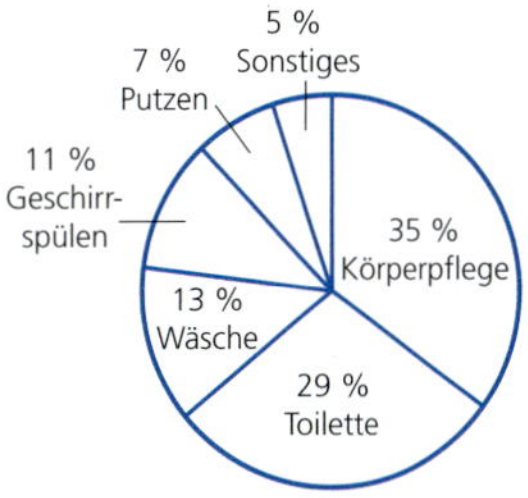

Verbrauch 2005: 195 m^3

a) Wie viel Liter Wasser wurden 2005 durchschnittlich für das Geschirrspülen pro Tag verbraucht?
b) Wie viel Kubikmeter Wasser wurden im Jahr 2005 für die Körperpflege weniger verbraucht als 2004?
c) Gib an, wie viel Kubikmeter Wasser 2004 für jeden Bereich einzeln verbraucht wurden.

3. Eine Firma hat die Anzahl der monatlich verkauften Fahrräder in den ersten beiden Jahren ihres Bestehens erfasst:

Monat	Jan.	Feb.	Mär.	Apr.	Mai	Jun.	Jul.	Aug.	Sep.	Okt.	Nov.	Dez.
1. Jahr	18	25	37	71	79	62	73	56	54	40	55	73
2. Jahr	15	25	36	64	68	59	67	52	48	50	58	71

a) Stelle die Angaben für beide Jahre in einem gemeinsamen Diagramm grafisch dar.
b) Vergleiche beide Jahre bezüglich der arithmetischen Mittelwerte und der Zentralwerte. Was stellst du fest?
c) Vergleiche die Verkaufszahlen in den einzelnen Monaten. Was stellst du fest?

4. Alle Schüler einer Klasse haben ihre Zeiten für die Nutzung des Internets in der letzten Ferienwoche angegeben:

Mädchen: 12 h 45 min; 15 h 30 min; 14 h 15 min; 8 h; 9 h 30 min; 18 h; 15 h 30 min; 14 h; 15 h 15 min; 14 h 15 min

Jungen: 13 h 30 min; 14 h 15 min; 20 h 30 min; 18 h 45 min; 11 h 30 min; 15 h 15 min; 9 h 15 min; 14 h 15 min; 14 h 15 min

a) Wie lange haben jeweils die Jungen, die Mädchen bzw. alle Schüler der Klasse durchschnittlich in der letzten Ferienwoche das Internet genutzt?
b) Wie viel Prozent der Schüler haben das Internet unter 10 Stunden, von 10 bis 15 Stunden bzw. über 15 Stunden in der letzen Ferienwoche genutzt? Stelle diese Anteile grafisch dar.
c) Entwickle Kastenschaubilder (Boxplots), in denen jeweils die Minimalzeit, die Maximalzeit, der Zentralwert, der 25%-Wert und der 75%-Wert abgelesen werden kann:
(1) für die Mädchen (2) für die Jungen (3) für die gesamte Klasse

5. Gib von den beiden Messreihen jeweils Maximalwert, Minimalwert, Zentralwert, arithmetisches Mittel, mittlere Abweichung vom arithmetischen Mittel und Spannweite an:

I: 19,3 °C; 22,0 °C; 15,7 °C; 22,8 °C; 15,3 °C; 18,7 °C; 16,2 °C; 25,4 °C; 19,6 °C; 14,9 °C; 24,6 °C; 18,2 °C; 28,4 °C; 22,2 °C; 24,9 °C; 20,8 °C; 21,2 °C; 19,5 °C; 18,4 °C; 25,0 °C

II: 1,7 °C; −4,8 °C; −2,2 °C; 5,8 °C; −1,1 °C; −0,5 °C; 4,4 °C; 1,7 °C; −0,1 °C; −4,2 °C

3 Berechnen und Deuten von Wahrscheinlichkeiten

Vorgänge mit verschiedenen Ergebnissen bezüglich eines Merkmals heißen **zufällige Vorgänge.** Alle möglichen Ergebnisse bilden die **Ergebnismenge S.**

Vorgang: einmaliges Werfen eines Würfels
Merkmal: gewürfelte Augenzahl
S = {1; 2; 3; 4; 5; 6}

Zufällige Ereignisse sind Aussagen über das Eintreten von Ergebnissen. Sie werden mit großen Buchstaben bezeichnet.

A = {2; 4; 6} (gerade Augenzahlen)
B = {1; 2; 3; 4; 5} (Augenzahlen ohne die 6)

Alle Ereignisse, die nicht zu A gehören, werden **Gegenereignisse** $\overline{A}$ genannt.

$\overline{A}$ = {1; 3; 5} (ungerade Augenzahl)

Die relative Häufigkeit für das Eintreten eines Ereignisses A ist ein Näherungswert für die **Wahrscheinlichkeit P(A).** Es gilt:

$P(A) + P(\overline{A}) = 1$

$P(A) = \frac{1}{2} = 0{,}5 = 50\ \%$

$P(B) = \frac{5}{6} = 0{,}8\overline{3} = 83{,}\overline{3}\ \%$

$P(\overline{A}) = \frac{1}{2} = 0{,}5 = 50\ \%$

Haben alle Ergebnisse die gleiche Wahrscheinlichkeit $\frac{1}{m}$, so liegt eine Gleichverteilung vor. Es gilt die **LAPLACE-REGEL:**

$$P(E) = \frac{\text{Anzahl der für A günstigen Ereignisse}}{\text{Anzahl der möglichen Ereignisse}} = \frac{g}{m}$$

E: Die Augenzahl ist eine Quadratzahl
günstige Augenzahlen: 1; 4
mögliche Augenzahlen: 1; 2; 3; 4; 5; 6

$P(E) = \frac{2}{6} = \frac{1}{3} = 33\frac{1}{3}\ \%$

Zufällige Vorgänge aus mehreren Teilvorgängen (mehrstufige Vorgänge) können in **Baumdiagrammen** veranschaulicht werden.

1. Die Wahrscheinlichkeit für ein zusammengesetztes Ergebnis ist gleich dem Produkt der Wahrscheinlichkeiten längs des zugehörigen Pfades.
2. Bilden mehrere zusammengesetzte Ergebnisse ein Ereignis, so ist die Wahrscheinlichkeit dieses Ereignisses gleich der Summe der Wahrscheinlichkeiten der einzelnen Ergebnisse.

Vorgang: dreimaliges Werfen eines Würfels
Merkmal: die 6 tritt genau einmal auf

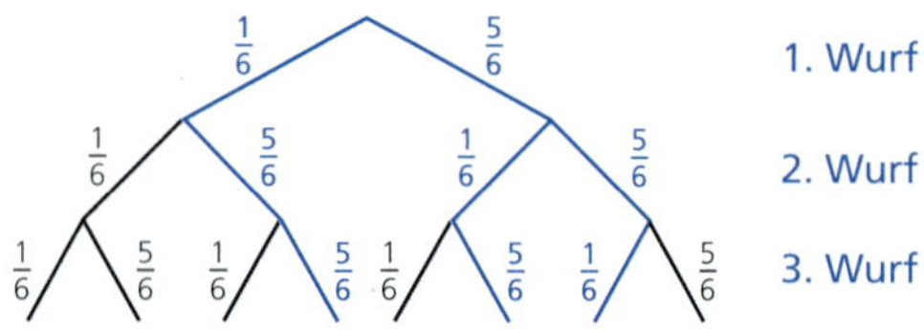

$$\frac{1}{6} \cdot \frac{5}{6} \cdot \frac{5}{6} = \frac{25}{216}$$

$$P(A) = 3 \cdot \frac{25}{216} = \frac{25}{72} = 0{,}347\overline{2} = 34{,}7\overline{2}\ \%$$

1. Gib alle Ergebnisse an, die bei den folgenden Vorgängen auftreten können.
a) Summe der Augenzahlen nach dem Werfen von zwei Würfeln
b) sichtbare Bilder nach dem gleichzeitigen Werfen zweier Münzen
c) Farbe der Schachfigur bei einem Zug

2. Gib zu folgenden Ereignissen die Gegenereignisse an, wenn mit einem Würfel gewürfelt wurde.
a) Es wird eine gerade Zahl gewürfelt.
b) Es wird eine 2 oder eine 3 gewürfelt.
c) Es wird keine 6 gewürfelt.
d) Es wird eine Zahl gewürfelt, die kleiner als 3 ist.

3. Wie groß ist jeweils die Wahrscheinlichkeit für folgende Ereignisse beim Würfeln eines Würfels?
a) Es wird eine 5 gewürfelt.
b) Es wird eine durch 2 teilbare Zahl gewürfelt.
c) Es wird keine 6 gewürfelt.
d) Es wird eine gerade oder eine ungerade Zahl gewürfelt.

4. Gib die folgenden Wahrscheinlichkeiten in Prozent an.
a) 0,5 b) $\frac{1}{4}$ c) 1 d) $\frac{34}{100}$ e) $\frac{6}{6}$

5. Welche verschiedenen Ergebnisse sind für folgende Vorgänge möglich?
a) Eine Münze wird dreimal hintereinander geworfen.
b) Geschlecht bei einer Zwillingsgeburt
c) Anziehen einer Hose (schwarz bzw. grau) und eines T-Shirts (weiß bzw. rot)

6. Wie groß ist die Wahrscheinlichkeit für das Würfeln von „blau" bei folgenden Netzen?

a) 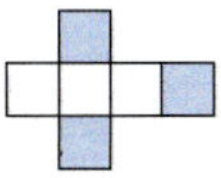
b) 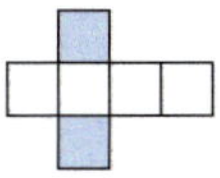
c) 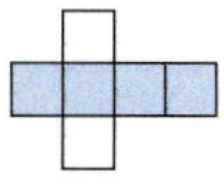
d) 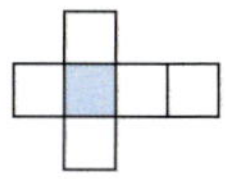

7. Skizziere ein Glücksrad mit blauen und weißen Feldern, sodass die Gewinnchance beim Erdrehen eines blauen Feldes wie folgt ausfällt:
a) 50 % b) $33\frac{1}{3}$ % c) 75 % d) $16,\overline{6}$ %

8. a) Bei einer Losbude sind 75 % aller Lose Nieten. Mit welcher Wahrscheinlichkeit kann beim Kaufen eines Loses ein Gewinn erwartet werden?
b) Eine Familie (5 Personen) kauft pro Person zwei Lose. Dabei ist ein Gewinnlos.
Ermittle einen Schätzwert für die Wahrscheinlichkeit, eine Niete zu ziehen.

9. Eine Münze wird zweimal hintereinander geworfen.
a) Zeichne ein Baumdiagramm für diesen Vorgang.
b) Bestimme die Wahrscheinlichkeit, dass zweimal die Zahl oben liegt.
c) Bestimme die Wahrscheinlichkeit, dass einmal die Zahl und einmal das Wappen oben liegt.

10. In einem Ziehungsbehälter befinden sich nur weiße und schwarze Kugeln.
Gib die Wahrscheinlichkeit für die Wahl einer schwarzen Kugel an.

	a)	b)	c)	d)	e)	f)
weiß	100	50	100	50	1 000	999
schwarz	100	100	50	50	2 000	1

11. Eine Computerbaugruppe besteht aus vier voneinander unabhängig arbeitenden Bauteilen. Die Fehlerquote bei der Produktion beträgt für das erste Bauteil 0,2 %, für das zweite Bauteil 0,3 %, für das dritte Bauteil 0,4 % und für das vierte Bauteil 0,5 %.
a) Ermittle die Wahrscheinlichkeit dafür, dass bei der Endkontrolle alle vier Teile defekt sind.
b) Mit welcher Wahrscheinlichkeit kann die Baugruppe die Endkontrolle (ohne Fehler) passieren?

12. Drei Freunde wollen per Los entscheiden, wer von ihnen die Kinokarten abholen soll. Sie haben drei Lose (ein „Gewinnlos"; 2 Nieten) vorbereitet. Sie ziehen die Lose nacheinander.
a) Mit welcher Wahrscheinlichkeit zieht jeder von ihnen das Gewinnlos?
Warum ist derjenige, der das dritte Los zieht, nicht benachteiligt?
b) Könnte es sein, dass einer der drei Freunde dreimal hintereinander ein „Gewinnlos" zieht?
Begründe deine Entscheidung.

4 Sach- und Anwendungsaufgaben

(1) Text gründlich lesen	Dirk und Diana messen jeweils 5-mal, wie lange es dauert, bis ein Wagen eine geneigte Ebene heruntergefahren ist. Dirk: 3,1 s; 3,6 s; 3,9 s; 3,3 s; 3,5 s Diana: 3,6 s; 3,6 s; 3,2 s; 3,5 s; 3,5 s Wer hat besser gemessen?
(2) Gesuchte und gegebene Größen festlegen (3) Gleichung lösen (4) Lösung prüfen	$\overline{x}_{Dirk} = 17{,}4\ s : 5 = 3{,}48\ s$ $R_{Dirk} = 3{,}9\ s - 3{,}1\ s = 0{,}8\ s$ $\overline{x}_{Diana} = 17{,}4\ s : 5 = 3{,}48\ s$ $R_{Diana} = 3{,}6\ s - 3{,}2\ s = 0{,}4\ s$
(5) Im Satz antworten	Die Mittelwerte sind in beiden Messreihen gleich. Dianas Messwerte haben eine kleinere Streuung. Sie hat besser gemessen.

1. Bei einem Sportfest werden für Jungen und Mädchen getrennt jeweils für die ersten drei Plätze im 100-m-Lauf, im Weitsprung und im Hochsprung Urkunden geschrieben. Wie viele Urkunden sind insgesamt vorzubereiten?

2. Beim Schreiben einer Überschrift in einem Text stehen zwei Schriftgrößen (10 pt und 12 pt), zwei Schriftarten (Times und Arial) und drei Schriftstile (normal, fett, kursiv) zur Verfügung. Wie viele verschiedene Möglichkeiten zum Schreiben der Überschrift gibt es?

3. Eine Kugel fällt von oben durch eine mit 6 gleichmäßig angeordneten Nägeln versperrte Bahn. (Vgl. nebenstehende Abbildung.) Wie groß ist die Wahrscheinlichkeit, dass die Kugel im folgenden Kasten landet?

a) Kasten (3) b) Kasten (4)

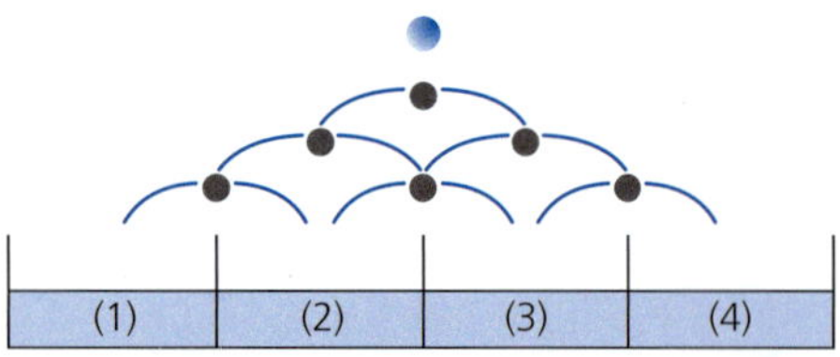

4. Acht Schüler messen zur gleichen Zeit am gleichen Ort die folgenden Temperaturen:
21,8 °C; 22,0 °C; 19,9 °C; 22,1 °C; 15,2 °C; 22,0 °C; 21,9 °C; 22,1 °C

a) Gib den Zentralwert und das arithmetische Mittel an.

b) Streiche den offensichtlichen Messfehler (Ausreißer) und prüfe, wie sich dies auf den Zentralwert und das arithmetische Mittel auswirkt.

5. In einem Behälter befinden sich neun gleichfarbige Kugeln mit den Zahlen von 1 bis 9. Gib jeweils die Wahrscheinlichkeit für folgende Ereignisse an:

a) Es wird eine gerade Zahl gezogen.

b) Es wird die 5 gezogen.

c) Es wird eine Primzahl gezogen.

d) Es wird eine durch drei teilbare Zahl gezogen.

6. Aus einem Kartenspiel (Skatspiel) mit 32 Spielkarten sollen Karten gezogen werden. Gib jeweils ein Beispiel dafür an, dass folgende Wahrscheinlichkeiten auftreten:

a) $\frac{1}{32}$ b) 25 % c) 50 % d) $\frac{4}{32}$ e) 100 %

7. Ein Glücksrad besteht aus 24 gleich großen Feldern. Sechs davon sind rot, vier sind gelb und zwei sind grün gefärbt. Die restlichen Felder haben eine weiße Farbe. Bei 100 Umdrehungen traten die nebenstehenden Ergebnisse auf.

rot	gelb	grün	weiß
25	16	9	50

a) Ermittle die relativen Häufigkeiten und stelle diese in einem Kreisdiagramm dar.
b) Mit welcher Wahrscheinlichkeit bleibt das Rad auf einem roten Feld stehen?
c) Bleibt das Rad bei einem roten Feld stehen, gibt es zwei Punkte, bei einem gelben Feld vier Punkte, bei einem grünen Feld sechs Punkte. Bei weißen Feldern gibt es keine Punkte. Welche durchschnittliche Punktzahl kann man bei einer Drehung erwarten?

8. Das nebenstehende Diagramm zeigt das Ergebnis einer Vergleichsarbeit in den 10. Klassen einer Schule.
a) Wie viele Schüler wurden insgesamt bewertet?
b) Wie viel Prozent der Schüler haben eine Zensur erreicht, die besser als 3 ist?
c) Welchen Zentralwert hat die Zensurenverteilung?
d) Stelle alle Anteile in einem Kreisdiagramm dar.

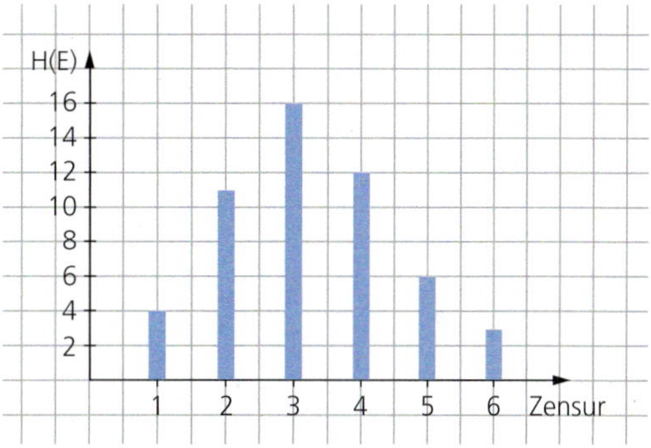

9. Die folgende Tabelle zeigt, wie viele Personen den Fahrstuhl eines Kaufhauses innerhalb eines Tages benutzt haben:

Anzahl der Personen	1	2	3	4	5	6	7	8
Anzahl der Fahrten	13	25	39	77	63	87	29	5

a) Wie viele Fahrten wurden an diesem Tag insgesamt durchgeführt?
b) Berechne die durchschnittlichen Anzahl der an diesem Tag pro Fahrt transportierten Personen.
c) Erstelle ein Diagramm mit den in der Tabelle erfassten Anteilen für die Auslastung des Fahrstuhls.
d) Berechne die Wahrscheinlichkeit dafür, dass mindestens 5 Personen pro Fahrt im Fahrstuhl sind.

10. Gerd hat die folgenden 25 vierstelligen Zahlen nacheinander aufgeschrieben:

2783	4321	7329	6471	4916
1916	9086	3846	5999	2555
1748	7435	2197	6817	1304
3347	6281	8306	1098	2303
5006	5409	4199	9713	8624

a) Ermittle die relativen Häufigkeiten für das Auftreten der Ziffern 0 bis 9.
b) Welche Ziffer ist die „Lieblingsziffer" von Gerd?
c) Fasse jeweils die ersten beiden Ziffern und die letzten beiden Ziffern zu zweistelligen Zahlen zusammen. Wie oft treten in den beiden Gruppen zweistellige Zahlen mit gleichen Ziffern (00; 11; 22; …; 99) auf?
d) Stelle die Ergebnisse aus Aufgabe a) grafisch dar.

Testarbeiten

Testarbeit 1

Teil 1

Löse alle Aufgaben in diesem Teil ohne Taschenrechner.

1. Berechne.

a) $15 + 1{,}5 - \frac{1}{4}$ b) $11^2 + \sqrt{81} - 15$ c) $12:3 - 2\cdot 6 + 4\cdot 0$ d) $\frac{1}{2}:\frac{1}{4} - 1$

2. Welche Antwort ist richtig? Wenn sich der Preis für eine Monatskarte im Wert von 26,00 € um 2 % erhöht, kostet sie nach der Erhöhung:

a) 28,00 € b) 26,26 € c) 26,52 € d) 28,60 €

3. Welche Antwort ist richtig? Wenn sich die Seitenlänge eines Quadrates mit einem Flächeninhalt von 9 cm^2 um 1 cm vergrößert, dann beträgt der Flächeninhalt des größeren Quadrates:

a) 10 cm^2 b) 100 cm^2 c) 160 cm^2 d) 16 cm^2

4. Forme die folgenden Gleichungen jeweils in die Form $y = mx + n$ um, und gib jeweils m und n an.

a) $2y = 4x - 8$ b) $x + y = 8$ c) $x + 4y = 16$ d) $3y - 6x = 12$

5. a) Gib die Funktionsgleichungen für die Graphen der Funktionen f(x), g(x) und h(x) an.

b) Welche Nullstellen besitzen die Funktionen?

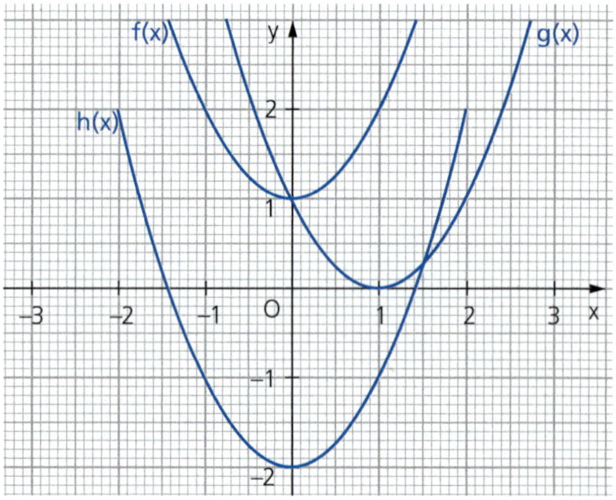

6. Schreibe mithilfe von Variablen.

a) Die Summe dreier aufeinander folgender natürlicher Zahlen.

b) Das Produkt aus einer geraden ganzen Zahl und ihrem Nachfolger.

c) Das Quadrat einer ungeraden natürlichen Zahl.

7. Gib jeweils die Länge der Strecke x an.

a) $\overline{AB} = 2$ cm; $\overline{BC} = 2$ cm; $\overline{BE} = 2$ cm; $\overline{CD} = x$

b) $\overline{AB} = 3$ cm; $\overline{BC} = 6$ cm; $\overline{ED} = 4$ cm; $\overline{AE} = x$

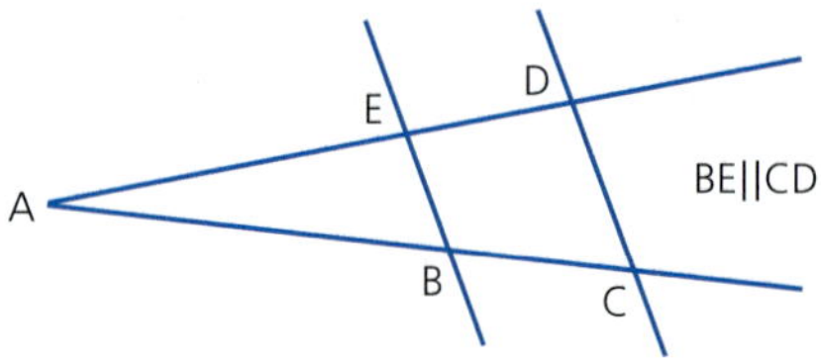

8. Wie groß ist die Wahrscheinlichkeit, dass beim Drehen des Glücksrades „Weiß" gewinnt?

a)

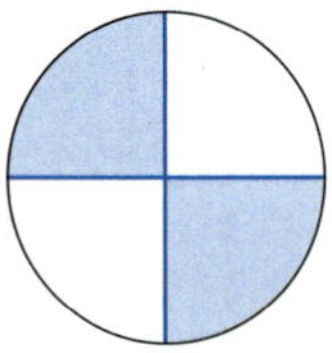

b)

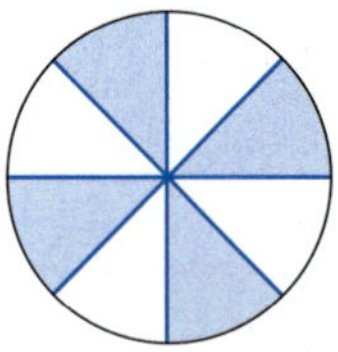

c)

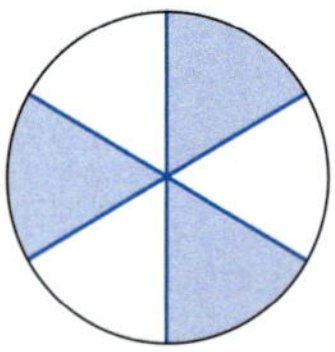

d)

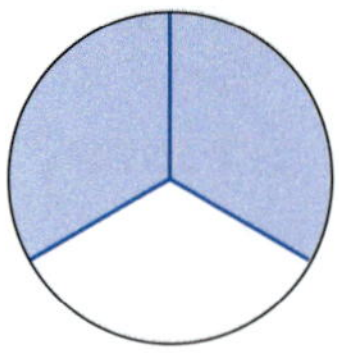

Teil 2

Zum Lösen der Aufgaben in diesem Teil sind Tafelwerk und Taschenrechner erlaubt.

1. Die Ergebnisse einer Klassenarbeit sind in der folgenden Tabelle dargestellt:

Zensur	1	2	3	4	5	6
Klasse 9a	3	6	7	6	2	1
Klasse 9b	2	6	10	3	2	1

a) Veranschauliche die Ergebnisse der Klasse 9a in einem sinnvollen Diagramm.
b) Ermittle für jede der beiden Klassen den Klassendurchschnitt, den Modalwert und den Zentralwert.

2. Löse die folgenden Gleichungen und führe jeweils eine Probe durch.
a) $(7 + x) \cdot 4 = 44$ b) $3x \cdot (7 + x) - (2x + 3) = 3x^2 - 2x + 4$

3. Durch die Gleichungen $y = f(x) = x^2 - 2x$ mit $x \in \mathbb{R}$ und $y = g(x) = -x + 2$ mit $x \in \mathbb{R}$ sind zwei Funktionen gegeben.
a) Stelle beide Funktionen im gleichen Koordinatensystem dar.
b) Lies die Nullstellen und die gemeinsamen Punkte beider Graphen ab.
c) Berechne ihre Nullstellen.

4. Gesucht sind zwei Zahlen, deren Summe 4 beträgt. Wird das Dreifache der einen Zahl um das Doppelte der anderen Zahl vermindert, so erhält man 52. Wie heißen die beiden Zahlen?

5. Die Kosten zum Erwerb eines Führerscheines setzen sich aus einem Grundbetrag und den Kosten für die Fahrstunden zusammen. Es müssen mindestens 12 Fahrstunden absolviert werden. Prüfe die Angebote der beiden Fahrschulen wenn 12, 15 bzw. 18 Fahrstunden absolviert werden müssen. Welches Angebot ist jeweils das Preiswertere?

Fahrschule	Grundbetrag	Kosten für eine Fahrstunde
A	170,00 €	22,00 €
B	130,00 €	25,00 €

6. Von einem Grundstück in Form eines rechtwinklig-gleichschenkligen Dreiecks (vgl. nebenstehende Abbildung) wird das gekennzeichnete Stück verkauft, das ebenfalls wieder ein rechtwinklig-gleichschenkliges Dreieck ist. Um wie viel Prozent wird das ursprüngliche Grundstück dadurch kleiner?

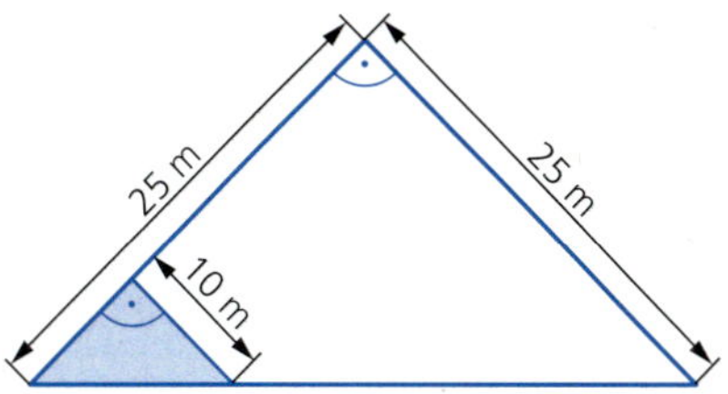

7. In ein quadratisches Blech mit einer Seitenlänge von 5 cm soll genau in die Mitte ein Loch geschnitten werden, das ebenfalls die Form eines Quadrates und einen Flächeninhalt von 9 cm^2 hat. Der verbleibende Streifen soll überall gleich breit sein.
a) Fertige eine Skizze an und trage die bekannten Stücke ein.
b) Welche Seitenlänge hat das herauszuschneidende Quadrat?
c) Wie viel Prozent wird von dem Ausgangsquadrat entfernt?

Teil 3

Wähle aus diesem Teil eine Aufgabe und löse diese.

1. Gegeben ist die Funktion f durch $y = f(x) = x^2 + 4x + 3$. Die zugehörige Parabel schneidet die y-Achse im Punkt A. Durch den Scheitelpunkt S der Parabel soll eine Gerade g verlaufen, die einem Anstieg $m = -1$ hat. Die Gerade g schneidet die y-Achse im Punkt B.

a) Zeichne die Parabel und die Gerade in ein und dasselbe Koordinatensystem (1 LE ≙ 1 cm).

b) Gib die Gleichung der Geraden in der Form $y = mx + n$ an.

c) Berechne den Flächeninhalt des Dreiecks ABS.

d) Gesucht ist die Gleichung einer linearen Funktion $y = h(x)$, deren Graph durch S verläuft und einen Flächeninhalt für das Dreieck ADS von 10 cm^2 erzeugt.
Gib diese Gleichung an.

e) Verschiebe die Parabel von f(x) um 2 Einheiten nach oben, sodass der Scheitelpunkt S_1 entsteht. Gib die Funktionsgleichung für die dabei entstehende Parabel an und vergleiche den Flächeninhalt des Dreiecks ABS mit dem Flächeninhalt des Dreiecks ABS_1.
Begründe dein Ergebnis.

2. Eine Firma bekommt die folgenden Konditionen für die Ausleihe eines Kleintransporters:
Grundgebühr pro Tag: 35,00 €
Kilometerpauschale: 40 Cent pro Kilometer

a) Wie viel Euro müssen für die Ausleihe eines Transporters für drei Tage gezahlt werden, wenn insgesamt 1200 km gefahren wurden?

b) Wie viel Kilometer können insgesamt in fünf Tagen zurückgelegt werden, wenn die Gesamtkosten unter 650 € bleiben sollen?

c) Die Konditionen für die Grundgebühr und für die Kilometerpauschale wurden verändert.
Als in vier Tagen 300 km gefahren wurden, mussten 274 € gezahlt werden. Die Ausleihe des gleichen Autos für neun Tage bei einer Fahrstrecke von 1 850 km kostete 1 110 €.
Gib die Grundgebühr und die Kilometerpauschale nach der Veränderung an.

d) Im Januar des vorangegangenen Jahres kostete ein Liter Kraftstoff 0,98 €. Die Kosten für Kraftstoff betrugen für die Firma insgesamt 2 345,14 €. In diesem Kalenderjahr musste die Firma im Januar 335,02 € mehr ausgeben. Um wie viel Prozent ist der Kraftstoffpreis gestiegen, wenn man davon ausgeht, dass in den beiden Zeiträumen die Fahrstrecken gleich waren? Wie viel Euro kostete ein Liter Kraftstoff im Januar dieses Jahres?

3. Ein Park hat die Form eines Trapezes ABCD (vgl. nebenstehende Zeichnung). Es sollen drei Hauptwege $\overline{AC}$, $\overline{EH}$ und $\overline{FG}$ angelegt werden, $\overline{AC}$ als Verbindung der Punkte A und C und die beiden anderen Wege parallel zu $\overline{BC}$ in gleichen Abständen zueinander und zu den Seitenbegrenzungen.

$\overline{AB} = 2\,400$ m
$\overline{BC} = 2\,400$ m
$\sphericalangle BCD = 65°$

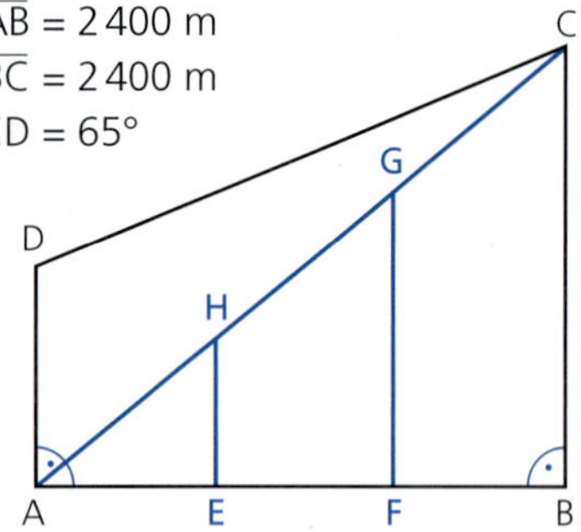

a) Fertige eine Zeichnung des Parks (einschließlich der neuen Wege) in einem geeigneten Maßstab an. Gib den verwendeten Maßstab an.

b) Berechne die Längen der drei neuen Wege.

c) Wie viel Tonnen Kies sind für die drei Wege anzuschaffen, wenn für einen Meter Weg etwa 80 kg benötigt werden?

d) Wie viel Tonnen Grassamen müssen für den Parkabschnitt EFGH gekauft werden, wenn für einen Quadratmeter Wiese etwa 0,5 kg einzuplanen sind?

Testarbeit 2

Teil 1

Löse die Aufgaben ohne Taschenrechner.

1. Berechne jeweils x.

a) $8^4 \cdot 4^4 = 2^x$ b) $\sqrt{\frac{1}{a^{-8}}} = a^x$ c) $\left(\sin \frac{\pi}{2}\right)^x = 1$ d) $9 - (x - 3)^2 = 9$

2. Ordne die folgenden Zahlen: $1{,}7$; $\frac{322}{200}$; $-1{,}\overline{8}$; $\sqrt{2}$; $1\frac{3}{4}$
Beginne mit der kleinsten Zahl.

3. Gib die Werte der folgenden Terme für $x = 2$ und $y = 4$ an.

a) $3(x - 2)$ b) $4y - (y + 1)$ c) $\frac{x}{5 + y}$ d) $(x + 2)(y - 4)$

4. Stelle die folgenden Gleichungen nach den angegeben Variablen um.

a) $F = m \cdot a$ (nach a) b) $v = \frac{s}{t}$ (nach t) c) $s = \frac{g}{2} \cdot t^2$ (nach t) d) $T = 2\pi \cdot \sqrt{\frac{l}{g}}$ (nach l)

5. Warum kann es kein Dreieck geben, für das gilt: $\overline{AB} = c = 12$ cm; $\overline{AC} = b = 7$ cm; $\sphericalangle ABC = 110°$

6. Welche der folgenden Aussagen ist wahr, welche falsch? Begründe jeweils.

a) Es gibt Dreiecke, die gleichschenklig und gleichzeitig rechtwinklig sind.
b) Jedes gleichschenklige Dreieck, dessen Basis doppelt so lang ist wie ein Schenkel, ist stumpfwinklig.
c) Für jedes Dreieck ABC mit $\overline{AB} = \overline{BC} = 3$ cm gilt: $0 \text{ cm} < \overline{AC} < 6 \text{ cm}$

7. Bei einer Fahrzeugkontrolle weisen $\frac{1}{3}$ der Motorräder, 30 % der Pkw und $\frac{3}{8}$ der Lkw Mängel auf.
Bei welcher Fahrzeugart gab es die wenigsten Mängel?

8. Eine Landkarte hat den Maßstab 1 : 200000.
Wie viel Kilometer in der Wirklichkeit entspricht 1 cm auf der Karte?

9. Gib jeweils eine sinnvolle Einheit an.

a) Grundfläche deiner Schule b) Rauminhalt einer Zahnpastatube

10. Stelle die Funktion $y = f(x) = x^2 - 3$ in einem rechtwinkligen Koordinatensystem grafisch dar und ermittle die Nullstellen der Funktion auf drei Stellen nach dem Komma.

11. a) Zeichne im Intervall von $0 \le x \le 3\pi$ die Funktionen $y = f(x) = 2\sin x$, $y = g(x) = -2\sin x$ und $y = h(x) = \sin 2x$ in ein und dasselbe Koordinatensystem.
b) Gib die Nullstellen der Funktion $y = h(x) = \sin 2x$ an.
c) In welchem Intervall ist der Graph $y = h(x) = \sin 2x$ monoton steigend?
d) Gib jeweils ein a an, für das die Gleichung $a \cdot \sin x = 2$ im Intervall $0 \le x \le 3\pi$ folgende Lösungen hat.
(1) genau zwei Lösungen
(2) genau eine Lösung
(3) keine Lösung

12. Anna, Ben, Jan und Lea rutschen im Schwimmbad nacheinander auf einer Wasserrutsche in zufälliger Reihenfolge.

a) Wie viele Möglichkeiten gibt es dafür?
b) Wie viele Möglichkeiten gibt es dafür, wenn Anna immer zuerst rutscht?
c) Wie viele Möglichkeiten gibt es dafür, wenn Lea immer zuletzt rutscht?

Teil 2

Zum Lösen der Aufgaben in diesem Teil sind Tafelwerk und Taschenrechner erlaubt.

1. Die folgende Tabelle zeigt den Wasserverbrauch eines Vier-Personen-Haushaltes in den Jahren 2000 und 2005.

Jahr	Körperpflege	Toilette	Wäsche	Geschirr	Putzen	Sonstiges
2000	106,56 m^3	83,52 m^3	31,68 m^3	28,80 m^3	20,16 m^3	17,28 m^3
2005	91,84 m^3	56,00 m^3	29,12 m^3	17,92 m^3	15,68 m^3	13,44 m^3

a) Um wie viel Prozent liegt der Wasserverbrauch der Familie im Jahr 2005 unter dem des Jahres 2000?
b) Vergleiche die Anteile für die Toilettenbenutzung bezüglich des Gesamtverbrauches in den beiden Jahren.
c) Stelle die Anteile für den Wasserverbauch des Jahres 2005 in einem Diagramm dar.

2. Zwei Lkw-Ladungen mit grobkörnigem Kies wurden zu einem kegelförmigen Haufen mit einer Höhe von 1,40 m und einem Grundkreisdurchmesser von 3,80 m aufgeschüttet.

a) Wie viel Kubikmeter Kies hatte eine Lkw-Ladung?
b) Bei einer zweiten Lieferung wurde die Höhe des Kieshaufens um 0,40 m größer. Der Grundflächendurchmesser vergrößert sich ebenfalls entsprechend der Zeichnung. Wie viel Kubikmeter Kies sind bei der zweiten Lieferung dazu gekommen?
c) Berechne die Größe des Winkels α.

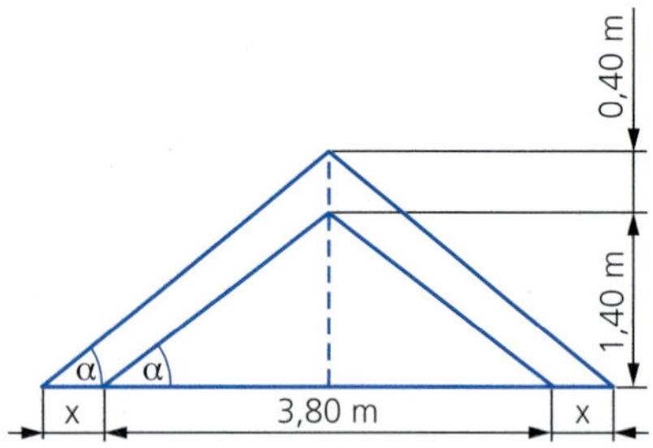

3. a) Zeichne im Intervall von $0 \leq x \leq 5$ die beiden Funktionen $y = f(x) = -x + 2$ und $y = g(x) = (x - 3)^2 - 3$ in ein und dasselbe Koordinatensystem. Die beiden Graphen schneiden einander in den Punkten A und B.
b) Gib die Koordinaten der Schnittpunkte beider Graphen an.
c) Berechne die Länge der Strecke $\overline{AB}$.
d) Spiegele $\overline{AB}$ an der y-Achse. Es entsteht $\overline{A'B'}$. Welches spezielle Viereck ist B'BAA'?
e) Berechne den Umfang und den Flächeninhalt des Vierecks B'BAA'.

4. Von einem Dreieck ABC sind die folgenden drei Maßangaben bekannt:
$\overline{AB} = 110$ m; $\sphericalangle CAB = 45°$; $\sphericalangle BCA = 67°$
a) Konstruiere das Dreieck ABC in einem geeigneten Maßstab und gib diesen an.
b) Berechne die Länge der Höhe h_a.

5. Das nebenstehende rechtwinklige Dreieck ABC soll einmal um die Seite $\overline{AB}$ und dann um die Seite $\overline{AC}$ rotieren.
a) Berechne in jedem der beiden Fälle das Volumen und den Mantelflächeninhalt des entstehenden Rotationskörpers.
b) In welchem Fall entsteht der größere Rotationskörper?

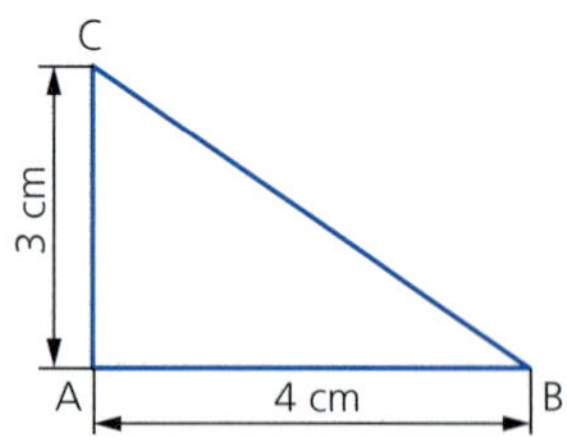

Teil 3

Wähle aus diesem Teil eine Aufgabe und löse diese.

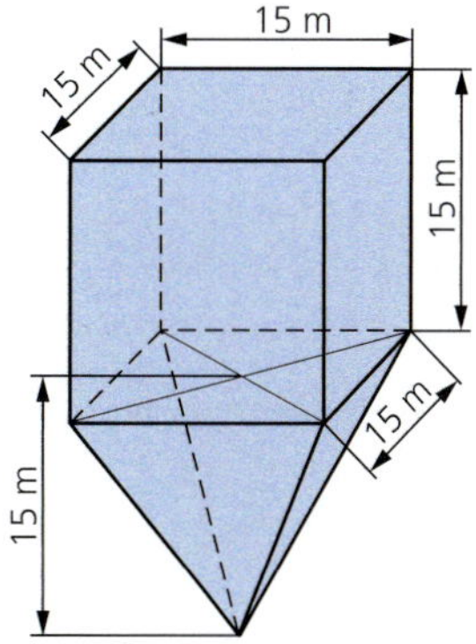

1. Der nebenstehende Behälter ist innen hohl und soll zur Lagerung von Öl dienen. Er besteht aus einem Würfel, an dem unten eine quadratische Pyramide angesetzt wurde.

a) Stelle den Behälter in einem selbst gewählten Maßstab im Zweitafelbild dar. Gib diesen an.

b) Wie viel Hektoliter Öl fasst der Behälter, wenn er bis 0,5 m unter den oberen Rand des Würfels gefüllt wird und die Wanddicke unberücksichtigt bleibt?

c) Pro Stunde können etwa 100 m^3 Öl in den Behälter gefüllt werden. Wann ist der untere Teil des Behälters (die Pyramide) vollständig gefüllt?

d) Wie lange dauert es, bis der gesamte Behälter bis 0,5 m unter den oberen Rand gefüllt ist, wenn pro Stunde 300 m^3 eingefüllt werden können?

e) Wie viel Tonnen Öl sind im Behälter, wenn er bis 0,5 m unter den oberen Rand gefüllt ist? Öl hat eine Dichte von $0{,}8\ \frac{g}{cm^3}$.

2. Der Blumengroßhandel liefert Packungen mit Tulpenzwiebeln zu je 480 Stück aus. In jeder Packung sind $\frac{1}{4}$ rot blühend und 30 % gelb blühend. Die restlichen Tulpen sind weiß blühend.

a) Wie viele Tulpen von jeder Farbe (rot, gelb, weiß) kann man in einer beliebigen Packung erwarten? Stelle die Anteile in einem Diagramm dar.

b) Die folgende Tabelle zeigt die Verkaufspreise von Packungen mit 50 Tulpen in 10 ausgesuchten Gärtnereien. Gib das arithmetische Mittel, den Zentralwert, den Modalwert und die Spannweite des Preises an.

Gärtnerei	1	2	3	4	5	6	7	8	9	10
Preis in €	6,89	7,29	8,00	7,99	8,49	7,99	8,29	6,49	6,99	7,99

c) Beim „Stecken" von drei Tulpen sind verschiedene Farbzusammenstellungen möglich. Welche Möglichkeiten gibt es, wenn man die Reihenfolge der Tulpen unberücksichtigt lässt und alle Tulpen auch gleichfarbig sein können?

d) Die Keimwahrscheinlichkeit einer Tulpenzwiebel beträgt (unabhängig von der Farbe) 90 %. Mit welcher Wahrscheinlichkeit keimen (1) alle Tulpenzwiebeln, (2) mindestens zwei Tulpenzwiebeln, wenn drei Zwiebeln gesteckt werden?

3. Zwei Radarstationen A und B beobachten zur gleichen Zeit ein Schiff S.

a) Wie weit ist das Schiff zu diesem Zeitpunkt vom Ufer entfernt?

b) Das Schiff fährt danach 10 Minuten mit einer konstanten Geschwindigkeit von $15\ \frac{m}{s}$ parallel zum Ufer weiter. Unter welchen Winkeln ist das Schiff nach diesen 10 Minuten von den beiden Radarstationen zu orten?

c) Wie weit ist das Schiff bei der zweiten Messung von der Radarstation B entfernt?

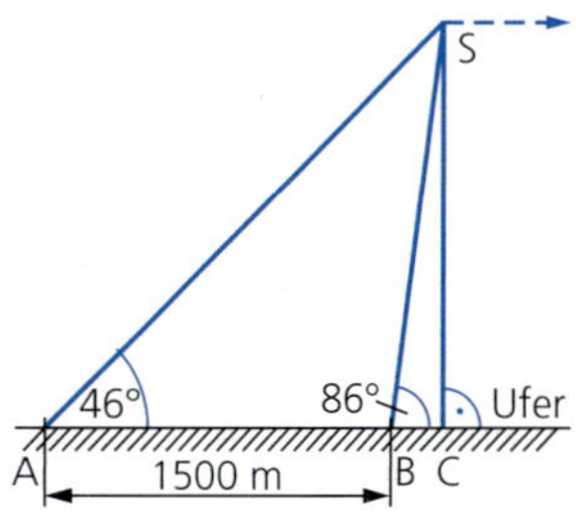

Testarbeit 3

Teil 1

Löse die Aufgaben ohne Taschenrechner.

1. Berechne.

a) 75 % von 420 kg
b) Der fünfte Teil von 320°
c) Das 1,5fache von 740 €
d) Die Hälfte des Quadrates von 0,4

2. Löse die folgenden Gleichungen.

a) $4 + \frac{x}{4} = 4$
b) $4\,(x - 4) = 4$
c) $4 + (x + 4) = 4^2$

3. Welche der folgenden Weg-Zeit-Diagramme passen zu welcher Aussage?

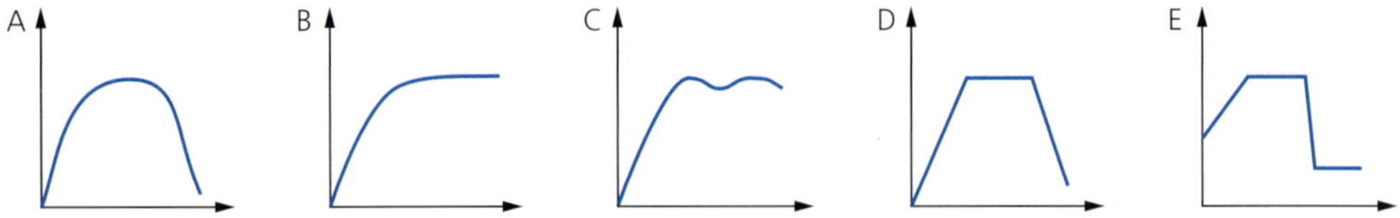

a) Ein Radfahrer erreicht in wenigen Sekunden seine normale Fahrgeschwindigkeit und hält diese mit wenigen Schwankungen bei.
b) Der Benzinpreis steigt am Wochenende an, fällt dann am Wochenanfang wieder knapp unter dem Preis vor dem Wochenende.
c) Dieter läuft beim 100-Meter-Lauf sehr schnell an, seine Beschleunigung wird dann bis zum Ziel immer kleiner.

4. Zeichne in ein und dasselbe rechtwinklige Koordinatensystem die Graphen der folgenden Funktionen ein. Gib jeweils eine Funktionsgleichung an.

a) Graph einer linearen Funktion, der nicht durch den 1. Quadranten geht
b) Graph einer quadratischen Funktion mit dem Scheitelpunkt auf der y-Achse

5. In 250 g Käse sind insgesamt 100 g Fett enthalten.

a) Gib den prozentualen Anteil Fett an.
b) Wie viel Gramm Fett sind in 100 g Käse enthalten?

6. Zwei Pumpen mit gleicher Leistung füllen ein Schwimmbecken in 8 Stunden. Wie lange würde das Füllen des Schwimmbeckens dauern, wenn man zwei weitere Pumpen gleicher Leistung zur Verfügung hätte?

7. a) Setze die Zahlenfolge um zwei weitere Glieder fort.
b) Gib mithilfe eines Terms eine Bildungsvorschrift an.
c) Wie heißt das einhundertste Glied der Zahlenfolge?

1 → 4 → 9 → 16 → 25 → … → □

8. Gib jeweils die Zahlen x_1 und y_1 an, die in den Tabellen fehlen.

a) Die beiden Zahlenfolgen x und y sind zueinander direkt proportional.

x	2	5	7	x_1	11	22
y	3	7,5	10,5	12	y_1	33

b) Die beiden Zahlenfolgen x und y sind zueinander umgekehrt (indirekt) proportional.

x	2	5	6	x_1	12	24
y	3	1,2	1	0,6	y_1	0,25

Teil 2

Zum Lösen der Aufgaben in diesem Teil sind Tafelwerk und Taschenrechner erlaubt.

1. In einer Lostrommel befinden sich 1880 Nieten, 100 Freilose, 15 Kleingewinne und 5 Hauptgewinne. Es wird genau ein Los gezogen. Wie groß ist die Wahrscheinlichkeit für das Eintreten der folgenden Ereignisse?

a) Das Los ist ein Freilos. b) Das Los ist eine Niete. c) Das Los ist keine Niete.

2. Ein Grundstück in Form eines Rechtecks ist 15 m lang und 12 m breit.

a) Berechne den Umfang und den Flächeninhalt des Grundstücks.

b) Nach Baumaßnahmen wird die Länge des Grundstücks um 2 % verkleinert und die Breite um 6 % vergrößert. Berechne den Flächeninhalt des Grundstücks danach.

3. Ein Quadrat und ein gleichseitiges Dreieck sind so wie in nebenstehender Zeichnung angeordnet.
M_1 ist der Umkreismittelpunkt des Quadrates
M_2 ist der Umkreismittelpunkt des Dreiecks.

a) Berechne den Flächeninhalt des Fünfecks ABCDE.

b) Berechne den Umfang des Fünfecks ABCDE.

c) Berechne die Länge des Streckenzuges AM_1EM_2D.

d) Berechne die Größe des Winkels M_1EM_2.

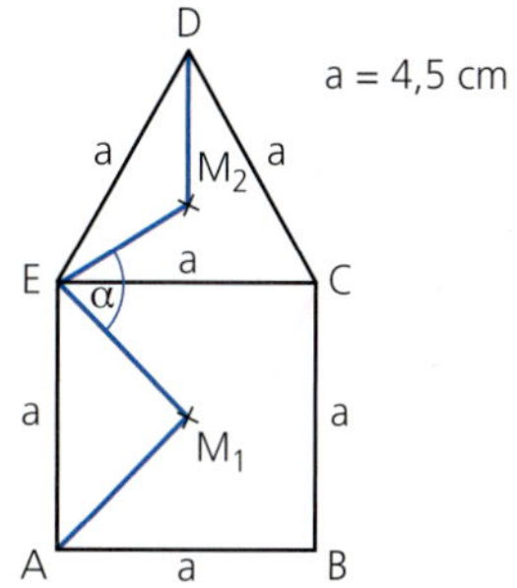

4. In der nebenstehenden Zeichnung ist ein Bauklotz aus Holz im Maßstab 1 : 1 im Zweitafelbild dargestellt.

a) Was ist es für ein Körper?

b) Entnimm die benötigten Maße der Zeichnung und stelle den Bauklotz im Schrägbild dar.

c) Berechne das Volumen des Bauklotzes.

d) Berechne den Abstand des Punktes B bis zum Punkt F.

e) Mit 1 Liter Farbe können etwa 3 m^2 gefärbt werden. Wie viele Büchsen Farbe (mit jeweils einem Fassungsvermögen von einem Liter) sind erforderlich, um 1 000 solcher Bauklötze vollständig einzufärben?

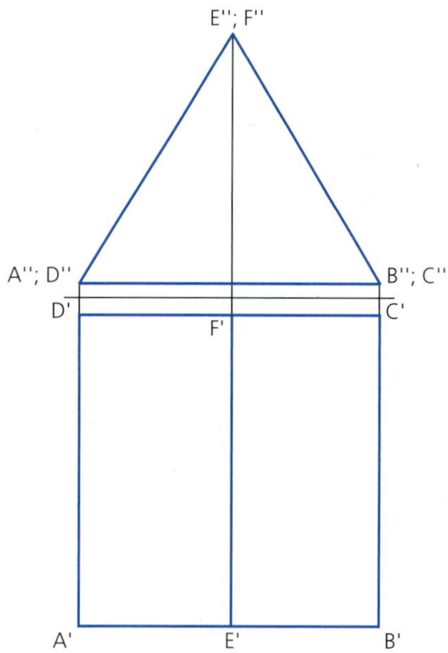

5. Gegeben ist die lineare Funktion $y = f(x) = 2x - 1$ mit $x \in \mathbb{R}$.

a) Zeichne den Graphen der Funktion in ein rechtwinkliges Koordinatensystem.

b) Berechne die Nullstelle der Funktion.

c) Spiegele den Graphen f an der x-Achse und bezeichne das Bild mit g.

d) Spiegele den Graphen f an der y-Achse und bezeichne das Bild mit h.

e) Gib die Gleichungen für g und h an.

f) Berechne den Flächeninhalt des Dreiecks, das durch die Geraden f und h sowie durch die x-Achse gebildet wird.

Teil 3

Wähle aus diesem Teil eine Aufgabe und löse diese.

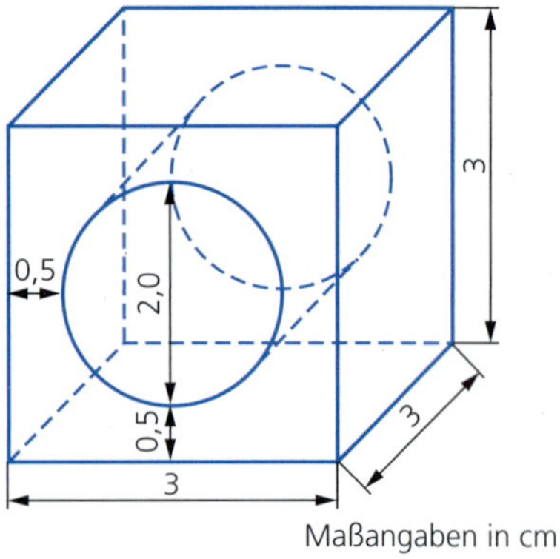

1. In einen Würfel aus Stahl mit einer Dichte von $7{,}85\ \frac{g}{cm^3}$ wird eine zylinderförmige Öffnung gefräst.
   a) Stelle den Würfel mit der herausgefrästen Öffnung im Zweitafelbild dar.
   b) Berechne das Volumen des Würfels.
   c) Berechne das Volumen der Öffnung.
   d) Wie viel Abfall (in Prozent) ist beim Herausfräsen der Öffnung entstanden?
   e) Wie schwer ist der Würfel nach dem Herausfräsen der Öffnung noch?

2. Die drei Geschwister Ben, Jan und Lea bekommen jeweils 300 € zum Sparen. Nach 5 Jahren dürfen sie über den gesparten Betrag selbst verfügen.
   - Ben wählt ein Angebot, bei dem das Geld 5 Jahre mit 3,5 % verzinst wird. Die anfallenden Zinsen werden am Ende jeden Jahres auf dem Konto belassen.
   - Jan wählt ein anderes Angebot. Dabei bleibt das Geld 5 Jahre auf einem Konto, bei dem am Ende des ersten Jahres 1,5 %, des 2. Jahres 2,5 %, des 3. Jahres 3,5 %, des 4. Jahres 4,5 % und des 5. Jahres 5,5 % Zinsen anfallen. Diese Zinsen werden gesondert gutgeschrieben, aber nicht mit verzinst, und nach den 5 Jahren zusammen mit den eingezahlten 300 € ausgezahlt.
   - Lea gibt das Geld ihrem Bruder, der ihr Geld auf seinem eigenen Konto „verwaltet". Dafür erhält sie für jedes Jahr 4,5 % Zinsen, die am Ende der fünf Jahre als Gesamtsumme (einschließlich der 300 €) ausgezahlt werden. Von diesem jährlichen Zinsbetrag möchte er aber 0,5 % als anteilige Gebühren für sich behalten.

   a) Welche Beträge hat Ben nach einem Jahr, nach zwei Jahren, nach drei Jahren, nach vier Jahren und nach fünf Jahren angespart?
   b) Welchen Endbetrag haben die drei Geschwister jeweils nach den 5 Jahren zur Verfügung? Wer hat sein Geld am günstigsten gespart?
   c) Stelle die nach fünf Jahren zur Verfügung stehenden Beträge der drei Geschwister in einem geeigneten Diagramm dar.

3. Der nebenstehende Kartenausschnitt zeigt eine Badestelle, ein Tiergehege, eine Gaststätte und einen Aussichtsturm in einem Freizeitpark. Geht man von der Gaststätte am Tiergehege vorbei bis zur Badestelle, läuft man 2400 m.

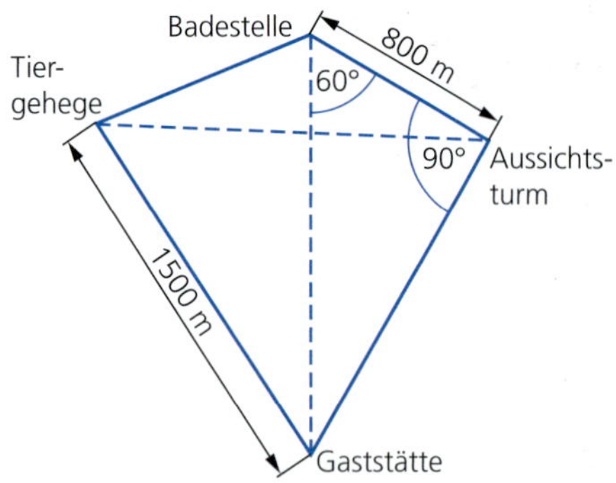

   a) Ein neuer Weg soll das Tiergehege und den Aussichtsturm geradlinig verbinden. Fertige eine maßstabgerechte Zeichnung. In welchem Winkel muss dieser Weg vom Tiergehege aus begonnen werden?
   b) Berechne die Länge des direkten Weges von der Gaststätte zur Badestelle.
   c) Um wie viel Meter ist der Weg von der Gaststätte am Aussichtsturm vorbei bis zur Badestelle kürzer als der Weg von der Gaststätte am Tiergehege vorbei bis zur Badestelle?